鸟哥的Linux基础学习实训教程

鸟哥／著

清华大学出版社
北京

内 容 简 介

本书是由Linux达人鸟哥汇集多年授课经验，以浅显易懂的文字搭配教学的虚拟操作系统环境，编写的Linux一致性教学与上机实训教程。

本书的编写侧重于学习Linux课程中的上机实践——边学边练，若想学好、学扎实且能灵活运用Linux，上机实践是必由之路。全书共分为15章：第1~7章都在打基础，主要内容包括初次使用Linux与命令行模式、命令的执行与基本的文件管理、vim、Linux文件的权限与账号管理、权限的应用、进程的查看与基本管理、文件系统的基本管理、bash的基本使用与系统救援；第8~14章介绍系统管理员的工作，主要内容包括bash命令连续执行与数据流重定向、正则表达式与shell脚本、用户管理与ACL权限设置、备份、文件压缩打包与作业调度、软件管理与安装日志文件、服务管理与系统启动流程管理、高级文件系统管理；第15章主要介绍Linux系统的准备，以搭建系统服务器环境。

本书既可以作为大专院校Linux课程的上机实践教材，也可以作为IT培训机构教授学员掌握Linux技能的培训教材。同时，对于具有一定操作系统基础而又想自学Linux的人员，本书也是不错的选择。

图书在版编目（CIP）数据

鸟哥的Linux基础学习实训教程/鸟哥著. —北京：清华大学出版社，2018（2021.12重印）
ISBN 978-7-302-51082-6

Ⅰ. ①鸟… Ⅱ. ①鸟… Ⅲ. ①Linux操作系统－教材 Ⅳ. ①TP316.85

中国版本图书馆CIP数据核字（2018）第192956号

责任编辑：夏毓彦
封面设计：王　翔
责任校对：闫秀华
责任印制：沈　露

出版发行：清华大学出版社
网　　址：http://www.tup.com.cn，http://www.wqbook.com
地　　址：北京清华大学学研大厦A座　　**邮　　编：**100084
社 总 机：010-62770175　　**邮　　购：**010-62786544
投稿与读者服务：010-62776969，c-service@tup.tsinghua.edu.cn
质 量 反 馈：010-62772015，zhiliang@tup.tsinghua.edu.cn

印 装 者：三河市少明印务有限公司
经　　销：全国新华书店
开　　本：180mm×230mm　　**印　　张：**19　　**字　　数：**486千字
版　　次：2018年10月第1版　　**印　　次：**2021年12月第5次印刷
定　　价：69.00元

产品编号：079764-01

推 荐 序

Linux 是类 UNIX 的一种操作系统，它就是为用户免费使用和自由传播而诞生的。Linux 操作系统支持多 CPU 多线程，自然就能很好地支持多用户、多任务。如今，Linux 广泛用于各种计算机设备、网络设备和智能设备中，如个人计算机、服务器、路由器、智能手机和平板电脑等。因而，对于想进入这些领域的从业人员和在校学生来说，都把学习 Linux 作为“敲门砖”。

本书的编写侧重于学习 Linux 课程中的上机实践，即让读者边学边练。对于计算机应用类课程，我们若想学好、学扎实还能灵活运用，上机实践是必经之路。为了便于读者学习本书，我们需要先建立一个安全、稳定、低维护成本的 Linux 学习环境。

本书选择了相对于其他 Linux 发行版本更加稳定的 CentOS。CentOS 是 Linux 发行版之一，是基于著名的 Red Hat 公司提供的可自由使用源代码的企业级 Linux 发行版本，是 RHEL（Red Hat Enterprise Linux）源代码再编译的版本。更为重要的是 CentOS 是免费的，而且它的每个发行版本通过安全更新的方式都会获得 10 年的支持。

我们可从 CentOS 的官网（https://www.centos.org/download/）下载自己硬件环境所需的 CentOS 版本，具体安装可参照官网上的说明，同时参考本书第 1 章的内容来设置自己的上机实践环境。

现在就参照本书，开始你的 Linux 学习之旅吧！

资深架构师　赵军

2018 年 8 月

前　言

虽然《Linux 私房菜——基础学习篇》已经成书多年，而且也已经出到第四版，但作者自己在大专院校授课时，却没有拿基础学习篇来作为课堂实际上课的指引用书。因为实在是写得太过于烦琐了，要注意的细节太多，对于学生的训练而言，并不是一本好的教材。同时，"基础学习篇"中虽然有大量的练习与实训，但是缺乏一个大众化一致的训练环境，每个人的安装条件都不相同，所以当与书内的实践练习进行对比时，经常会发生不知所以然的问题。这对于学生与老师来说，也是在课堂上经常遇到的一大问题。

也就是说，"基础学习篇"比较偏向于自学者的实践参考用书、从无到有慢慢地学习与摸索的入门书籍。但是，"基础学习篇"确实不适合拿来作为课堂上的教科书。因此，这几年在上课时，大部分还是要写黑板出习题，让学生们在现有的环境下实施一些类似于基础学习篇内的练习，并且也要将书内的重点简明扼要地进行一些说明。对于有限的授课时间来说，听讲的同时还要抄黑板上的练习以便实践，对于同学们而言，真的是苦不堪言。

基于这种原因，从 2015 年开始，作者逐渐将上课要抄写的题目汇编整理成为一系列的网页教材，同时也将课程中会用到的环境先行安装和设置好，让学生们可以借助这个事先安装和设置好的虚拟化环境来使用系统。如此授课较为轻松，很多实践的题目也可以无限制地让学生操作，弄乱了直接恢复系统重来一次就好，学生在实训上也就没有什么压力了，对于"练习才是王道"的操作系统学习来说，确实可以看到学生们学习的成效。

经过两年多的实验，终于将完整的教材具体地呈现在网页上，同时提供了上课的虚拟机环境（仅供本书学习和练习使用），也通过简易的流程来协助教学者快速地安装和设置服务器与实训的操作环境，对于教与学来说，都有相当好的成效。

上课的虚拟环境请用微信扫描下面的二维码获取，可按扫描出来的页面提示把下载链接转到自己的邮箱中下载。用户必须将两个压缩包（Linux 基础学习训练教材-下载压缩包.part1.rar 和 Linux 基础学习训练教材-下载压缩包.part2.rar）完全下载并存放到同一文件夹下，然后对“Linux 基础学习训练教材-下载压缩包.part1.rar”进行解压缩。

下载压缩包.part1.rar

下载压缩包.part2.rar

如果下载有问题，请发送电子邮件至 booksaga@126.com，邮件标题为“鸟哥的 Linux 基础学习实训教程下载资源”。

这本教材主要是希望能够让老师们轻松地准备好教学的环境，让学生通过一系列反复的实训操作与练习，熟练掌握 Linux 操作系统的使用。或者配合基础理论部分的教学，在实训操作方面，从开学第一周就给学生布置作业，并持续到学期末，最终让学生自行安装一个最小化的 Linux 系统加以验收，期望学生们可以在学期末顺利地学习到 RHCE（Red Hat Certified Engineer，红帽认证工程师）训练所需的知识，加强学习的信心！

鸟哥

目　录

第 1 章

初次使用 Linux 与命令行模式初探

Linux是操作系统，操作系统的目的是管理硬件，因此大家需要先了解一下什么是硬件、Linux操作系统到底有哪些东西以及为什么Linux在使用上授权为免费。了解这些基本内容后，再来实际操作一下 Linux 的图形用户界面（GUI）与命令行（Command Line）模式的运行方式，同时查询一下普通用户目录的数据。Linux的学习确实稍微困难，请大家从这一章仔细地进行操作和实践！

1.1 Linux 是什么

Linux 是安装在计算机硬件系统上的一种操作系统，目的是用来管理计算机硬件的，所以我们需要先了解一下硬件的常见组成部件（简称组件）以及常见的硬件分类，这样才好入门学习 Linux。

1.1.1 硬件与操作系统

目前的计算机硬件系统主要是由下面的组件所组成：

- 输入单元：包括键盘、鼠标、卡片阅读机、扫描仪、手写板、触控屏幕等。

- ◆ 主机部分：这个就是系统单元，被主机机箱“保护”起来了，里面含有一堆电路板、CPU 与主存储器等。
- ◆ 输出单元：例如屏幕、打印机等。

上述主机部分是整体系统最重要的部分，由控制单元、算术逻辑单元以及存储单元（含主存储器、外部存储设备）等组成。

请说明：

1. 一般计算机硬件系统组成的五大单元（包含主机部分的三大单元）。
2. 标出这五大单元的连接图。
3. 哪个组件对于服务器来说是比较重要的。

目前的计算机硬件架构主要是由中央处理单元（CPU）所定义的各项连接组件所组成的，在目前世界上消费市场中，最常见到的CPU架构大概可以分为两大类：

- ◆ x86 架构（用于个人计算机）：以 Intel/AMD 为主要制造厂商，此架构通用于个人计算机（包括笔记本电脑）以及商用服务器（x86 服务器）市场上。2017 年 Intel 在个人计算机市场推出了单个 CPU 封装内含 4 核 8 线程的个人计算机 CPU，商用服务器则已经推出 10 核 20 线程以上的 Xeon 商用 x86 CPU。
- ◆ ARM 架构（手持式设备）：由 ARM 公司所开发的 ARM CPU 架构，由于其架构较为精简，且可授权其他公司开发，因此当前很多厂商均参考 ARM 架构进行自身的 CPU 开发。ARM 通常使用于手持式设备，包括手机、平板电脑等，其他像是平板电脑树莓派（Raspberry pi）等也使用此架构。

为了简化对硬件资源的操作，因此开发了操作系统来管理硬件资源的分配。故而一般应用程序的开发人员仅需要考虑程序的运行流程，而不必考虑内存的分配、文件系统的读写、网络数据的存取等，所以在程序开发上面更加简易。硬件、操作系统、操作系统提供的开发接口以及应用程序的相关性，可以使用图1.1所示的图示来说明。

- ◆ 硬件：例如 x86 个人计算机以及 ARM Raspberry pi（树莓派）就是两种不同的硬件，但 x86 个人计算机与 x86 笔记本电脑则是相同的硬件架构！
- ◆ 内核：就是操作系统，该系统内部包含文件系统、网络系统、存储单元管理系统、硬件驱动程序、数据加密机制等子系统。
- ◆ 系统调用：可视为内核提供的一系列函数库，程序设计人员只要参考此部分的系统调用即可设计相关的应用程序，而不用去考虑内核所提供的子系统。

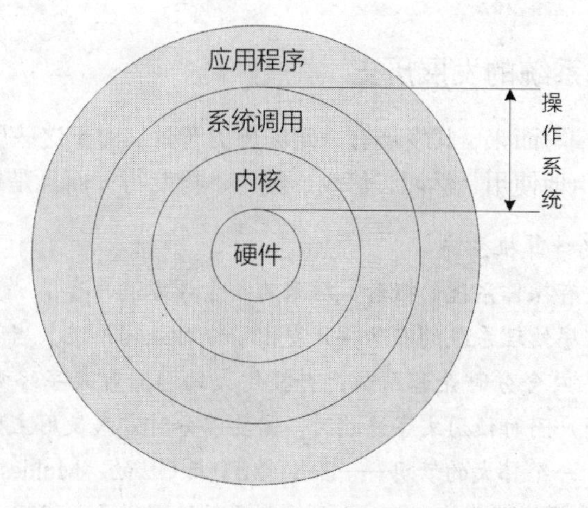

图 1.1　硬件与操作系统的关系

◆ 应用程序：在该系统调用的环境中编写程序代码编译而成的二进制代码（binary code）程序。

运用图1.1的四个同心圆，尝试说明当年为何从 Windows XP 转到 Windows Vista 时很多应用程序无法运行。

除了云计算系统软件之外（如 office 365），大部分的操作系统软件在销售时会告知用户适合的硬件等级，而一般应用软件则会告知用户适用的操作系统，其主要的原因是什么？

现代的操作系统主要的目的就是在控制和管理硬件资源，并且提供一组开发环境让其他第三方协作厂商便于在该操作系统上面开发相关的软件，故操作系统主要包含的部分是“内核+系统调用”。

现代的Linux操作系统主要以可跨硬件平台的C语言所写成，且Linux自从3.x以来的内核版本已经可以支持ARM的CPU架构，因此Linux可以轻松地在不同的硬件平台间编译后安装。不过，我们仍然不可以直接把x86架构上编译好的Linux安装在ARM的平台上！因为两者对各自硬件的设计还是不太相同的。

1.1.2 Linux 操作系统的发展历史

Linux 并非凭空编写而来，其发展有一定的历史背景。由于这些历史背景，目前 Linux 是自由软件，可以自由地使用、学习、修改、编译、再发行，而且是相对稳定的操作系统。

- 1965 年以前的计算机系统

  最早的硬件没有操作系统的概念，后来为了管理方便，有了“多元程序处理系统”，之后以多元程序处理系统的概念再开发出了分时兼容系统。当时的硬件主要是通过大型主机系统，内含分时兼容系统，并提供大约 16 台文字终端机与主机连接——联机。当多个用户同时使用文字终端时，需要以分时方式使用主机系统。

- 1969 年以前：一个伟大的梦想——Bell，MIT 与 GE 的“Multics”系统

  Multics 计划希望能够改善以前的大型主机系统，提供至少 300 台以上的文字终端。最终虽然成功地开发出 Multics 系统，但是相对于 UNIX 而言，Multics 的使用率并不高。

- 1969 年：Ken Thompson 的小型文件服务器系统（file server system）

  参与过 Multics 计划的 Thompson 为了移植一套游戏，通过汇编程序编写了一套昵称为 Unics 的软件，该软件可以控制 PDP-7 这个硬件主机，提供了小型的文件系统管理功能等。

- 1973 年：UNIX 的正式诞生，Ritchie 等人以 C 语言写出了第一个正式 UNIX 内核

  Thompson 与 Ritchie 合作，Ritchie 编写好 C 语言后，再以 C 语言改写 Thompson 的 Unics，最后编译成为一套操作系统。此系统就被称为 UNIX。由于使用 C 这个高级程序设计语言编写而成，人们很容易就能看懂程序代码，因此改写、移植程序就变得很简单。

- 1977 年：重要的 UNIX 分支—— BSD 的诞生

  伯克利大学的 Bill Joy 在取得了 UNIX 的内核源代码后，就着手将它修改成适合自己机器的版本，并且同时增加了很多工具软件与编译程序，最终将它命名为 Berkeley Software Distribution（BSD）。

- 1979 年：重要的 System V 架构与版权声明

  Bell lab.（贝尔实验室）的母公司为 AT&T 公司，AT&T 在 1979 开发了最新的 SystemV 的 UNIX 操作系统。这个系统最特别的地方是，SystemV 可以支持当时没有多任务环境的 x86 个人计算机。此外，AT&T 在 1979 年发行的第七版 UNIX 中，特别提到了“不可对学生提供源代码”的严格限制！

- 1984 年之一：x86 架构的 Minix 操作系统开始编写并于两年后诞生

  SystemV 之后，大学老师不可以教授 UNIX 内核源代码，因此 Andrew Tanenbaum 自己动手写了 Minix 这个 UNIX Like 的内核程序！同时搭配 BBS 新闻组与相关书籍来销售 UNIX Like 的程序代码。因为强调的是学习用的程序代码，所以改版的速度相当缓慢。

◆ 1984 年之二：GNU 计划与 FSF 基金会的成立

Richard Mathew Stallman（理查德·马修·斯托曼）在 1984 年发起的 GNU 计划，目的是想要恢复以前“知识分享的黑客文化”，因此强调程序代码需要公开以利学习的自由软件概念，并开发出 bash、gcc、glibc、emacs 等脍炙人口的软件。Stallman 将所有的软件都上传到网上，对于当时没有网络的朋友也能够通过邮件请 Stallman 寄送软件磁带，Stallman 通过这样销售 emacs 的“服务费用”赚了点钱（Stallman 认为协助人们刻录软件，花费他很多的时间成本），然后成立了自由软件基金会（Free Software Foundation，FSF），同时与律师共同签署了 GNU 的通用公共许可证（General Public License，GPL），该授权让用户可以自由地使用软件，而且软件的授权可以永续地存在。

◆ 1988 年：图形用户界面 XFree86 计划

为了解决图形用户界面（Graphical User Interface，GUI）的需求，于是有 XFree86 这个组织的形成。XFree86 是由 X Window System + Free + x86 所组成的，目的在于提供 server/client 的图形化界面。

◆ 1991 年：芬兰大学生 Linus Torvalds 的一则短信

Torvalds 在 1991 年于 BBS 上面公告他通过 GNU 的 bash、gcc 等，通过学习 Minix 系统，在 x86 (386)上面成功地开发了一个小型的操作系统，并且放在因特网（Internet）上面供大家自由下载。同时，还鼓励大家告知 Torvalds 他自己，这个系统还有哪些部分可以值得继续修改等信息。这就是 Linux 的起源！

◆ 1992 年：Linux distributions 发行版

为了让用户更方便地安装与操作 Linux，于是有了 Linux 开发工具包的软件发行，就称为 Linux distribution（Linux 发行版）了。一开始在 1992 年就有 Softlanding Linux System（SLS）、Yggdr、asil Linux 等版本。

◆ 1994 年：Linux kernel version 1.0 发布

1994 年 Linux 内核 1.0 版本发行，同时当前世上最知名的 Linux 商业公司 Red Hat 也在当时成立了。

◆ 2005 年：Google 公司收购 Android 公司

从 2003 年开始，加州的一家公司开始开发 Android 系统并用于手机上。后来 Google 公司于 2005 年收购该公司，并将 Android 用于 Linux 内核的开发，以开发出可以让手持式设备使用的操作系统。首个商用手机 Android 操作系统在 2008 年由 HTC 公司推出！

◆ 2012 年：教育市场的树莓派（Raspberry pi）

为了让小朋友能够轻松愉快地学习程序设计语言，一个小型的单板计算机制造基金会按照 ARM 的架构开发了一款大约与笔记本电脑用的硬盘差不多大小的主板，内嵌入了计算机系统所需要的硬件，这就是树莓派（Raspberry pi）。树莓派（Raspberry pi）的默认操作系统就是基于 Linux 内核所开发的小型操作系统。

上网找出可以将 I/O 与 CPU 分离运行多种程序处理系统，问：其主要架构是通过存储器内的哪些程序状态来实现的？这些程序状态运行的情况是什么？

俗称为“最纯种的 UNIX”指的是哪两套 UNIX 操作系统？

上网找出：（1）GNU计划的全名；（2）GNU计划的官网；（3）GNU的吉祥物；（4）GNU的内核名称。

1.1.3 GNU 的 GPL 与 Opensource 开放源码授权

GNU的GPL 授权主要强调自由地学习，Free Software（自由软件）是一种自由使用的权利，并非是“价格！”举例来说，你可以拥有自由呼吸的权利、你拥有自由选择生活方式的权利，但是，这并不代表你可以到处喝“免费的啤酒！（free beer）”，也就是说，自由软件的重点并不是指“免费”的，而是指具有“自由度，freedom”的软件，史托曼进一步说明了自由度的意义是：用户可以自由地执行、复制、再发行、学习、修改与强化自由软件。

GNU的GPL授权有下面的权利与义务：

- 获取软件与源代码：你可以根据自己的需求来执行这个自由软件。
- 复制：你可以自由地复制该软件。
- 修改：你可以将获取的源代码进行修改，使之适合你的工作。
- 再发行：你可以将你修改过的程序，再度自由发行，而不会与原先的编写者冲突。
- 反馈：你应该将你修改过的程序代码反馈给自由软件社区！
- 不可修改授权：你不能将一个 GPL 授权的自由软件，在你修改后而将它取消 GPL 授权。
- 不可单纯以销售为目的：你不能以销售为目的来销售自由软件。

由于自由软件使用的英文为 free software，这个 free 在英文里有两种以上不同的意义，除了自由之外，免费也是这个单词！因为有这些额外的联想，所以许多的商业公司对于投入自由软件方面确实是有些疑虑存在的！许多人对于这个情况总是有些担心。

为了解决这个困扰，1998年成立的“开放源代码促进会（Open Source Initiative）”提出了开放源代码（Open Source，亦可简称为开源软件）这一名词。另外，并非软件可以被读取源代码就可以被称为开源软件！该软件的授权必须要符合下面的基本条件，才可以算是开源（open source）的软件。

- 公布源代码且用户具有修改权：用户可以任意地修改与编译程序代码，这点与自由软件差异不大。
- 任意地再散布：该程序代码全部或部分可以被销售，且程序代码可成为其他软件的组件之一，作者不该宣称具有拥有权或收取其他额外的费用。
- 必须允许修改或衍生的作品，且可让再发布的软件使用相似的授权来发表。
- 用户可使用与原本软件不同的名称或编号来散布。
- 不可限制某些个人或团体的使用权。
- 不可限制某些领域的应用：例如不可限制不能用于商业行为或者是学术行为等特殊领域等。
- 不可限制在某些产品中的使用，亦即程序代码可以应用于多种不同产品中。
- 不可具有排他条款，例如不可限制本程序代码不能用于教育类的研究中，等等。

如果你自己开发的软件未来可能会有商业化的可能，但目前你希望使用开源（Open source）的方式来提供给大家使用，同时也希望未来能够有一个保有开放源码软件的分支，那最好使用 GPL 还是 BSD 呢？

1.1.4　Linux kernel（Linux 内核）

Linux kernel（Linux内核）主要由 http://www.kernel.org 维护，目前的版本已经发展到4.x版。Linux kernel 1.0在 1994 年发布，在 1996 年发布了 2.0 版。在 2.0 之后，内核的开发分为两个部分，下面以广为使用的2.6来说明，主要的分类有：

- 2.6.x：所谓的偶数版，为稳定版，适用于商业套件。
- 2.5.x：所谓的奇数版，为开发测试版，为工程师提供一些高级的开发功能。

这种奇数、偶数的编号格式在 2011 年 3.0 内核推出之后就失效了。从 3.0 版开始，内核主要根据主线版本（MainLine）来开发，开发完毕后会往下一个主线版本继续进行。例如，4.9 就是在 4.8 的架构下继续开发出来的新的主线版本。

旧的版本在新的主线版本出现之后会有两种机制来处理：一种机制为终止开发（End of Live，EOL），亦即该程序代码已经结束，不会有继续维护的状态；另外一种机制为保持该版本的持续维护，亦即长期维护版本（Longterm）！例如，4.9 即为一个长期维护版本，这个版本的程序代码会被持续维护，若程序代码有 bug 或其他问题，内核维护者会持续进行程序代码的更新维护。

使用百度或谷歌（google）搜索引擎或wiki等，找出下面的相关资料：

- Android的版本搭配的Linux内核版本是什么？
- 从Linux kernel官网的“Releases”相关说明，找出现阶段的Linux Mainline、Stable、Longterm版本各有哪些？

1.1.5 Linux distributions（Linux 发行版）

为了让用户能够接触到Linux，于是很多的商业公司或非营利团体，就将Linux kernel（含工具tools）与可运行的软件整合起来，加上自己具有创意的工具程序，这个工具程序可以让用户以光盘DVD或者通过网络直接安装和管理Linux系统。这个“kernel + Softwares + Tools + 可完全安装程序”的组合，我们称之为Linux distribution，一般中文翻译成可完全安装套件，或Linux发布版，或Linux发行版套件等。

常见的Linux distributions分类如表1.1所示。

表 1.1 常见的 Linux distributions 分类

	RPM 软件管理	DPKG 软件管理	其他未分类
商业公司	RHEL（Red Hat 公司） SuSE（Micro Focus）	Ubuntu (Canonical Ltd.)	
社群单位	Fedora CentOS OpenSuSE	Debian B2D	Gentoo

在个人计算机（包括笔记本电脑）上作为一般用途的使用，建议使用 Ubuntu / Fedora / OpenSuSE 等，若用在服务器上，则建议使用 CentOS 或 Debian。

CentOS 的产生较为有趣，它是取自 Red Hat 的 RHEL 操作系统，将源代码中与 Red Hat 相关的注册商标或其他著作相关的信息删除，改以“社区企业操作系统”为名，然后再次发行。因此 CentOS 的版本与 RHEL 是亦步亦趋的！（包括 Oracle Linux 与 Scientific Linux 也是同样的作法。）

为什么CentOS社区可以直接取用RHEL的程序代码来修改而后发布呢？这样做有没有任何法律的保护呢？

1.1.6　Linux 的常见用途

用在企业环境与学术环境中，最常见到的应用有：

- 网络服务器。
- 关键任务的应用（金融数据库、大型企业网络管理环境）。
- 学术机构的高性能运算任务。

个人的使用则有：

- 台式计算机。
- 便携系统（PDA、手机、平板电脑、掌上电脑等）。
- 嵌入式系统（如树莓派 raspberry pi 等内建的 Linux 系统）。

超级计算机可以说是一个国力的展现，而 Top500 每年会有两次调查全世界运行最快的超级计算机。请上网查询后回答下列问题：

（1）Top500的官网网址是什么？

（2）超级计算机的排名方式是以哪一种计算性能来排名的？

（3）根据现在的时间，找到最近一次排名的结果，第一名的超级计算机使用了多少颗CPU内核（cores）？

（4）该系统最快可达到多快的计算性能（说明其单位）？

（5）若以1度电 0.5 元来计算，该系统开机一天要花费多少钱？

前往戴尔（Dell）官网，调查其支持的 Linux distribution 主要是哪几种？另外，请思考一下这个查询的意义是什么？（http://linux.dell.com/files/supportmatrix/）

1.2 使用虚拟环境学习 Linux 操作系统

为方便教师/学生可以在任何地方学习Linux操作系统，一个教学环境是需要事先设置好的。除了使用实体计算机原生的 Linux 之外，虚拟化的环境更便于教师制作教学单元。因为虚拟化的环境软/硬件可以仿真得完全一致，对于教师与学生的实践练习以及错误重现都有很大的帮助。

大家可以使用Oracle（甲骨文）公司的 VirtualBox 环境来建立训练环境。VirtualBox 是Oracle公司根据 GPL 授权所发布的虚拟化软件，所以我们可以自由地从网络上面下载最新的软件来安装。

安装并设置好虚拟机教学环境

对于不同学校或单位以及个人的情况，可以有以下三种情况来安装并设置好虚拟机教学环境。

（1）如果可以使用学校或单位的计算中心来进行教学，就可以让计算中心的管理员替老师们设置好这个Linux操作系统的教学环境，而不必进行多重操作系统的规划，只要将VirtualBox安装妥当，并且将镜像文件（img）放置好，同时设置好整个Virtual Box启动虚拟机的流程，直接将学生上机用的Windows系统做成恢复硬盘，之后学生们就可以在系统开机启动后直接使用了。

（2）假设参加学习的个人已经具有Linux Server，并且自己的计算机硬件系统（包含BIOS）也已经设置好了虚拟化的支持，此时只需要安装libvirtd这个服务，同时加上 qemu-kvm 这个软件，以及qemu-img这个软件，就可以开始进行Linux练习和实践系统的设置了。这样的操作系统会跟本训练教材的内容一模一样，跟着教材做也会比较顺畅。

如果手边有一台支持虚拟化的主机可以用于本书的学习，就直接从网络上下载 CentOS 7的DVD镜像文件，然后跟着本书的章节，使用支持GUI的服务器安装方式，安装完毕之后，立刻就能够使用 Linux KVM 的虚拟化软件了！

（3）如果大家只有支持虚拟技术的Windows系统，就要在Windows系统中启用虚拟机的支持功能，就是在 Windows 系统上虚拟化 Linux 系统来提供给学生们上机练习和实践，因此主机系统（host）就是 Windows 操作系统，虚拟机（VM）内的 guest OS（虚拟操作系统）就是 Linux 操作系统。

下载并安装VirtualBox虚拟机软件。VirtualBox 的官网网址为https://www.virtualbox.org/。

Virtual Box安装完成后，就可以设置我们的教学环境了。在Virtual Box中创建虚拟机，进行相应的设置，比如虚拟机的名称和操作系统、内存大小、硬盘大小等。最关键的是选用正确的Linux镜像文件。如果我们未来想要重复操作这个训练系统，请自行将这个文件复制多份，出错了将“硬盘”复制或者恢复“硬盘”即可。如果一切顺利，Linux虚拟机就创建完毕了。有关VirtualBox下载和安装的详细步骤不是本书的重点，请大家参考相关的书籍或者上网查阅相关的资料。

本书使用的是Linux发行版之一CentOS，可从CentOS的官网（https://www.centos.org/download/）下载。

1.3　第一次登录 CentOS 7

本节就来学习如何登录 Linux、了解图形用户界面、文本用户界面的操作差异，并建立好“良好的操作习惯”。

本教材选用了Linux发行版之一的CentOS操作系统来教授大家学习Linux在服务器上的使用，请大家按照教材的内容慢慢实践和练习，以便熟练掌握Linux整个系统的操作！

1.3.1　在图形用户界面中使用 CentOS

启动CentOS虚拟机后，就会出现等待登录的界面，如图1.2所示。

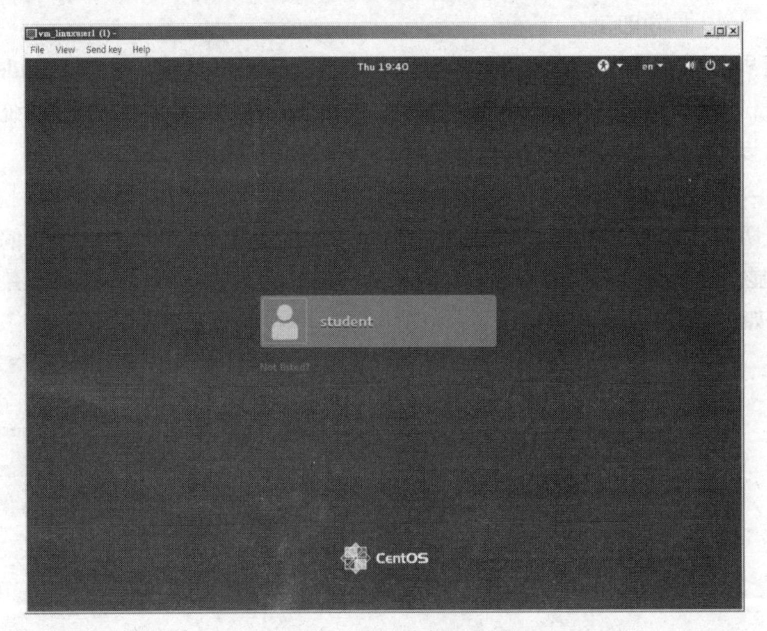

图 1.2　CentOS 7 的登录界面

- 单击出现的人名（账号），然后输入密码，即可登录系统。
- 单击“Not listed?”：接下来出现“Username”，请填写账号，单击“Next”按钮后出现“Password:”，请输入正确的密码，然后单击“Sign In”即可登录系统。

本教材在教学范例中所提供的虚拟机账号与密码为“student/student@linux”，请根据此账号密码来登录系统。

请在第一次登录系统时处理好中文的操作界面！同时，根目录下的文件名最好不要有中文。

答

1. 根据教材提供的账号密码登录系统：选择 student 账号，然后输入密码。
2. 第一次登录时，会出现选择用户语言的界面，请单击最下面的未知（三个直立的小数点），然后将界面拉动到下方，即可看到“汉语（中国）”，选中后，在界面的右上方单击“下一步”按钮。
3. 选择默认的输入法为“英语(美式)”，然后单击“下一步”按钮。
4. 单击“开始使用 CentOS Linux”。
5. 出现第一次的使用说明（Getting Started），可以直接忽略，单击右上方的“关闭”（X）按钮即可。
6. 此时界面依旧是英文的，请选择屏幕右上方的三角形按钮，单击“Student”这个身份按钮，界面中会出现“Log Out”的选项，单击“Log Out”从系统注销。
7. 再次以student账号登录系统，即可看到正确的中文操作环境。

如果一切处理顺利，就会出现图形化的窗口。依次选择“应用程序”→“偏好”→“终端”，就会显示一个终端程序的界面，然后单击界面右上角的三角形，就能够看到一些设置值的选项，如图1.3所示。

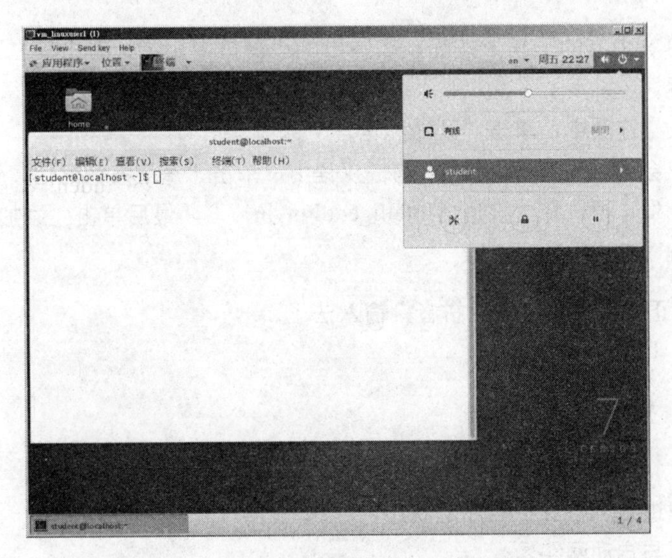

图 1.3　CentOS 7 图形用户界面的示意图

在图形用户界面下先尝试进行目录与文件的管理，这时请使用最上方任务栏“应用程序”旁边的“位置”菜单，单击“根目录”选项，之后进行如下的操作测试：

- 改变显示的文件信息，在“缩图”与“详细信息”当中切换测试。
- 在“详细信息”的界面中，如果要显示更多的信息，可以勾选哪些设置？
- 若需要离开根目录到其他目录，勾选左侧的“计算机”选项，看看有哪些基本的目录。
- 按序单击“var”→“spool”→“mail”选项，会出现什么信息呢？文件管理器最上方出现的文件名方式的排列如何？
- 尝试找到“计算机 → etc → passwd”这个文件，将它复制后，变更路径到“计算机→ tmp”之下，然后把这个粘贴进去。
- 接上一步，能不能将“计算机 → etc → shadow”复制到“计算机→ tmp”目录中呢？

默认的中文输入法似乎怪怪的，没有办法正确地输入中文。你该如何设置中文输入法呢？

1. 单击屏幕右上方的三角形按钮，在弹出的小窗口中用鼠标单击其左下角的螺丝工具图标。
2. 在“个人”选项中，单击“区域和语言”选项。
3. 一开始只会看到“英语(美式)”与“汉语”，单击“+”按钮之后，选择“汉语（中国）”，再选择“汉语（Intelligent Pinyin）”，最后单击“添加”按钮。
4. 将原本的“汉语”选项删除。

之后就可以正常地使用“智能拼音”输入法了。

1. 如何关掉进入屏幕保护程序的状态？
2. 如何查看与启动网络？
3. 将 student 从系统中注销。

在使用图形用户界面时，会在用户的根目录创建相当多的图形用户界面操作配置文件与暂存文件。不过，在系统管理员（root）的角色下，我们希望不要有太多杂乱的信息，因此建议“不要在图形环境下使用 root 的账号登录系统”。你可以在其他的登录界面使用 root 的账号，如下一个小节介绍的纯文本模式。

1.3.2 文本/图形用户界面的切换

Linux在默认的情况下会提供六个终端（Terminal）来让用户登录，切换的方式为使用【Ctrl】+【Alt】+【F1】~【F6】的组合键。

系统会将【F1】~【F6】对应的终端程序命名为tty1 ~ tty6的环境操作界面。也就是说，当我们按下【Ctrl】+【Alt】+【F1】组合键时（按住【Ctrl】与【Alt】键不放，再按下【F1】功能键），就会进入tty1“终端”程序的界面中了。同样的，【F2】对应的终端就是tty2。按下【Ctrl】+【Alt】+【F1】组合键就可以回到原来的X图形用户界面中。登录环境的界面切换功能如下：

- 【Ctrl】+【Alt】+【F2】~【F6】：文本用户界面登录的 tty2 ~ tty6 终端。
- 【Ctrl】+【Alt】+【F1】：图形用户界面的桌面。

请使用student的身份在 tty2 的界面中登录系统：

```
CentOS Linux 7 (Core)
kernel 3.10.0-327.el7.x86_64 on an x86_64

localhost login: student
Password: <==这里输入你的密码
Last login: Thu Apr 14 19:46:30 on :0 <==上次登录的情况
[student@localhost ~]$ _  <==光标闪烁，等待你在此输入命令
```

上面显示的内容为：

1. CentOS Linux 7 (Core)
   显示Linux distribution 的名称（CentOS）与版本（7）。
2. kernel 3.10.0-327.el7.x86_64 on an x86_64
   显示 Linux 内核的版本为3.10.0-327.el7.x86_64，且当前这台主机的硬件等级为x86_64。
3. localhost login：
   localhost 是主机名。至于login:，则是一个可以让用户登录的程序。在login:后面输入你的账号后，按下【Enter】键就可以开始准备下一个操作了。
4. Password：
   这一行必须要在上一个操作按【Enter】键之后才会出现。在输入密码的时候，屏幕上面“不会显示任何的字样！”这是为了担心用户输入密码时，被人偷看到“输入的密码长度”。
5. Last login: Thu Apr 14 19:46:30 on :0
   当用户登录系统后，系统会列出上一次这个账号登录系统的时间与终端程序的名称。
6. [student@localhost ~]$ _：
   这一行则是正确登录之后才显示的信息，最左边的 student 显示的是“当前用户的账号”，而@之后接的 localhost 则是“主机名”，至于最右边的“~”则指的是“当前所在的目录”，那个 $ 则是“提示符”。

上述比较重要的信息在第 6 行，CentOS 的 bash 提示符通常的格式就是“[用户账号@本主机名 工作目录]提示符”。其中比较重要的项目是：

- ~ 符号代表的是“用户的根目录”，它是个“变量！”。举例来说，root 的根目录在/root，所以 ~ 就代表/root 的意思；student 的根目录在/home/student，所以如果你以 student 登录时，看到 ~ 就会等于/home/student。
- 在提示符方面，在 Linux 中，默认 root 的提示符为 #，而一般身份的用户的提示符为 $。

另外，文本用户界面等待登录界面的第一、二行的内容其实来自于/etc/issue这个文件。

那么如何退出系统呢？其实应该说“从Linux注销”才对。注销很简单，直接输入如下命令即可：

```
[student@localhost ~]$ exit
```

请注意：“退出系统并不是关机！”基本上，Linux本身已经有相当多的工作在进行，用户的登录也仅是其中的一个“工作”而已，所以当用户从系统中注销而退出时，这次这个登录的工作就停止了，但此时Linux的其他工作还在继续进行！

请分别以图形用户界面和文本用户界面登录系统（使用tty1和tty2登录），登录后，请使用w这个命令查看谁在系统上，并以你看到的信息说明哪些用户通过哪些 tty 登录到系统中。（有一个:0的终端，那个是什么？）

1.4 简易的文本命令操作

站在服务器角度的立场来看，使用纯文本模式来进行系统的操作是很重要的！毕竟服务器通常不会启动图形用户界面。因此，在接触与登录过 Linux 之后，让我们使用简单的命令来查询一下用户根目录中有哪些内容，以及如何查询自己曾经下达过的命令！

1.4.1 ls 与 ll 检查自己目录中的文件名信息

请使用普通用户的身份登录 Linux 系统，同时启动一个“终端”程序在桌面上。现在让我们来执行两个命令，确认一下如何使用系统来查看输出的信息。

```
[student@localhost ~]$ ls
Desktop Documents Downloads Music Pictures Public Templates Videos
```

使用 ls 可以列出文件名，就是上面列出的“Desktop Documents Downloads...”等信息。不过，这里并没有显示这个文件名相关的各项文件权限信息，包括时间、文件大小等。若需要查阅比较详细的信息，需要使用 ll（LL 的小写）命令。

```
[student@localhost ~]$ ll
drwxr-xr-x. 2 student student 6  3月  7 19:18 Desktop
drwxr-xr-x. 2 student student 6  3月  7 19:18 Documents
drwxr-xr-x. 2 student student 6  3月  7 19:18 Downloads
drwxr-xr-x. 2 student student 6  3月  7 19:18 Music
drwxr-xr-x. 2 student student 6  3月  7 19:18 Pictures
drwxr-xr-x. 2 student student 6  3月  7 19:18 Public
drwxr-xr-x. 2 student student 6  3月  7 19:18 Templates
drwxr-xr-x. 2 student student 6  3月  7 19:18 Videos
```

这时，我们需要注意的是最右边的三个参数，分别是文件大小、文件最后被修改的日期、文件名。以“Pictures”文件名为例，该文件的大小为 6 字节（byte），而最后被修改的日期为“3月 7 19:18”。至于年份则是本年度的意思。

如果想要查阅根目录（类似 Windows 的“计算机”目录或文件夹），则使用如下命令：

```
[student@localhost ~]$ ll /
总计 32
lrwxrwxrwx.    1 root root        7   2月 18 02:54 bin -> usr/bin
dr-xr-xr-x.    4 root root     4096   2月 18 03:01 boot
drwxr-xr-x.   20 root root     3320   4月 19 03:59 dev
drwxr-xr-x.  129 root root     8192   4月 19 03:59 etc
drwxr-xr-x.    3 root root       20   4月 14 19:46 home
lrwxrwxrwx.    1 root root        7   2月 18 02:54 lib -> usr/lib
lrwxrwxrwx.    1 root root        9   2月 18 02:54 lib64 -> usr/lib64
......
```

此时屏幕上显示的为根目录下的文件，而不是 student 的根目录了。这个练习是让操作者了解：命令后面可以加参数（parameter）。如果想要知道 student 根目录下有没有“隐藏文件”时，可以使用如下命令：

```
[student@localhost ~]$ ll -a
总计 24
drwx------. 14 student student     4096   3月  7 21:32 .
drwxr-xr-x.  3 root    root          21   1月  3 22:27 ..
-rw-r--r--.  1 student student       18   8月  3  2016 .bash_logout
-rw-r--r--.  1 student student      193   8月  3  2016 .bash_profile
-rw-r--r--.  1 student student      231   8月  3  2016 .bashrc
drwx------. 11 student student      226   3月  7 22:12 .cache
```

```
drwxr-xr-x.  15 student student      276   3月  7 21:29 .config
drwxr-xr-x.   2 student student        6   3月  7 19:18 Desktop
......
```

可以发现多了相当多以小数点开头的文件，这些文件在 ls 或 ll 时并不会出现，但加上“-a”这个“选项（Option）”之后，就会开始出现了。这个练习让操作者了解：命令后面可以加“选项”来改变命令的处理方式。

最后，如果我们想要知道根目录本身的权限，而不是查看根目录下的文件，则应该使用下面的命令：

```
[student@localhost ~]$ ll -d /
dr-xr-xr-x. 17 root root 4096  2月 18 03:01 /
```

我们将在屏幕上发现只显示出根目录 (/) 这个文件，而不像前面的“ll /”显示出一堆文件信息。在一般情况下，ll 命令的作用是“浏览目录内的文件信息”，而不是查看目录本身。

以 Windows 的文件资源管理器来说，通常在显示文件的浏览界面中，左侧为“目录”而右侧为“该目录下的文件”，所以，“ll”代表用鼠标单击左边的目录，而在屏幕右边输出文件信息。

在终端程序界面中输入“clear”命令会有什么效果？

检查一下/var/spool/mail这个目录，（1）里面有几个文件？（2）这个目录本身所修改的时间是什么时候？

1.4.2 历史命令的功能

在Linux的文本用户界面中，可以用几个简单的方式去检查我们曾经下达过的命令，最简单的方法就是使用【↑】与【↓】方向键，这样不但能够调用出之前下达过的命令，也能够再通过【←】与【→】方向键，以及键盘上的【Home/End】键直接在一行命令的最前面与最后面进行修改。熟悉这个方法，可以让我们快速地编辑一行命令。

如果是太久之前执行的命令，则可以通过历史命令“history”把它们调用出来。

在 student 账号中调用出历史命令，查看一下曾经执行过 ll / 的命令是“第几个”，若想要再次执行，应该如何处理？

除了“!数字”可以重复执行某个命令外，也能够直接通过下面的方式来重复执行历史命令：

在 CentOS 7 中，默认的历史命令会记录 1000 条，当我们下次登录后，系统会将上次的历史命令导入。假如上次我们下达过 50 个命令，则下次启用“终端”程序后，第一个命令会记录在 51 条。因此，用 history 可以让操作者查询以前曾经下达过哪些命令。

在 student 账户中曾经输入过 ls 这个命令，我们想要重新执行一次以 ls 为开头的命令该如何处理？

1.4.3　从系统中退出与关闭系统

从系统中退出（或离开系统），以“终端”程序的界面来说，直接输入 exit 或者 logout 都可以。以图形用户界面来说，单击界面中右上角的三角形后，就会出现登录者（student）的文字，单击登录者后选择“注销”即可，但注销不是关机。关机时，最好能够确认系统上面没有其他处于登录状态还在工作的用户。因此在关机前，建议大家检查一下系统上面的用户状态。

```
[student@localhost ~]$ w
04:59:07 up  1:53,  3 users,  load average: 0.00, 0.01, 0.05
USER     TTY      FROM     LOGIN@   IDLE    JCPU    PCPU  WHAT
student  :0       :0       03:59    ?xdm?   23.56s  0.14s gdm-session-worker
student  pts/0    :0       03:59    59:31    0.03s  0.03s bash
```

在上面的显示中，“USER”字段为登录的用户，“TTY”就是前面谈到的“终端”程序，通常为 tty1~tty6。但是，在 tty1 使用图形用户界面登录时会显示为“:0”，即表示图形用户界面使用“终端”程序名称为 :0 之意。另外，每行最后的“WHAT”为该“终端”

程序当前使用的命令是什么。图形用户界面为通过 gdm-session-worker 命令而来，而“终端”程序则使用 bash 这个程序。

至于 pts/0，则可能是在图形用户界面启动的“终端”程序，或通过网络连接登录进来的“终端”程序，并非本机的 tty1~tty6。

从上面的用户状态来看，当前确实仅有 student 处于“在线”状态，若本台计算机并非服务器，则此时应该可以执行关机的操作。关机可以使用如下命令：

```
[student@localhost ~]$ poweroff
[student@localhost ~]$ halt
[student@localhost ~]$ shutdown -h now
[student@localhost ~]$ systemctl poweroff
```

上述的任何一个命令均可关机，但无论使用哪个命令关机，其实最终都是调用最后一条，即“systemctl poweroff”执行关机的操作。

在本机通过 tty1~tty6 登录系统的账号，无论是系统管理员或普通账号，均可关闭（poweroff）本机。但是，如果是通过网络连接登录进来的，则无法关闭 Linux，除非使用管理员账号，才有权通过网络关机。

1.5 课后操作练习

简答题：

1. 计算机组成的五大单元指的是哪什么？CPU主要包含哪两个单元？
2. 消费市场的CPU当中，台式计算机与手机常用的CPU分别是哪种类型？
3. 参考图1.1，以“Linux”“x86个人计算机”“POSIX”“Open Office”说明这四项各属哪一层。
4. 用汇编语言开发出第一个Unics系统的，是贝尔实验室（Bell lab.）的哪一位“高手”？
5. 贝尔实验室的哪两位“高手”用C语言写成了第一版的Unix操作系统？
6. 从哪一个 Unix 版本开始，Unix终于可以支持x86个人计算机？
7. 号称自由软件之父是哪位先生？自由软件（free software）又是哪一个授权的名称？
8. Torvalds是参考哪一个Unix-like的系统而编写Linux的？
9. 查一下网络，列出三种以上的开源（Open source）授权。

10. 所谓的 Linux distributions（Linux发行版）大概包括哪四个组件？
11. 树莓派（Raspberry pi）的主要操作系统名称为 Raspbian，这个操作系统是基于哪一个 Linux distribution 改版而来的？
12. 在 CentOS 7 的默认情况下，可以利用哪些组合键来进入不同的“终端”程序（TTY）？
13. 登录进入“终端”程序后，要退出“终端”程序应该使用哪些命令（至少写两条）？
14. 查询并列出隐藏文件时，可以使用什么命令搭配什么选项？
15. 想要查询自己输入的历史命令，可以使用什么命令？
16. 关机可以使用哪些命令（至少写两条）？
17. 在 /tmp/checking 目录下有一个隐藏文件，哪一个命令搭配选项与参数可以列出该文件（写出完整的命令）？写下该文件名。

第2章

命令的执行与基本的文件管理

前一章最后讲到在文本用户界面中执行命令，在本章中我们将更详尽地实践一下在文本用户界面中执行命令的操作。另外，了解了命令的执行之后，接着就在 bash 环境下实践文件管理的操作。

2.1 在文本用户界面的“终端”程序中的操作

其实我们都是通过“程序”与系统进行沟通。以文本用户界面模式登录后所进入的程序被称为外壳（Shell），或称为命令行、命令解释器。这是因为这个程序相对于系统内核而言，在最外层负责与用户（我们）进行沟通，所以俗称为外壳程序或壳程序。CentOS 7 的默认外壳程序为 bash，建议用户建立良好的操作习惯，以便更好地掌握 Linux 的使用。

2.1.1 在文本用户模式中下达命令的方式

在 bash shell 环境下，命令的下达需要注意几个地方：

```
[student@localhost ~]$ command  [-options]  [parameter1...]
```

一行命令中第一个输入的部分是命令（command）或是可执行文件（例如script）。

- "command"：为命令的名称，例如切换工作目录的命令为 cd 等。
- 中括号"[ ]"不在实际的命令中，仅作为一个提示，可有可无之意。
- "-options"：为选项，通常选项前面会带有减号（-），例如 -h。
- options 有时会提供长选项，此时会使用两个减号，例如 --help。
- 注意，选项 -help 通常代表 -h -e -l -p 之意，与 --help 的单一长选项不同。
- "parameter1..."：参数，为依附在选项后面的参数，或者是 command 的参数。
- 命令、选项、参数之间都以空格或制表符（tab）隔开，无论空几格都视为一格，故空格符是特殊字符。
- 【Enter】按键代表一行命令开始启动。
- 在 Linux 中，是区分英文大小写的，例如 cd 与 CD 是不同的命令。

前一章我们使用过 ls 与 ll 这两个简易的命令来查看文件，如果想要知道当前的时间，或者是格式化输出的时间，可使用 date 这个命令来处理。

```
[student@localhost ~]$ date
四  4月 21 02:43:24 CST 2016
```

因为 student 选择中文的关系，所以屏幕上出现的就是中文的星期四与月日。若需要格式化的输出，就得加上特别的选项或参数，例如我们常用 2016/04/21 这样的日期输出格式，此时所下达的命令如下：

```
[student@localhost ~]$ date +%Y/%m/%d
2016/04/21
```

上述的选项部分（+%Y/%m%d）基本上不太需要死记，可以使用在线查询的方式查看选项的细节。最简单的处理方式就是通过 --help 这个长选项来查询各个选项的功能，如下所示：

```
[student@localhost ~]$ date --help
Usage: date [OPTION]... [+FORMAT]
or:  date [-u|--utc|--universal] [MMDDhhmm[[CC]YY][.ss]]
Display the current time in the given FORMAT, or set the system date.

Mandatory arguments to long options are mandatory for short options too.
-d, --date=STRING         display time described by STRING, not 'now'
-f, --file=DATEFILE       like --date once for each line of DATEFILE
  -I[TIMESPEC], --iso-8601[=TIMESPEC] output date/time in ISO 8601 format.
                          TIMESPEC='date' for date only (the default),
```

```
                        'hours', 'minutes', 'seconds', or 'ns' for date
                        and time to the indicated precision.
-r, --reference=FILEdisplay the last modification time of FILE
-R, --rfc-2822          output date and time in RFC 2822 format.
                        Example: Mon, 07 Aug 2006 12:34:56 -0600
--rfc-3339=TIMESPEC     output date and time in RFC 3339 format.
                        TIMESPEC='date', 'seconds', or 'ns' for
                        date and time to the indicated precision.
                        Date and time components are separated by
                        a single space: 2006-08-07 12:34:56-06:00
-s, --set=STRING        set time described by STRING
-u, --utc, --universal  print or set Coordinated Universal Time (UTC)
--help            显示此帮助说明并退出
--version         显示版本信息并退出

FORMAT controls the output.  Interpreted sequences are:

%%   a literal %
%a   locale's abbreviated weekday name (e.g., Sun)
%A   locale's full weekday name (e.g., Sunday)
%b   locale's abbreviated month name (e.g., Jan)
........
```

如此即可查询到有关 %Y、%m、%d选项使用的说明。

1. 如果需要输出“小时:分钟”的格式，要如何执行命令？
2. 请直接输入命令“date +%s”，参照 --help 功能，查询一下输出的信息是什么？
3. 查询一下 --help 的功能后，如果要显示两天以前的“+%Y/%m/%d”，要如何下达命令？
4. 如果需要显示出“公元年-日-月 小时:分钟”的格式，日期与时间中间有一个空格，该如何下达命令？

如果想要知道年历或者月历，可以通过 cal 这个命令来查询。

使用 cal 搭配 cal --help 查询相关选项，完成下面的题目。

1. 显示当前这个月份的月历。

2. 显示今年的年历。
3. 显示前一个月、本月、下一个月的月历。

2.1.2 身份切换命令 su - 的使用

继续来执行一下 date 这个命令。执行date --help 后，可以发现语法有两种情况，如下所示：

```
[student@localhost ~]$ date --help
Usage: date [OPTION]... [+FORMAT]
  or:  date [-u|--utc|--universal] [MMDDhhmm[[CC]YY][.ss]]
Display the current time in the given FORMAT, or set the system date.
```

命令说明当中，可以是“Display（显示）”也可以是“set（设置）”日期。语法（Usage）的第一行是显示日期，第二行当然就是设置日期了。如果使用 student 身份来设置日期，会有什么情况呢？

```
[student@localhost ~]$ date 042211072016
date: cannot set date: Operation not permitted
Fri Apr 22 11:07:00 CST 2016
[student@localhost ~]$ date
Fri Apr 22 19:05:17 CST 2016
```

可以发现并没有变更到正确的日期（第二个 date 命令用于确认有没有变更成功，因为两者日期不同，因此确认没有成功）。而且 date 也明白地告诉用户，当前的用户没有权限（Operation not permitted）！因为日期的设置只有系统管理员才能够完成。此时我们就得切换身份成为系统管理员（root）才行。方法如下：

```
[student@localhost ~]$ su -
密码:
上一次登录：四  4月 21 02:42:42 CST 2016 在 tty2
[root@localhost ~]#
```

本系统 root 的密码为 centos7，因此在“密码：”后面输入 centos7 之后，我们就可以发现用户的身份变换成为 root 了！此时再次使用 date 来查看日期能否被设置为正确的日期。

```
[root@localhost ~]# date 042211142016
Fri Apr 22 11:14:00 CST 2016
[root@localhost ~]# date
```

```
Fri Apr 22 11:14:02 CST 2016
```

我们可以发现上面两个命令的执行相差约 2 秒钟，因此输出的信息就会有两秒钟的时间差。不过，日期确实被变更成为当前的状态。如果需要完整地设置系统时间，则需要使用 hwclock -w 命令写入 BIOS 时钟。（由于虚拟机的 BIOS 也是虚拟的，因此不需要使用 hwclock 写入。）

另外，root 的身份是作为系统管理所需要的身份（具有相应的权限），因此做完任何系统维护操作之后，最好回到普通用户的身份。（这个习惯请务必养成！）

1. 为何当我们使用 su - 切换为 root 之后，想要使用【↑】和【↓】方向键去调用刚刚下达的 date 0421... 命令时会调用不出来呢？
2. 要如何退出 root 再次成为 student ？

2.1.3 切换语言的功能

由于我们的系统环境使用的是中文，因此在日期的输出方面可能就是以中文为主。如果想要显示为英文的年月时，就要修改一个变量，如下所示：

```
[student@localhost ~]$ date
五  4月 22 11:24:09 CST 2016
[student@localhost ~]$ LANG=en_US.utf8
[student@localhost ~]$ date
Fri Apr 22 11:24:46 CST 2016
```

我们可以发现日期输出已经变更为英文方式！LANG 是设置语言的变量。我们经常使用的语言有中文与英文的万国码（Unicode）两种。当然，比较旧的信息可能需要使用 GB 编码，所以我们常见的语言设置有：

- zh_CN.utf8
- zh_CN.GB2312
- zh_CN.GB18030
- en_US.utf8

有关语言的变化其实有两个变量可以使用，除了常用的 LANG 之外，也可以通过 LC_ALL 来变更。不过，一般建议使用 LANG 即可。查阅当前语言的方法为：

```
[student@localhost ~]$ echo ${LANG}
en_US.utf8
```

1. 将语言调整为默认的 zh_CN.utf8。
2. 输入 locale，查阅一下当前系统上所有使用的各项信息输出的语言为何。
3. 使用 locale --help，查询一下哪个选项可以列出当前系统所支持的语言。
4. 请列出所有语言，但是在纯文本模式（tty2~tty6）情况下，语言信息量太大，又没有鼠标滚轮可以使用，此时可以使用哪些组合键来显示之前的屏幕界面？
5. 若想要让命令提示符出现在第一行（屏幕最上方），可以输入哪一个命令来清空？

2.1.4　常见的热键与组合键

除了前面谈到的可以上下移动屏幕画面的组合键之外，在纯文本模式（bash shell）的环境下，建议读者一定要熟记经常应用的热键与组合键，列举如下：

- 【Tab】键：可以用于命令补齐，可以用于文件名补齐，也可以用于变量名称补齐。
- 【Ctrl】+【C】：中断一个运行中的命令。
- 【Shift】+【PageUp】，【Shift】+【PageDown】：上下移动屏幕界面。

1. 系统中以 if 和 ls 作为开头的命令各有哪些？
2. 有一个以 ifco 为开头的命令，你可以找到这个命令名称吗？
3. 执行一个命令“find /”，这个命令输出很乱，该如何中断这个命令的执行呢？
4. 执行一个命令“ls '”，因为不小心多按了一个单引号，导致命令执行很怪异，如何中断它？
5. 想要“ll –d”查看一下 /etc/sec 开头的文件有哪些，该怎么做？
6. 到底有多少变量是由 H 开头的？如何使用 echo 去查阅？

2.1.5　在线求助方式

Ll、ls、date、cal 均可使用 --help 来查询语法与相关的选项、参数数据，但某些命令没有办法显示详细的信息。例如下面的小算盘命令：

```
[student@localhost ~]$ bc
bc 1.06.95
Copyright 1991-1994, 1997, 1998, 2000, 2004, 2006 Free Software Foundation, Inc.
This is free software with ABSOLUTELY NO WARRANTY.
For details type `warranty'.
1+2+3+4
10
1/3
0
quit
```

bc 命令为 Linux 纯文本界面下的小算盘，我们可以使用 bc --help 查询到相关的选项信息，但是如上所示，加减乘除的符号，还有小数点位数，以及退出（quit）等信息，则没有显示在 --help 的输出界面中。Linux 提供了一个名为 manual page（手册页）的功能，我们可以将 manual 命令缩写为 man 来查询，如下所示：

```
[student@localhost ~]$ man bc
bc(1)                   General Commands Manual                   bc(1)

NAME
      bc - An arbitrary precision calculator language

SYNTAX
      bc [ -hlwsqv ] [long-options] [  file ... ]

DESCRIPTION
      bc is a language that supports arbitrary precision numbers with inter-
      active execution of statements. There are some  similarities  in  the
      syntax  to  the  C  programming  language. A standard math library is
      available by command line option.  If requested, the math  library  is
      defined  before  processing  any  files.  bc starts by processing code
      from all the files listed on the command line  in  the  order  listed.
      After all files have been processed, bc reads from the standard input.
      All code is executed as it is read.  (If a file contains a command  to
      halt the processor, bc will never read from the standard input.)
.......

   OPTIONS
      -h, --help
            Print the usage and exit.

      -i, --interactive
            Force interactive mode.
```

```
.......

  VARIABLES
     There  are  four  special  variables,  scale,  ibase,  obase,  and  last.
     scale defines how some operations use digits after the decimal  point.
     The default value of scale is 0. ibase and obase define the conversion
     base for input and output numbers.  The default  for  both  input  and
     output  is  base  10.   last (an extension) is a variable that has the
     value of the last printed number.  These will be discussed in  further
     detail  where  appropriate.   All  of  these variables may have values
     assigned to them as well as used in expressions.
.......

     - expr The result is the negation of the expression.

     ++ var The  variable  is  incremented  by one and the new value is the
            result of the expression.

     -- var The variable is decremented by one and the  new  value  is  the
            result of the expression.

     var ++
             The  result of the expression is the value of the variable and
            then the variable is incremented by one.

     var -- The result of the expression is the value of the  variable  and
            then the variable is decremented by one.

     expr + expr
            The result of the expression is the sum of the two expressions.
.......

AUTHOR
     Philip A. Nelson
     philnelson@acm.org

ACKNOWLEDGEMENTS
  The author would like to thank Steve  Sommars  (Steve.Sommars@att.com)
  for his extensive help in testing the implementation.  Many great sug-
  gestions were given.  This  is  a  much  better  product  due  to  his
     involvement.

GNU Project                   2006-06-11                      bc(1)
```

通过这个 man 命令可以调出比较详细的信息，在该界面中，我们可以使用下面的按键来移动屏幕，以便显示整份文件的不同位置：

- 【Enter】：往文件后面移动一行。
- 【PageUp】/【PageDown】：往文件前/后移动一页。
- 【↑】【↓】方向键：往文件前/后移动一行。
- 【g】：移动到整份文件的第一行。
- 【G】：移动到整份文件的最后一行。
- 【q】：退出 man page（手册页）。

有兴趣的话，可以自己慢慢地阅读 man page。如果是短时间要查询重要的项目，例如我们需要调整输出的小数点位数（scale）时，可以“到整份文件的第一行，然后输入斜线 /，再输入关键词”，随后man page 就可以帮我们找关键词。

- /keyword：这个命令用于在 man page 中找到关键词。
- n：往整份文件的后面继续找关键词。
- N：往整份文件的前面继续找关键词。

1. 在 bc 的执行环境中，让 1/3 的计算结果可以输出 .3333 这样的格式。
2. 在 man bc 中，查找关键词“pi=”，然后在 bc 的环境中，算出 pi 的小数点后 50 位数的结果。
3. 在 bc 的环境下，算出 1000/17 的“余数（remainder）”。
4. 在 man date 中，找到第一个范例（Example），并说明该命令的意义。

man page（手册页）除了上述的功能之外，其实man page的第一行也显示了该命令/文件的功能，例如BC(1)代表的是1号man page，大概共有9种man page代号，其意义如表2.1所示。

表 2.1 man page 代号

代号	代表内容
1	用户在 shell 环境中可以执行的命令或可执行文件
2	系统内核可调用的函数与工具等
3	一些常用的函数（function）与函数库（library），大部分为 C 的函数库（libc）
4	设备文件的说明，通常在/dev 下的文件
5	配置文件或者是某些文件的格式

（续表）

代号	代表内容
6	游戏（games）
7	惯例与协议等，例如 Linux 文件系统、网络协议、ASCII 编码等说明
8	系统管理员可用的管理命令
9	与 kernel 有关的文件

上面表格中的内容可以使用“man man”来获得更详细的说明。

我们知道与 passwd 有关的有两处，一个是配置文件 /etc/passwd，一个是更改密码的命令 /usr/bin/passwd，如何分别查询两个passwd的 man page 呢？

2.1.6　管道命令的应用

从前几小节的练习中，有时候我们会发现几种情况：(1)命令输出的信息量常常很大，一整屏幕显示不下，就连使用【Shift】+【PageUp】组合键也没有办法全部看完；(2)在执行 man bc 命令时，找pi= 项的范例，其中提到在文本用户界面下，通过某些方式可以不进入 bc 而能计算 pi ！

尤其是第 2 项，里面就谈到那个“|”的符号，这个符号称为“管道（pipe）”。它的作用是“将前一个命令输出的结果作为后面的命令的输入来处理”。下面我们来谈谈该命令的含义：

```
[student@localhost ~]$ echo "scale=10; 4*a(1)" | bc -l
```

如果我们将上面的命令分成两个部分来看，第一部分先执行“echo "scale=10; 4*a(1)"”，就可以发现在屏幕上会输出“scale=10; 4*a(1)”的字样，echo 这个命令很直截了当地将后续的信息当成文字信息输出到屏幕上。这些信息之后被带入 bc 命令中，即直接在 bc 的环境中进行 scale=10; 4*a(1) 的运算。

有两个命令常用于大量信息输出时的片段展示，那就是 more 与 less。more 会一页一页地翻看，但是无法向前回去查询之前的界面。至于 less，就类似于 man page 操作环境中的使用方式。

1. 分别通过 more 与 less 将 ll /etc 的结果一页一页地翻看。

2. 尝试找到 passwd 相关的字样。
3. 使用 find /etc 的命令，但是将结果交给 less 来查询。
4. 使用的身份为 student 时，能否找到错误信息呢?
5. 通过管道的功能，计算出一年 365 天共有几秒钟?

并不是所有的命令都支持管道命令的，例如之前谈到的ls、ll、find或本章稍晚会提到的cp、mkdir 等命令。

除了使用 | less 的功能加上斜线“/”来找到关键词之外，我们也可以通过 grep 来查找关键词！如果要使用 ll /etc/ 找出有 passwd 关键词的“那一行”，可以执行如下命令：

```
[student@localhost ~]$ ll /etc/ | grep 'passwd'
```

1. 以 ifconfig 命令来查看系统中所有网卡的 IP。
2. 使用管道命令搭配 grep 来查找关键词，以取出有 IP 的那行信息。

2.2　Linux 文件管理初探

在 Linux 系统中，文件管理的功能是必不可少的，包括创建目录与文件、复制与移动文件、删除文件与目录等。另外，读者也应该要知道在 Linux 系统中，哪些目录是正规系统会存在的，以及该目录应该存放哪些信息和数据等。

2.2.1　Linux 目录树系统简介

所有的 Linux distributions（Linux发行版）理论上都应该遵循当初 Linux 开发时所规范的各项标准，其中之一就是文件系统层次标准（Filesystem Hierarchy Standard，FHS）。不过，FHS 只是一个基本建议，具体实现还是让各个发行版保有自由设计的权利。无论如何，FHS 还是规范了根目录、/usr 和 /var 这三个目录内应该要存放的内容。

CentOS 7 的目录规范与以前的 CentOS 6 差异颇大，详细的内容还请参考相关文件，下面仅就各个目录中应该要存放的内容做个基本的说明。请自行执行“ll /”命令并对照表2.2和表2.3的相关说明。

表 2.2　必须了解的目录

目录名称	应存放的文件（必须了解这些）
/bin /sbin	/bin 主要存放普通用户可执行的命令 /sbin 主要存放系统管理员可执行的命令 这两个目录目前都是链接文件，分别链接到/usr/bin、/usr/sbin 目录
/boot	与系统开机启动有关的文件，包括内核文件/启动管理程序与配置文件
/dev	是 device 的缩写，存放设备文件，包括硬盘文件、键盘鼠标终端文件等
/etc	一堆系统配置文件，包括账号、密码与各种服务软件的配置文件等大多在此目录内
/home /root	/home 是普通账号的根目录默认的存放位置 /root 是系统管理员的根目录
/lib /lib64	系统函数库与内核函数库，其中/lib 包含内核驱动程序，而其他软件的函数库若为 64 位，则使用/lib64 目录中的函数库文件。这两个目录目前也都是链接到/usr/lib、/usr/lib64
/proc	将内存中的数据做成文件类型，存储在这个目录中，连同某些内核参数也可以手动调整
/sys	与/proc 类似，是与硬件相关的参数
/usr	是 usr 不是 user！是 UNIX software resource（UNIX 软件资源）的缩写，与 UNIX 程序有关。从 CentOS 7 开始，系统相关的所有软件、服务等均存放在这个目录中了，因此不能与根目录分离
/var	是一些可变数据，系统运行过程中的服务数据、暂存数据、登录数据等
/tmp	一些用户操作过程中会启用的暂存盘，例如 X 软件相关的数据等

Linux 是由工程师开发的，许多的目录也沿用了 UNIX 的规范，UNIX 也是工程师开发的，所以许多目录的命名通常就与该目录要存放的数据有点相关性。例如bin、sbin就是指binary（二进制程序）、system binary（系统的二进制程序）。

表 2.3　用到后知道的目录

目录名称	应存放的文件（以后用到就知道了）
/media /mnt	/media 主要是系统上临时挂载使用的设备（如即插即用 USB）的惯用目录 /mnt 主要是用户或管理员自行暂时手动挂载的目录
/opt	/opt 是 optional（可选的）的意思，通常存放第三方厂商所开发的软件
/run	系统进行服务软件运行管理的功能，CentOS 7 以后，这个目录也存放在内存当中了
/srv	通常是给各类服务（service）存放数据的目录

另外，在 Linux 环境下，所有的目录都是根目录（用/表示）衍生出来的，从根目录开始编写的文件名也就被称为“绝对路径”。在磁盘规划方面，若需要了解磁盘与目录树的搭配情况，可以使用 df（Display Filesystem，显示文件系统）的软件来查阅：

```
[student@localhost ~]$ df
文件系统                    1K-区段      已用       可用   已用%  挂载点
/dev/mapper/centos-root  10475520   4024880    6450640    39%  /
devtmpfs                  1008980         0    1008980     0%  /dev
tmpfs                     1024480        96    1024384     1%  /dev/shm
tmpfs                     1024480      8988    1015492     1%  /run
tmpfs                     1024480         0    1024480     0%  /sys/fs/cgroup
/dev/sda2                 2086912    150216    1936696     8%  /boot
/dev/mapper/centos-home   3135488     41368    3094120     2%  /home
tmpfs                      204900        20     204880     1%  /run/user/1000
```

上面最左侧为文件系统，最右侧是挂载点。挂载点有点类似 Windows 系统的C:、D:、E: 等驱动器。在Linux中，所有的文件都是从目录树分出来的，因此文件系统也需要与目录结合在一起。以上面的内容来说，“当我们进入/boot 这个目录时，就可以看到 /dev/sda2 这个设备的内容”。

此外,系统也已经将内存仿真成文件系统,让用户可以将暂存数据存放在高速的内存中。只是这些数据在关机后就会消失。

1. 使用 ll / 查看文件，在出现的界面中，“链接文件”与“常规目录”有差别，它们最左边的字符分别是什么？
2. /proc 与 /sys 的文件大小分别是多少？为什么？
3. /boot/vmlinuz 开头的文件为系统的“内核文件”，CentOS 7 环境中这个内核文件大小是多少？
4. 使用 man ls 和 man ifconfig 两个命令查询完毕后，ls和ifconfig“可能”存放在哪些目录内？
5. 如果我们有一个暂时使用的文件需要经常存取，而且文件大小相当大，为了加速，我们可以将这个文件暂时存放于哪里来进行编辑？只是编辑完毕后必须要重新复制回原来的目录去。

2.2.2 工作目录的切换与相对/绝对路径

在默认的情况下，用户进入 shell 的环境时通常是在自己的“根目录”，例如 Windows 文件资源管理器打开后，出现在界面中的通常是“我的文档”之类的文件夹。若要变更“工作目录”，例如将工作目录切换到 /var/spool/mail，可以执行以下命令：

```
[student@localhost ~]$ ls
下载  公共  图片  视频  文件  桌面  模板  音乐
[student@localhost ~]$ cd /var/spool/mail
[student@localhost mail]$ ls
root  rpc  student
```

如上所示，一开始读者会在 student 根目录下，因此只执行 ls 命令时会列出工作目录（根目录）下的内容，即显示出一堆中文文件的目录。当我们执行“cd /var/spool/mail”命令之后，工作目录就会切换“/var/spool/mail”目录，所以提示符里面也将 ~ 变成了 mail 。因此使用 ls 所列出的工作目录下的内容就会显示不一样的内容。我们在执行命令时，要特别注意“工作目录”，而列出当前工作目录的方法为执行 pwd 命令：

```
[student@localhost mail]$ pwd
/var/spool/mail
[student@localhost mail]$
```

我们在系统中时，不要只看提示符下的文件，最好是查阅实际的目录，例如：

```
[student@localhost mail]$ cd /etc
[student@localhost etc]$ pwd
/etc
[student@localhost etc]$ cd /usr/local/etc
[student@localhost etc]$ pwd
/usr/local/etc
[student@localhost etc]$
```

我们可以发现，自从进入 /etc 之后，提示符内的目录位置一直是“etc”，然而使用 pwd 就能够发现两者的差异。这在系统管理时非常重要，若去错了工作目录，则会导致错误地更改其他文件！

除了系统根目录与用户自己的根目录之外，Linux 中有一些比较特别的目录需要记忆，如表2-4所示。

表 2-4　需要记忆的目录

目录名称	目录含义
/	系统根目录，系统根只会存在一个
~	用户的根目录，不同用户的根目录均不相同
.	一个小数点，代表的是“本目录”，即当前的工作目录
..	两个小数点，代表的是“上一层目录”
-	一个减号，代表“上一次的工作目录”

用户应该要注意，根据目录写法的不同，可将路径（path）分为绝对路径（absolute）与相对路径（relative）。这两种文件的“/路径”的写法依据是这样的：

- 绝对路径：从根目录（/）开始写起的目录名称/文件名，例如 /home/student/.bashrc。
- 相对路径：相对于当前路径的写法，例如 ./home/student 或 ../../home/student/等。开头不是 / 就属于相对路径的写法。

1. 前往 /var/spool/mail 并查看当前的工作目录。
2. 查看上一层目录中的文件内容，查询一下有没有“anacron”这个文件存在。
3. 请前往“上一层目录的那个 anacron 目录”。
4. 在当前的目录中，如何查询 /var/log 这个目录的内容？分别使用两种方式（相对/绝对路径）来查看。
5. 回到 student 根目录。
6. 分别使用“默认”“相对路径”“绝对路径”“工作目录下”的方式来执行 ifconfig。

2.2.3 简易文件管理练习

经过本章的学习，读者应该了解到 /etc 与 /boot 为两个相当重要的目录，其中 /etc 更是需要进行备份的目录。若读者使用 student 的身份（账户）来暂时执行文件管理命令，例如将 /etc 完整备份时，可以如何进行呢？

1. 前往 /dev/shm 这个内存仿真的目录来执行后续的命令：

```
[student@localhost ~]$ cd /dev/shm
[student@localhost shm]$
```

2. 创建一个名为 backup 的目录，等待备份数据：

```
[student@localhost shm]$ mkdir backup
[student@localhost shm]$ ll
drwxrwxr-x. 2 student student       40  4月 26 21:32 backup
-rwx------. 1 gdm     gdm     67108904  4月 26 17:48 pulse-shm-1013772778
-rwx------. 1 student student 67108904  4月 26 17:49 pulse-shm-1217036117
.......
```

3. 进入 backup 目录：

```
[student@localhost shm]$ cd backup
[student@localhost backup]$ pwd
/dev/shm/backup
```

4. 将 /etc 完整地复制过来：

```
[student@localhost backup]$ cp /etc .
cp: 略过 '/etc' 目录
```

因为 cp 会自动忽略目录的复制，因此需要如下命令来复制目录才行。

5. 开始执行复制目录 (-r) 的命令：

```
[student@localhost backup]$ cp -r /etc .
cp: 无法打开 '/etc/crypttab' 来读取数据：拒绝不允许的操作
cp: 无法存取 '/etc/pki/CA/private': 拒绝不允许的操作
cp: 无法存取 '/etc/pki/rsyslog': 拒绝不允许的操作
.......
```

因为系统有很多保密的文件是不许被普通用户所读取的，因此 student 有许多文件无法顺利复制也是正确的！用户不必担心。

6. 再次复制文件，同时将错误信息传送到垃圾桶，而不要显示在屏幕上：

```
[student@localhost backup]$ cp -r /etc . 2> /dev/null
[student@localhost backup]$ ll -d /etc ./etc
drwxr-xr-x. 129 root    root    8192  4月 26 19:11 /etc
drwxr-xr-x. 129 student student 4960  4月 26 21:41 ./etc
```

通过上面的练习，最终我们知道其实 student 身份复制的 /dev/shm/backup/etc 是没有完整备份的。这是因为两者的容量大小、内容文件、权限都不相同。至于相关的命令功能、选项功能等，请自行执行 man cp、man mkdir 命令来预先了解。

另外，在一些错误信息要丢弃的环境中，也可以在命令的最后面加上 2> /dev/null 来将错误的信息导向垃圾桶（/dev/null）。

1. 先查看一下有没有 /dev/shm/backup/etc/passwd* 的文件存在。
2. 使用 cp 命令进行复制，而删除则可以使用 rm 命令。尝试删除前一道例题的文件，并确认该文件已经不存在了。

3. 查看/dev/shm/backup/etc/X11 是“文件”还是“目录”。
4. 如何删除前一道例题谈到的目录？
5. 若想要删除/dev/shm/backup/etc/xdg 这个目录，且“每个文件删除前均要询问进行确认”，则要加上哪个选项？

2.3 课后操作练习

一、简答题：请使用 student 的身份登录系统，然后在应用程序中寻找一个名为 gedit 的命令，打开该软件之后，依据下面的题目写下答案。保存时，请选择文件名为/home/student/ans02.txt（建议写下答案前，均在系统上实际操作练习一下）。

1. 什么命令可以把系统语言切换为 en_US.utf8，如何确认系统语言正确地设置了？
2. Linux 的日期设置其实与 UNIX 相同，都是从 1970/01/01 开始累加时间的。若有一个密码数据，该数据告诉你密码修改的日期是在 16849，请问如何使用 date 这个命令计算出该日期其实是公元年月日（写下完整的命令）？
3. 用 cal 输出 2016/04/29 这一天的月历并查看该日为星期几（写下完整的命令）？
4. 当天是这一年中由 1 月 1 日算起来的第几天（注：该日期称为 julian date，即“儒略日”）？（a）写下完整的命令。（b）执行结果显示第几天？
5. 若为 root 的身份，使用 su - student 切换成为 student 时，需不需要输入密码？
6. 调出 HOME 这个变量的命令是什么？
7. 使用哪一个命令可以查出 /etc/group 这个文件的第三个字段（写下命令）？
8. /dev/null 这个设备的意义是什么（写下命令）？
9. 如何通过管道命令与 grep 的功能，通过 find /etc 找出文件名中含有 passwd 的文件有哪些？（a）写下命令。（b）执行结果中的文件有哪几个？
10. 接上题，将一堆错误信息丢弃，我们只需要显示正确的文件名（写下命令）。
11. 在根目录下，哪两个目录主要用于存放用户与管理员常用的命令？
12. 在根目录下，哪两个目录其实是内存中的数据，本身并不占用硬盘空间？
13. 在根目录下，哪一个目录主要用于存放配置文件？
14. 上网找出/lib/modules/ 这个目录的内容主要存放了什么内容。
15. 有一个命令名称为 /usr/bin/mount，请使用“绝对路径”与“工作目录下的命令”来执行该命令。

二、实践题：直接在系统上面操作，操作成功即可，不需要写下任何答案。

1. 使用 student 身份，在自己的根目录下，创建名为 ./20xx/unit02 的目录。
2. 使用 student 身份，将 /etc/X11 这个资料复制到上述目录中。
3. 使用 root 身份，删除 /opt/myunit02 文件。
4. 使用 root 身份，创建名为 /mnt/myunit02 的目录。
5. 使用 root 身份，通过 find /etc 命令，找出文件名中含有 passwd 的文件，并将这些文件复制到 /mnt/myunit02目录中。

第3章

文件管理与 vim 初探

在前一章中，读者应该接触了 Linux 文件管理的少量内容。在这一章中，我们将较深入地学习 Linux 的文件管理。此外，本章还会介绍未来会一直要使用的 vim 程序编辑器，学会 vim 对于系统管理员来说至关重要！

3.1 文件管理

在 Linux 中，几乎所有的内容都以文件方式来呈现，不同的文件特性会有不同的结果。常见的两种文件格式为：

- 普通文件：实际存放信息或数据的文件。
- 目录文件：重点存放“文件名”。

为何需要目录文件？我们可以想象，如果仅有一个柜子，我们将所有书全部丢进同一个柜子中，则未来找书时，会很难寻找（可能因为书太多了）。若有多个柜子，将不同的书分类放于各个柜子中，未来要找某一类的书时，只要找到该类书的柜子，就能够快速地找到，这就是需要目录文件的原因。

3.1.1　目录的创建与删除

前一章已经谈过，目录的创建主要使用 mkdir 这个命令。这个命令将创建一个“空目录”，所谓的“空目录”是指该目录内并没有其他文件。至于删除目录，则使用 rmdir 这个命令，同理，这个命令仅能“删除空目录”。

1. 前往 /dev/shm 目录。
2. 创建名为 class3 的目录。
3. 查看 /dev/shm/class3 这个目录的内容，并说明内部有没有其他文件（注：使用 ll 加上显示隐藏文件的选项）。
4. 通过 cp /etc/hosts /dev/shm/class3 将文件复制到该目录内，并查看 class3 目录的内容。
5. 使用rmdir /dev/shm/class3尝试删除该目录，并说明是否可以删除该目录的原因。

使用 rm 可以删除文件，但rm 默认只能删除普通文件，无法删除目录。

1. 接上一个例题，进入 /dev/shm/class3 目录中，并且使用 rm 删除该目录下的所有文件（非隐藏文件）。
2. 回到 /dev/shm 目录中，此时能否使用 rmdir 删除 class3 目录？为什么？

查看目录本身的参数

当使用 ll dirname 时，默认会显示出“该目录下的文件”，因为目录的内容就是文件名。若读者需要了解目录本身的信息而不是目录的内容，可以使用 -d 选项，如下范例：

```
[student@localhost ~]$ ll /etc/cron.d
总计 12
-rw-r--r--. 1 root root 128  7月 27  2015 0hourly
-rw-r--r--. 1 root root 108  9月 18  2015 raid-check
-rw-------. 1 root root 235  3月  6  2015 sysstat

[student@localhost ~]$ ll -d /etc/cron.d
drwxr-xr-x. 2 root root 51  2月 18 02:58 /etc/cron.d
```

读者可以清楚地看到加上 -d 和不加上 -d 选项的结果差异相当大。

3.1.2 通配符

要查询某些关键词的信息时，可以使用特殊的字符，即通配符。经常使用的通配符如表3.1所示。

表 3.1 经常使用的通配符

符号	意义
*	代表“0 个到无穷多个”任意字符
?	代表“一定有一个”任意字符
[ ]	同样代表“一定有一个在括号内”的字符（非任意字符）。例如 [abcd] 代表“一定有一个字符，可能是 a、b、c、d 这四个中的任何一个”
[-]	若有减号在中括号内时，代表“在编码顺序内的所有字符”。例如，[0-9] 代表 0 到 9 之间的所有数字，因为数字的编码是连续的
[^]	若中括号内的第一个字符为指数符号（^），则表示“反向选择”，例如 [^abc] 代表一定有一个字符，只要是非 a、b、c 的其他字符即可

若读者想要了解 /etc 中有多少文件名开头为 cron 的文件，则可以使用如下的方式来查询：

```
[student@localhost ~]$ ll /etc/cron*
[student@localhost ~]$ ll -d /etc/cron*
```

如果加上 -d 的选项，那么文件名会变得比较简单；如果没有加上 -d 的选项，那么 ll 会列出“目录内的文件的许多信息”。

1. 列出 /etc/ 中含有 5 个字符的文件名。
2. 列出 /etc/ 中含有数字在内的文件名。

3.1.3 文件及目录的复制与删除

文件及目录的复制主要使用 cp 命令，相关的选项请自行通过 man cp 命令来查询。cp 命令默认只复制文件，并不会复制目录，若需要复制目录，建议直接加上 -r，如果是需要完整的备份，则最好加上 -a 的选项。

另外，除了正常的普通文件与目录文件之外，系统也经常会有链接文件的情况，例如：

```
[student@localhost ~]$ ll -d /etc/rc0.d /etc/rc.d/rc0.d
lrwxrwxrwx. 1 root root 10  2月 18 02:54 /etc/rc0.d -> rc.d/rc0.d
drwxr-xr-x. 2 root root 43  2月 18 02:56 /etc/rc.d/rc0.d
```

链接文件的特点是，该行开头的 10 个字符最左边为 l（link，即链接的意思），普通文件为减号（-）而目录文件为 d（directory，即目录的意思）。如上例所示，其实 /etc/rc0.d 与 /etc/rc.d/rc0.d 指向相同的文件，其中 /etc/rc0.d 是链接文件，而原始档为 /etc/rc.d/rc0.d。此时读者需要注意，当你进入 /etc/rc0.d 时，代表实际进入了 /etc/rc.d/rc0.d 那个目录。

复制目录时

一般来说，复制目录需要加上 -r 或 -a，两者的差异如下：

```
[student@localhost ~]$ cd /dev/shm
[student@localhost shm]$ cp -r /etc/rc0.d/  .    <==结尾一定要加上斜线 /
[student@localhost shm]$ ll
drwxr-xr-x. 2 student student      80  5月 19 10:56 rc0.d

 [student@localhost shm]$ ll rc0.d /etc/rc0.d/
/etc/rc0.d/:
总计 0
lrwxrwxrwx. 1 root root 20  2月 18 02:56 K50netconsole -> ../init.d/netconsole
lrwxrwxrwx. 1 root root 17  2月 18 02:56 K90network -> ../init.d/network

rc0.d:
总计 0
lrwxrwxrwx. 1 student student 20  5月 19 10:56 K50netconsole -> ../init.d/
netconsole
lrwxrwxrwx. 1 student student 17  5月 19 10:56 K90network -> ../init.d/network

 [student@localhost shm]$ cp -a /etc/rc0.d/ rc0.d2
[student@localhost shm]$ ll rc0.d2
lrwxrwxrwx. 1 student student 20  2月 18 02:56 K50netconsole -> ../init.d/
netconsole
lrwxrwxrwx. 1 student student 17  2月 18 02:56 K90network -> ../init.d/network
```

读者可以发现加入 -a 选项时，连同文件的时间也都复制过来了，而不是使用当前的时间来创建新的文件。此外，如果以 root 的身份来执行上述命令，那么连同权限（前面的 root 变成 student）也会与源文件相同！这就是 -r 与 -a 的差异。因此，当系统备份时，还是建议使用 -a 选项。

目标文件存在与否

参考下面的范例：

1. 先进入 /dev/shm 目录，同时查看目录下有无名为 rc1.d 的文件。
2. 使用“cp -r /etc/rc.d/rc1.d rc1.d”将 rc1.d 复制到本目录下，然后使用 ll 与 ll rc1.d 查看该目录。
3. 重新执行一次上述复制的命令，然后执行 ll rc1.d 命令，查看一下有什么变化。

当复制目录且目标为不存在的目录时，系统就会创建一个同名的目录来存放内容。若目标目录已存在，则源目录中的内容将会被存放到目标目录中。因此，目标目录是否存在会影响到复制的结果。

删除文件

删除文件使用 rm 命令，其中需要特别注意的是：不要随便使用 rm - rf 这样的选项，因为 -r 为删除目录，-f 为不询问就直接删除，因此若后续的目录名或文件名写错，则可能误删（一般来说，多数情况下被误删的内容是无法挽回的。）

进入/dev/shm目录，查看到前一个例题/dev/shm/rc1.d的目录存在后，请将它删除。

3.1.4 特殊文件名的处理方式

在 Windows 中经常会有比较特别的文件名出现，最常出现的是文件名含空格符的情况。由于在命令行中空格符亦为特殊字符，因此需要将这些特殊字符改为一般字符后，方可进行处理。常见的处理方式有下面这些。

含空格符的文件名

一般可以使用单引号或双引号或反斜杠（\）来处理这样的文件名。例如，创建一个名为“class one”的文件时，可以这样做：

```
[student@localhost ~]$ cd /dev/shm
[student@localhost shm]$ mkdir "class one"
[student@localhost shm]$ ll
drwxrwxr-x. 2 student student      40  5月 19 11:23 class one
```

我们可以看到在最右边出现了 class one 的文件名，但这个文件名要如何删除呢？

```
[student@localhost shm]$ rmdir class one
rmdir: failed to remove 'class': 没有此文件或目录
rmdir: failed to remove 'one': 没有此文件或目录

[student@localhost shm]$ rmdir class\ one
```

如果只是补上文件名，则 rmdir 会误判有两个名为 class 与 one 的目录要删除，因为找不到，所以报错。此时我们可以使用成对的双引号或单引号来处理，也可以通过反斜杠将空格符转义为一般字符。

加号与减号开头的文件名

执行命令时，在命令后的选项前面使用的是加号“+”或减号“-”，如果文件名被要求创建成 -newdir，该如何处理？

```
[student@localhost shm]$ mkdir -newdir
mkdir: 不适用的选项 -- n
Try 'mkdir --help' for more information.
```

此时会报错，若尝试使用单引号来处理，则同样会报错！使用反斜杠，同样报错。是否无法创建此类文件名的文件呢？其实我们可以通过“绝对/相对路径”来处理，例如：

```
[student@localhost shm]$ mkdir /dev/shm/-newdir
[student@localhost shm]$ mkdir ./-newdir2
[student@localhost shm]$ ll -d ./*new*
drwxrwxr-x. 2 student student 40  5月 19 11:32 ./-newdir
drwxrwxr-x. 2 student student 40  5月 19 11:32 ./-newdir2
```

这样就可以创建开头为 + 或 - 的文件名了。删除这类文件同样要使用这样的文件名编写方式。

将刚刚创建的 -newdir、-newdir2 删除。

3.1.5　查看隐藏文件与文件类型

查看隐藏文件

要查看隐藏文件，可以执行如下命令：

```
[student@localhost shm]$ cd
[student@localhost ~]$ ll
drwxr-xr-x. 2 student student    6  4月 14 19:46 下载
drwxr-xr-x. 2 student student    6  4月 14 19:46 公共
drwxr-xr-x. 2 student student    6  4月 14 19:46 图片
.......

[student@localhost ~]$ ll -a
drwx------. 16 student student  4096   5月 12 11:31 .
drwxr-xr-x. 17 root    root     4096   5月  3 21:43 ..
-rw-------.  1 student student  4202   5月 18 17:43 .bash_history
-rw-r--r--.  1 student student    18  11月 20 13:02 .bash_logout
-rw-r--r--.  1 student student   193  11月 20 13:02 .bash_profile
.......

[student@localhost ~]$ ll -d .*
```

隐藏文件的文件名开头为小数点，可以通过 -a 来查询所有的文件，或者通过 .* 来查询隐藏文件。不过要加上 -d 选项才行。

查看文件的类型

如果需要查看文件的类型，就需要使用 file 这个命令。例如，分别找出 /etc/passwd 和 /usr/bin/passwd 这两个文件的格式，可以执行如下命令：

```
[student@localhost ~]$ ll /etc/passwd /usr/bin/passwd
-rw-r--r--. 1 root root  2945  5月  3 21:43 /etc/passwd
-rwsr-xr-x. 1 root root 27832  6月 10  2014 /usr/bin/passwd

[student@localhost ~]$ file /etc/passwd /usr/bin/passwd
/etc/passwd:     ASCII text
/usr/bin/passwd: setuid ELF 64-bit LSB shared object, x86-64, version 1 (SYSV),
dynamically linked (uses shared libs), for GNU/Linux 2.6.32, BuildID[sha1]=
1e5735bf7b317e60bcb907f1989951f6abd50e8d, stripped
```

从上面的结果可知，这两个文件分别是文本文件（ASCII text）和可执行文件（ELF 64-bit LSB...）。

查看 /etc/rc0.d 和 /etc/rc.d/rc0.d 的文件类型是什么。

3.1.6　文件的移动与更名

若文件创建到错误的位置，可以使用 mv 命令来处理。若文件名错了，也能够使用 mv 命令来更名。

1. 让 student 回到根目录。
2. 将 /etc/rc3.d 复制到本目录。
3. 该目录移动错误，请将本目录的 rc3.d 移动到 /dev/shm 目录中。
4. 文件名依旧错误，请将 /dev/shm 目录中的 rc3.d 更名为 init3.d。

3.1.7　大量创建空白文件的方式

有时候为了测试系统，管理员可能需要创建许多的文件来进行测试，此时可以使用 touch 这个命令。例如到 /dev/shm 目录创建名为 testdir 与 testfile 的“目录文件与普通文件”，可以这样处理：

```
[student@localhost ~]$ cd /dev/shm
[student@localhost shm]$ mkdir testdir
[student@localhost shm]$ touch testfile
[student@localhost shm]$ ll -d test*
drwxrwxr-x. 2 student student 40  5月 19 13:04 testdir
-rw-rw-r--. 1 student student  0  5月 19 13:04 testfile
```

如果需要创建较多的文件，例如 test1、test2、test3、test4 时，可以通过大括号的方式来处理。例如，在 /dev/shm 目录中创建上述四个文件，可以这样处理：

```
[student@localhost shm]$ touch test{1,2,3,4}
[student@localhost shm]$ ll -d test?
-rw-rw-r--. 1 student student 0  5月 19 13:06 test1
-rw-rw-r--. 1 student student 0  5月 19 13:06 test2
-rw-rw-r--. 1 student student 0  5月 19 13:06 test3
-rw-rw-r--. 1 student student 0  5月 19 13:06 test4
```

如果所需要的文件名或输出信息中用到了连续的数字，假设从 1 到 10 这组数字，虽然能使用 {1,2,3,4,5,6,7,8,9,10} 来处理，但是输入太烦琐了。此时可以使用 {1..10} 来取代上述输出。若需要输出 01、02 这样的字样，可用 {01..10} 来处理。

- 若需要在 /dev/shm/testing 目录下创建名为 mytest_XX_YY_ZZ 的文件，其中 XX 为“jan、feb、mar、apr”，YY 为“one、two、three”，而 ZZ 为“a1、b1、c1”，那么如何使用一个命令就创建出上述 36 个文件呢？
- 如果需要在 /dev/shm/student/ 目录中创建文件名为 4070C001 到 4070C050 的文件，那么该如何使用一个命令来完成这 50 个文件的创建？

3.2 文件内容的查询

很多时候管理员只是需要知道文件的内容，并不进行编辑。此时可以通过一些简易的命令来查询文件的内容。

3.2.1 连续输出文件的内容

最简单的查询文件内容的方式是通过 cat、head 与 tail 等命令。cat 为较常用的命令，但是 cat 会将文件完整地重现在屏幕上，管理员若想要查询文件的最后几行内容，执行 tail 命令来查询则更方便。

- cat：将文件内容全部列出。
- head：默认只列出文件最前面 10 行的内容。
- tail：默认只列出文件最后面 10 行的内容。

1. 列出 /etc/hosts 文件的内容。
2. 列出 /etc/profile 文件的内容。
3. 接上一题，第二次列出 /etc/profile 时加上行号输出。
4. 列出 /etc/profile 最前面 10 行的内容。
5. 列出 /etc/passwd 最后面 10 行的内容。
6. 列出 /etc/services 最后 5 行的内容。

3.2.2 可检索文件内容

上述的 cat/head/tail 在查询文件内容时，需要人工眼力来查看具体内容的位置。因此，如果文件内容的信息量比较大，而且需要查询信息时，可以使用 more 与 less 来处置。more 默认会一页一页地向后翻页，而 less 则可以向前、向后翻页。事实上，man page 就是调用 less 命令的处理方式。

more内的常用命令：

- /关键词：可以查询关键词。
- 【空格键】：可以向下/向后翻页。
- 【q】：结束并退出，不再查询文件。

less内的常用命令：

- /关键词：可以查询关键词。
- 【空格键】：可以向下/向后翻页。
- 【PageUp】：可以向前/向上翻页。
- 【PageDown】：可以向下/向后翻页。
- 【g】：直接到第一行。
- 【G】：直接到最后一行。
- 【q】：结束并退出，不再查询文件。

1. 使用 more /etc/services 逐页翻阅。
2. 接上一题，请找出 http 这个关键词，之后直接退出不再查阅。
3. 使用 less /etc/services 查询文件内容。
4. 接上一题，请找出 http 这个关键词，之后直接退出不再查阅。

若需要查询文件内容的行号时，可以通过 cat -n 配合管道命令来处理。例如，先将 /etc/services 的输出加上行号，然后交由 less 处理，再去搜索 http 所在行，这个命令的完整形式如下：

```
[student@localhost ~]$ cat -n /etc/services | less
```

关于管道命令的使用，后续的章节会有更多介绍，在此读者只需知道在管道（|）之前所输出的信息，会传给管道后的命令作为输入，继续读入进行处理，即信息或数据并不是来自文件，而是来自前一个文件的输出。

3.3 vim 程序编辑器

管理员经常需要修改系统的配置文件，或者是进行纯文本文件的编辑，此时就需要 vi/vim 的支持。因为 vi/vim 是 Linux 很多命令默认会去调用的编辑器（也称为编辑程序），因此管理员“务必”学会使用这个编辑器。另外，vim 会有颜色的支持，而vi 仅为纯文本的编辑器，因此读者能熟悉 vim 会更好。

3.3.1 简易的 vim 操作

vim 有三种基本模式，即：

- 命令模式（command mode）：执行“vim filename”命令进入 vim 之后，最先接触到的模式就是命令模式。在这个模式下，用户可以进行复制、删除、粘贴、移动光标、撤销等操作。
- 编辑模式（insert mode）：在上述模式下输入“i”，就可以进入编辑模式。
- 命令行模式（command-line mode）：回到命令行模式后，可以进行保存、退出、强制退出等操作。

简单地说，我们可以将三种模式使用图3.1来思考一下它们之间的相关性。

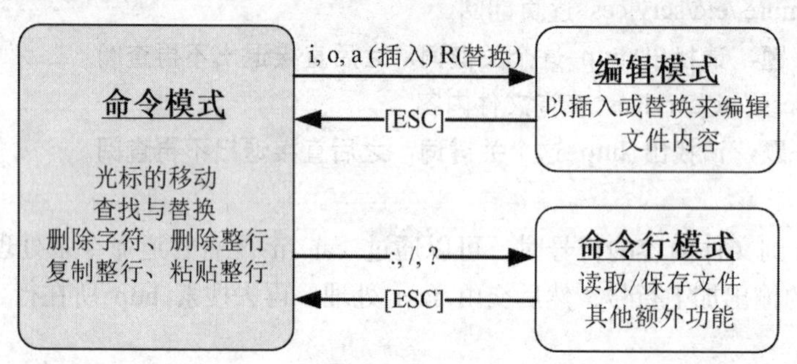

图 3.1 vi 三种模式的相互关系

假设我们想要尝试编辑 /etc/services 这个文件，可以操作试试看：

1. 使用“cd /dev/shm”将工作目录移动到内存中。
2. 使用“cp /etc/services .”复制一份文件到本目录下。
3. 使用“vim services”开始查阅 services 的内容，并回答：
   a. 最底下一行显示的“"services" 11176L, 670293C”是什么意思？
   b. 为什么在 # 之后的文字颜色与没有 # 的那一行不太一样？

4. 使用方向键，移动光标到第 100 行，并回答我们怎么能知道光标已经在第 100 行？
5. 回到第 5 行，按下【I】键之后，你看到界面中最底下一行的左边出现什么？
6. 按下【Enter】键以添加一行，然后按方向键回到第 5 行，之后随便输入一串文字。输入完毕后，直接按【Esc】键，注意屏幕最下方的左下角会有什么变化？
7. 要退出时，记得关键词是 quit，此时输入“:q”，看一下光标跑到什么地方去了？
8. 在输入“:q”并且按下【Enter】键之后，屏幕最下方出现了什么信息？怎么会这样？
9. 输入“:w”即可保存文件，然后重新输入“:q”退出，这时可以退出了吗？

1. 继续输入 vim services。
2. 在第 1 行加上“Welcome to my linux server”的字样，输入完毕后请回到命令模式。
3. 在命令模式下，移到第 5 行，按下“dd”，看看会发生什么事情？
4. 回到第 1 行，按下“p”又出现什么信息？
5. 连续按下 5 次“p”，然后又按一次“5p”会出现什么？
6. 按下“u”会出现什么情况？
7. 到第 1 行，按下“yy”后转到第 10 行，按下“p”，又会出现什么情况？
8. 按下“G”（注意大小写），光标到哪里去了？
9. 按下“gg”（注意大小写），光标到哪里去了？
10. 现在不想编辑这个文件了，不保存退出时，按下“:q”会一直出现“尚未存盘”的警告信息，如果我们输入“:q!”，就可以不保存退出吗？

3.3.2　常用的 vim 命令模式与命令行模式中的命令列表

通过上述的练习，读者应该对 vim 有了初步的认识。vim 的功能其实不只这些，不过管理员经常用到的大概就是上述的这些功能而已。常用的命令行如表3.2所示。

表 3.2　常用的命令行

惯用的命令	说明
I,【Esc】	i 为进入编辑模式,【Esc】为退出编辑模式
G	移动到这个文件的最后一行
gg	移动到这个文件的第一行
dd	dd 为删除光标所在行，5dd 为删除 5 行，ndd 为删除 n 行
yy	yy 为复制光标所在行，5yy 为复制 5 行，nyy 为复制 n 行

（续表）

惯用的命令	说明
p	在光标处粘贴刚刚删除/复制的数据
u	撤销前一个操作
:w	将当前的数据写入硬盘中
:q	退出 vim
:q!	不保存（强制）且退出 vim

读者学会上面列表中的命令基本就够用了，其他更高级的功能，查阅有关vim的用户手册即可。

如果我们经常有记录自己输入命令的习惯，就可以使用 history 来输出历史命令。那该如何记录有效的信息呢？

1. 使用 student 的身份输入 history，查阅这次有效的历史命令有几个，假设有 50 条新的命令。
2. 使用“history 50 >> ~/history.log”将命令记录到 history.log 文件中。
3. 执行“vim ~/history.log”命令以编辑该文件，将无效的命令删除，只留下需要使用的命令，同时在命令后说明该命令的用途。

3.4 课后操作练习

实践题：请使用 student 的身份登录系统，并进行如下操作练习。直接在系统上面操作，操作成功即可。

1. 使用 vim 创建一个名为 ~/myname.txt 的文件，先填写学号与姓名，再根据下面的任务写出正确答案：
   a. 先实际找出系统中的 /etc/passwd、/etc/pam.d、/etc/rc.local、/dev/sda这 4 个文件的“文件类型（如普通文件、目录文件等）”，再将这 4 个文件的类型写入 ~/myname.txt 文件中。
   b. 找出 /usr/lib64 这个目录中文件名长度为 5 个字符的普通文件，将该文件名写入 ~/myname.txt 中。

c. 找出 /etc 中文件名含有 4 个数字（数字不一定连在一起）的文件，写下该文件的“绝对路径”以及该文件的类型。

2. 在 /opt 中有一个以减号（-）为开头的文件名，该文件创建错了，因此，请将它删除。（可能需要 root 的权限。）

3. 在 student 根目录下，添加一个名为 class03 的目录，并进入该目录，使之成为当前的工作目录，之后完成下面的工作：

a. 在当前的目录下，新建 mytest_XX_YY_ZZ.txt，其中 XX 为“class1，class2，class3”，而 YY 为“week1，week2，week3”，ZZ 则为“one，two，three，four”。
b. 创建一个名为 class1/week2 的目录，将当前目录中含有 class1_week2 文件名的文件都“复制”到 class1/week2 目录下。
c. 将文件名中含有 class1 的文件都“移动”到 class1 目录下。
d. 新建一个名为 one 的目录，将当前目录中所有文件名中含有 one 的文件都移动到 one 目录下。
e. 创建一个名为 others 的目录，将当前文件名开头为 mytest 的文件都移动到该目录下。

4. 在 student 根目录下，创建一个 userid 的子目录，并将工作目录移动到 userid 内，在 userid 这个目录内，尝试以一个命令创建 ksuid001, ksuid002, ... , ksuid020等 20 个“空白目录”。

5. 回到 student 根目录，并且完成下面的任务：

a. 在 student 根目录下，创建一个名为 -myhome 的目录，并将 student 根目录中以 b 为开头的“隐藏文件”复制到 -myhome 目录内。
b. 将工作目录移动到 -myhome 目录内，并将 /etc/sysconfig 目录复制到当前目录下。（会出现一些错误提示信息是正常的！）
c. 将当前目录下的 sysconfig/cbq 目录删除。
d. 列出 /etc/profile 与 /etc/services 的最后 5 行，并将这 5 行转存到当前目录下的 myetc.txt 文件中。
e. 将 myetc.txt 复制成为 myetc2.txt，并使用 vim 编辑 myetc2.txt，第一行加入“I can use vim”的字样即可。

6. 在 student 根目录下，有一个名为 mytext.txt 的文件，请使用 vim 打开该文件，并将第一行复制后粘贴 100 次，之后“强制保存”即可退出 vim 。

第 4 章

Linux 文件的权限与账号管理

从前几章的练习中发现，使用 student 完成一些任务时，总是无法顺利地复制或完成其他的文件管理任务，这是因为“权限不足”所致。在本章中，我们将介绍 Linux 的基本文件系统，以便了解为何 student 的任务会成功或失败。此外，为了管理这些权限，有时也需要管理用户的账号，故本章还会介绍账号的基本管理。

4.1 Linux 传统权限

Linux 权限的目的在于“保护某些人的文件”，因此，我们在认识“权限”时，应该要思考的是“这个文件的权限设置后，会使得该文件对哪个人或某组人开放或禁止读写”。所以，这些权限最终都是“应用在某个账号/某组账号”上，而且权限都是“设置在文件/目录”上，并不是设置在账号上，这个大家要先厘清。

4.1.1 用户、群组与其他人

Linux 的文件权限在设置上主要依据三种身份来确定，包括：

- user / owner（用户/所有者）：文件的所属人。

- group（群组）：这个文件附属于某一个群组的人。
- others（其他人）：不是 user（用户）也没加入 group（群组）的账号，就是 others（其他人）。

下面以一个小范例来说明这三种身份的用法。

假设读者在学校当老师，你有一本书要让班上的同学借阅，但你又不想管，此时你会如何决定“这本书（文件）”的命运？通常的作法是：

- 用户：让某位学生当小老师，这本书就归他（用户）管，其他同学要借就要通过这位小老师。
- 群组：任何加入本班的同学（一组账号）都是本班群组，这本书对本班群组的同学来说，大家都能借阅。
- 其他人：不是本班的同学，例如隔壁班的阿朵与阿果，对这本书来说，他们都属于“其他人”，其他人没有权限借阅这本书。

从上面这个简单的小范例中，读者应该能够知道，Linux 中的文件“都是根据账号”来进行管理的，为了方便管理而进行设置（本班同学与非本班的同学），把非本人的所有账号分为两类：一类是加入用户所设置的group（群组），一类是没有加入群组的others（其他人）。

文件权限的查看

如果只是查看文件权限，可以使用 ls -l 或 ll 命令，查询系统 /var/spool/mail 目录权限的方式如下：

```
[student@localhost ~]$ ls -ld /var/spool/mail
drwxrwxr-x. 2 root mail 4096  6月 29 03:29 /var/spool/mail
[    A    ][B][C ] [D ] [E ]  [    F     ][    G       ]
```

上述信息共有七个字段，每个字段的含义为：

A. 文件类型与权限，第 1 个字符为文件类型，后续的 9 个字符每 3 个为一组，共分 3 组，是三种身份的权限。

B. 文件链接数，这与文件系统有关，读者可暂时略过。

C. 该文件的所有者，在本例中，所有者身份为 root。

D. 该文件的所属群组，在本例中这个文件属于 mail 群组。

E. 这个文件的大小。

F. 该文件最后一次被修改的日期和时间。

G. 这个文件的文件名。

读者首先可以分析一下这个“文件”的“类型”。之前读者应该看过第一个字符为 - 以及 d 的表示方式，事实上还有很多常见的文件类型，常见的类型介绍如下：

- -: 代表后面的文件名为普通文件。
- d: 代表后面的文件名为目录文件。
- l: 代表后面的文件名为链接文件（有点类似于 Windows 中的快捷方式）。
- b: 代表后面的文件名为一个设备文件，该设备主要为区块设备，如硬盘、U 盘、SD 卡等。
- c: 代表后面的文件名为一个外围设备文件，例如鼠标、键盘等。

因此，我们知道 /var/spool/mail 是一个目录文件（d 开头），d是 directory（目录）的缩写。确定了文件类型后，接下来的 9 个字符都是 rwx 与减号，从这 9 个字符判断，读者大概可以猜出 rwx 的意义为：

- r: read，可读的意思。
- w: write，可写入/编辑/修改的意思。
- x: eXecutable，可以执行的意思。

只不过 rwx 该如何与 root这个用户、mail群组套上关系呢？我们可以使用图4.1来查阅第1、3、4个字段的相关性。

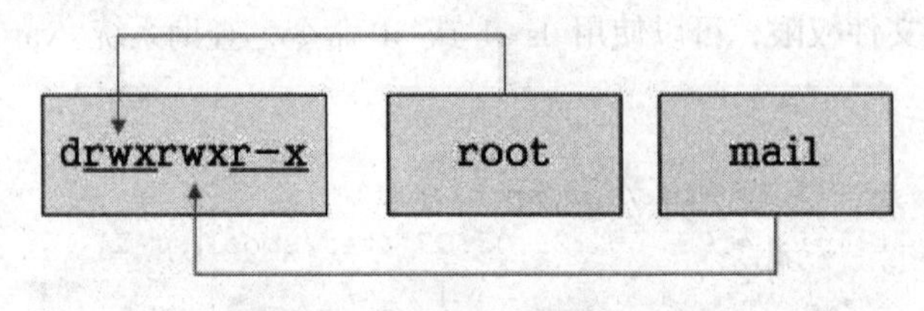

图 4.1 用户、群组与权限的相关性

如图4.1所示，第一组为文件所有者的权限，第二组为文件拥有群组的权限，第三组为不是所有者也没有加入文件拥有群组的其他人的权限。所以上述的文件权限为：

- 所有者为 root，root 具有 rwx 的权限（第一组权限）。
- 群组设置为 mail，所有加入 mail 这个群组的账号可以具有 rwx 的权限(第二组权限)。
- 不是 root 也没有加入 mail 的其他人（例如 student 这个账号）则具有 rx 的权限（第三组权限）。

假设有一个文件的类型与权限数据为“-rwxr-xr—”，请说明其含义是什么。

答

将整个类型与权限信息分开查阅，并将十个字符整理如下：

```
[-][rwx][r-x][r--]
1  234  567  890
```

- 1：代表这个文件名为目录或文件，本例中为文件（-）。
- 234：所有者的权限，本例中为可读、可写、可执行（rwx）。
- 567：同群组用户的权限，本例中为可读可执行（rx）。
- 890：其他人的权限，本例中为可读（r），就是只读的意思。

同时注意到，rwx所在的位置是不会改变的，有该权限就会显示字符，没有该权限就变成减号（-）。

假设有账号的信息如下：

```
账号名称          加入的群组
test1             test1, testgroup
test2             test2, testgroup
test3             test3, testgroup
test4             test4
```

如果有下面两个文件，请分别说明test1、test2、test3、test4对下面两个文件的权限如何。

```
-rw-r--r--  1 root    root          238 Jun 18 17:22 test.txt
-rwxr-xr--  1 test1   testgroup    5238 Jun 19 10:25 ping_tsai
```

答

- 文件test.txt的所有者为root，所属群组为root。至于权限方面，则只有root这个账号可以存取此文件，其他人则只能读此文件。由于test1、test2、test3、test4既不是 root 本人，也没有加入 root 群组，因此四个人对这个 test.txt 的文件来说，都属于其他人，只有可读（r）的权限。
- 另一个文件ping_tsai的所有者为test1，而所属群组为testgroup。其中：
    - test1 就是这个 ping_tsai 的所有者，因此具有可读、可写、可执行的权限（rwx）。

- test2 与 test3 都不是 test1，但是两个都有加入 testgroup 群组，因此 test2 与 test3 具有的权限为群组权限，即可读与可执行（rx），但不可修改（没有 w 的权限）。
- test4 不是 test1 也没有加入 testgroup 群组，因此 test4 具有其他人的权限，即可读（r）。

查看账号与权限的相关命令

从上面的例题我们知道 test1 属于 test1 和 testgroup 群组，从而可以理解账号与权限的相关性。不过在实际的系统操作中，若想知道账号所属的群组，可以使用 id 这个命令来查看。

接上一题，student 这个账号对于 ping_tsai 来说，具有什么权限？

答

1. 首先需要了解 student所属的群组，可使用 id 这个命令来查询（直接在命令行输入 id 即可）。
2. id 的输出结果为“uid=1000(student) gid=1000(student) groups=1000 (student), 10(wheel)”，其中 groups 指的就是所有支持的群组。
3. 从 id 的输出中，我们可以发现 student 并没有加入 testgroup 群组，因此 student对 ping_tsai 而言为“其他人”，即仅有 r 的权限。

除了 id 可以查看账号与权限的相关性，在文件类型部分，可以使用前一章谈到的 file 来查询。

请使用 file 查询 /etc/rc1.d、/etc/passwd、/dev/sda、/dev/zero 分别代表什么类型的文件，同时使用 ls -l 看看最前面的文件类型字符是什么。

使用 ls -l 可以快速地看到文件属性、权限的汇总信息。不过，读者也可以使用 getfacl 这个命令来了解文件的相关属性与权限。如下所示，同样使用 /var/spool/mail 作为范例：

```
[student@localhost ~]$ getfacl /var/spool/mail
getfacl: Removing leading '/' from absolute path names
```

```
# file: var/spool/mail        <==文件名
# owner: root                 <==文件所有者
# group: mail                 <==文件群组
user::rwx                     <==用户的权限
group::rwx                    <==同群组账号的权限
other::r-x                    <==其他人的权限
```

通过 getfacl 可以更清楚地查询到文件的所有者与相关的权限设置，只不过没有文件的类型、修改的时间等信息。

4.1.2　文件属性与权限的修改方式

文件的权限与属性的修改，可以通过 ls -l 的输出来查看用于每个部分修改的命令：

```
[student@localhost ~]$ cd /dev/shm/
[student@localhost shm]$ touch checking
[student@localhost shm]$ ls -l checking
-rw-rw-r--. 1 student student 0  6月 30 15:16 checking
 [ chmod ]    [chown] [chgrp]    [   touch  ] [  mv  ]
```

由于普通账号只能修改自己文件的文件名、时间与权限，无法随意切换用户与群组的设置，因此在下面的例题中，读者应该使用 root 的身份来进行处理，才能顺利进行。首先，切换身份为 root，并将工作目录切换到 /dev/shm。

```
[student@localhost shm]$ su -
password:
[root@localhost ~]# cd /dev/shm
[root@localhost shm]# ll checking
-rw-rw-r--. 1 student student 0  6月 30 15:16 checking
```

使用 chown 修改文件所有者

查询系统中是否有名为 daemon 的账号，如果存在该账号，请将 checking 的用户改为 daemon 所拥有，而非 student 所拥有，具体命令如下所示：

```
[root@localhost shm]# id daemon
uid=2(daemon) gid=2(daemon) groups=2(daemon)

[root@localhost shm]# chown daemon checking
[root@localhost shm]# ll checking
-rw-rw-r--. 1 daemon student 0  6月 30 15:16 checking
```

其实 chown 的功能非常多，chown 可以用于群组的修改，也可以同时修改文件所有者与群组，建议使用 man chown 来查询相关的语法。

使用 chgrp 修改文件拥有的群组

系统的群组都记录在 /etc/group 文件内，若想了解系统是否存在某个群组，可以使用 grep 这个关键词提取命令来查询。举例来说，当系统内有 bin 这个群组时，就将 checking 的群组改为 bin 所有，否则不予修改。

```
[root@localhost shm]# grep myname /etc/group
# 不会显示任何信息，因为不存在这个群组。

[root@localhost shm]# grep bin /etc/group
bin:x:1:        <==代表确实存在这个群组！

[root@localhost shm]# chgrp bin checking
[root@localhost shm]# ll checking
-rw-rw-r--. 1 daemon bin 0  6月 30 15:16 checking
```

使用 chmod 搭配数字法修改权限

由于文件记录了三种身份，每种身份都拥有 rwx 的最大权限与 --- 没权限的情况。为了搭配的方便，于是使用二进制位的方法来记忆，例如：

- r ==> read ==> 2^2 ==> 4
- w ==> write ==> 2^1 ==> 2
- x ==> eXecute ==> 2^0 ==> 1

于是每种身份最低为 0 分，最高则为 r+w+x → 4+2+1 → 7 分！因为有三种身份，因此用户、群组、其他人的身份最多为 777、最少为 000 。以上述 checking 的分数来说，用户为 rw=6，群组为 rw=6，其他人为 r=4，即该文件权限为 664。

让 daemon 可读、可写、可执行 checking，让加入 bin 群组的用户只读该文件，让其他人没有权限！

- daemon 为用户，可读、可写、可执行，即为 rwx = 7。
- 加入 bin 的群组为只读，即为 r-- = 4。
- 其他人没权限，因此为 --- = 0。
- 最终可以使用“chmod 740 checking”修改权限：

```
[root@localhost shm]# chmod 740 checking
[root@localhost shm]# ll checking
-rwxr-----. 1 daemon bin 0  6月 30 15:16 checking
```

使用 chmod 搭配符号法修改权限

读者能够通过直观的方式来进行权限的设置，即使用 u、g、o 分别代表用户、群组与其他人，然后使用 +、-、= 来加入/减少/直接设置权限，使用方式说明如下：

chmod	u(user)	+（添加）	r	文件或目录
	g(group)	-（减去）	w	
	o(other)	=（设置）	x	
	a(all)			

举例来说，让 daemon 可读、可写、可执行 checking 文件，bin 群组的用户们可读、可写，其他人可读，使用符号法的处理方式如下：

```
[root@localhost shm]# chmod u=rwx,g=rw,o=r checking
[root@localhost shm]# ll checking
-rwxrw-r--. 1 daemon bin 0  6月 30 15:16 checking
```

其他属性的修改

假如我们需要修改时间信息与文件名，就需要使用 touch 与 mv 这两个命令。举例来说，让 checking 的修改日期改到 5 月 5 日的中午 12 点，方式如下：

```
[root@localhost shm]# touch -t 05051200 checking
[root@localhost shm]# ll checking
-rwxrw-r--. 1 daemon bin 0  5月  5 12:00 checking
```

至于文件名的修改，则要使用前一章谈到的 mv 这个命令。

1. 使用root身份，并且切换工作目录/dev/shm。
2. 将/etc/fstab复制到/dev/shm下。
3. 将/dev/shm/fstab 改名为 newfs。
4. 让newfs 的用户为sshd、群组为 wheel。
5. sshd这个账号可读、可写newfs，wheel群组成员只可读，其他人则无任何权限。
6. 让这个文件的日期设置为前一天的13:30（日期可根据实际日期来指定）。

7. 让所有人都可以执行newfs这个文件。（请使用符号法，同时不要更改已有的权限！）

4.2 账号管理

账号管理是系统管理员很重要的一个任务，例如学校的教学环境中，教师通常需要预先创建学生的账号，以便于学期间上课使用。公司一样也需要让管理员创建好员工的账号和密码，才能让员工顺利地办公。此外，“将账号分组”也是很重要的一项工作。

4.2.1 简单的账号管理

读者应该还记得，要登录系统的时候，需要输入两个信息，一个是账号名称，另一个是该账号的密码。因此，最简单的账号管理，就是创建账号与设置密码。

请读者尝试创建一个名为 myuser1 的账号，并把密码设置为 MypassworD，方式如下：

```
[root@localhost ~]# useradd  myuser1
[root@localhost ~]# passwd  myuser1
Changing password for user myuser1.
New password:          <==此处输入密码
BAD PASSWORD: The password fails the dictionary check - it is based on a dictionary
word
Retype new password:   <==再输入密码一次
passwd: all authentication tokens updated successfully.

[root@localhost ~]# id myuser1
uid=1014(myuser1) gid=1015(myuser1) groups=1015(myuser1)
```

由于系统管理员可以给账号设置任意密码，因此虽然 MypassworD 并不是一个好密码，不过系统还是予以接受。若账号设置错误，可以使用 userdel 来删除账号，例如：

```
[root@localhost ~]# userdel -r myuser1
```

加上-r的目的是要使该账号连同根目录与电子邮件邮箱等全部删除。如果忘记加上-r，就需要手动删除用户的根目录与邮件文件。下面的例题包含重要的账号管理注意事项，请按序完成下面的例题，在遇到错误时请自行尝试解决。

1. 创建名为 myuser2 的账号，该账号密码为 mypassWORD。
2. 创建名为 myuser3 的账号，该账号密码为 mypassWORD。
3. 查看 myuser2 与 myuser3 的 id 情况。
4. 查看 /home 与 /var/spool/mail 这两个目录的内容，是否有名为 myuser2 和 myuser3 的文件存在？
5. 执行 userdel myuser2 命令来删除账号（注意，不要加上 -r 的参数）。
6. 再次查看 /home 与 /var/spool/mail 的内容，myuser2 文件是否存在？该文件的权限如何？
7. 重新创建名为 myuser2 的账号，密码同为 mypassWORD，尝试讨论创建过程中出现的问题原因，以及是否能够顺利创建该账号。
8. 接上一题，请在tty2以后的“终端”程序使用myuser2登录系统，登录后是否会出现问题？为什么？
9. 再次使用userdel -r命令的方式删除 myuser2与myuser3，是否能够顺利删除？
10. 接上一题，若无法顺利删除账号，请以手动的方式自行删除余留的用户根目录与邮件文件。

4.2.2　账号与群组关联性管理

若创建账号时要给予账号设置一个辅助的群组，就需要先行创建群组。举例来说，以学校的项目制作为例，有prouser1、prouser2 和 prouser3 三个账号加入共有的群组 progroup 时，该如何创建？应该先使用 groupadd 命令创建群组，再执行 useradd --help 命令找到辅助群组的选项说明，添加辅助群组的选项为 -G，这样即可创建好群组、账号与密码。同时，管理员可以通过 passwd --help 找到 --stdin 选项的使用说明，以便设置密码。整个流程如下所示：

```
[root@localhost ~]# groupadd progroup
[root@localhost ~]# grep progroup /etc/group
progroup:x:1016:   <==确定有 progroup 在配置文件中了

[root@localhost ~]# useradd -G progroup prouser1
[root@localhost ~]# useradd -G progroup prouser2
[root@localhost ~]# useradd -G progroup prouser3
[root@localhost ~]# id prouser1
uid=1015(prouser1) gid=1017(prouser1) groups=1017(prouser1),1016(progroup)
```

```
[root@localhost ~]# echo mypassword
mypassword    <== echo 会将信息输出到屏幕上

[root@localhost ~]# echo mypassword | passwd --stdin prouser1
Changing password for user prouser1.
passwd: all authentication tokens updated successfully.
[root@localhost ~]# echo mypassword | passwd --stdin prouser2
[root@localhost ~]# echo mypassword | passwd --stdin prouser3
```

我们可以发现使用 passwd --stdin 命令的方式来设置密码时，密码会记录到屏幕与 history 的环境中，因此不见得适用于所有需要信息安全的系统中。不过，对于大量创建账号时，它还是一个很好用的工具。

另外，如果创建好账号之后才想到要修改群组资源时，不需要删除账号再重建，此时可以使用 usermod 命令来进行修改。举例来说，当 prouser1 还需要加入 student 群组时，可以通过执行 usermod -G 命令来实现。不过需要注意-a 选项的使用。

1. 执行 usermod -G student prouser1 命令将 prouser1 加入 student 群组。
2. 执行 id prouser1 命令发现什么？原来的 progroup 是否依旧存在？
3. 使用 usermod --help 命令来查询 -a 选项的功能是什么。
4. 使用 usermod -a -G progroup prouser1 命令来添加群组。
5. 再次使用 id prouser1 命令来查阅当前 prouser1 是否支持三个群组。

4.3 账号与权限的用途

用户可以使用的系统资源与权限有关，因此在学会了简单的账号管理之后，就需要学会账号与权限如何配合使用。

4.3.1 单个用户的所有权

普通用户只能够修改属于自己文件的 rwx 权限，因此，若 root 要复制文件给普通用户，需要特别注意该文件的权限。例如，在下面的范例中，管理员要将 /etc/scuretty 复制给 student 时，需要注意以下相关的事宜：

```
[root@localhost ~]# ls -l /etc/securetty
-rw-------. 1 root root 221 Aug 12  2015 /etc/securetty  <==普通用户根本没权限

[root@localhost ~]# cp /etc/securetty ~student/
[root@localhost ~]# ls -l ~student/securetty
-rw-------. 1 root root 221 Jul  1 19:33 /home/student/securetty

[root@localhost ~]# chown student.student ~student/securetty
[root@localhost ~]# ls -l ~student/securetty
-rw-------. 1 student student 221 Jul  1 19:33 /home/student/securetty
```

原本 root 复制文件给 student 时，若没有考虑到权限，则 student 依旧无法读取该文件的内容，所以在文件复制操作中需要特别注意。

另外，如果用户想要自己复制命令，或者是执行额外的工作任务，可以将命令移动到自己的根目录再处理，例如 student 想要将 ls 复制成为 myls 并且直接执行 myls，步骤如下：

```
[student@localhost ~]$ cp /bin/ls myls
[student@localhost ~]$ ls -l myls
-rwxr-xr-x. 1 student student 117616  7月  1 19:37 myls

[student@localhost ~]$ chmod 700 myls
[student@localhost ~]$ ls -l myls
-rwx------. 1 student student 117616  7月  1 19:37 myls

[student@localhost ~]$ myls
bash: myls: 找不到命令...

[student@localhost ~]$ ./myls
bin myipshow.txt myls securetty  下载  公共  图片  视频  文件  桌面  模板  音乐

[student@localhost ~]$ mkdir bin
[student@localhost ~]$ mv myls bin
[student@localhost ~]$ myls
bin  myipshow.txt  securetty  下载  公共  图片  影片  文件  桌面  模板  音乐
```

若只想要让自己具有执行的权限，可以将权限改为 700。“在本目录中执行”则需要使用“./command”的命令形式来执行，若想要直接输入命令即可，则需要放入用户自己根目录下的 bin 子目录（与 $PATH 变量有关）。因此，在本范例中，最终将 myls 移动到 /home/student/bin/ 目录下。

让 student 账号直接执行 mymore 即可实现与 more 相同的功能（把 more 复制成为 mymore，并存放到正确的位置即可）。

4.3.2 群组共享功能

在某些情况下，群组可能需要共享某些文件。举例来说，在学校做项目时，同组项目成员可能需要各自的账号，不过需要一个共享的目录，让大家可以共同分享彼此的项目成果。举例来说，progroup 成员为 prouser1、prouser2、prouser3（4.3.1小节创建的账号），需要共享 /srv/project1/ 的目录，则该目录的创建与共享可以使用如下方式来实现：

```
[root@localhost ~]# mkdir /srv/project1
[root@localhost ~]# chgrp progroup /srv/project1
[root@localhost ~]# chmod 770 /srv/project1
[root@localhost ~]# ls -ld /srv/project1
drwxrwx---. 2 root progroup 6 7月  1 19:46 /srv/project1
```

之后 progroup 的成员即可在 project1 目录内执行各种操作，但是 770 并非最好的处理方式，下一章我们将学习 SGID 的功能，届时才会学到较为正确的权限设置方法。

除了共享目录之外，在执行文件的可执行权限设计上，也可以对群组设置可执行权，让其他人不可随意执行共享的命令。例如，让 mycat 执行与 cat 相同的结果，但是仅有 progroup 的用户能够执行，可以这样实现：

```
[root@localhost ~]# which cat
/bin/cat
[root@localhost ~]# echo $PATH
/usr/local/sbin:/usr/local/bin:/sbin:/bin:/usr/sbin:/usr/bin:/root/bin
[root@localhost ~]# cp /bin/cat /usr/local/bin/mycat
[root@localhost ~]# ll /usr/local/bin/mycat
-rwxr-xr-x. 1 root root 54048  7月  1 22:16 /usr/local/bin/mycat

[root@localhost ~]# chgrp progroup /usr/local/bin/mycat
[root@localhost ~]# chmod 750 /usr/local/bin/mycat
[root@localhost ~]# ll /usr/local/bin/mycat
-rwxr-x---. 1 root progroup 54048  7月  1 22:16 /usr/local/bin/mycat
```

接下来，分别以 student 与 prouser1 的身份执行一次“mycat /etc/hosts”，即可发现不同点。

student有一个群组名为student，任何加入student的用户可以在/srv/mystudent/ 目录中执行各种操作，但是没有加入 student 的用户，只能读与执行，不能写入。

1. 先创建 /srv/mystudent 目录。
2. 修改上述目录的群组为 student，并查看是否执行成功。
3. 最后权限应该更改为多少（权限数值）？

4.4　课后操作练习

使用 root 的身份登录系统，并完成如下任务。直接在系统上面操作，操作成功即可。

1. 将下面的答案写入 /root/ans04.txt 的文件中：

   a. 系统内有名为 /examdata/exam.check 的文件，这个文件的所有者、群组各是什么？权限数值是多少？
   b. 接上一题，该文件的文件类型是什么？
   c. 接上一题，student 对于 exam.check 这个文件来说具有什么权限（写下 rwx 或 --- 等权限标志即可）？

2. “按序”执行如下的账号管理任务：

   a. 创建三个用户，账号名称分别为examuser1、examuser2、examuser3，三个人都加入 examgroup 的辅助群组，同时三个用户的密码都是“ItIsExam”（I与E都是大写字母）。
   b. 创建一个用户，账号名称为 examuser4，密码为“ItIsExam”，但这个账号没加入 examgroup 群组。
   c. 删除系统中examuser5账号，同时将这个账号的根目录与邮件文件同步删除。
   d. 有一个账号 myuser1 不小心被管理员删除了，但是这个账号的根目录与相关邮件都还存在。请参考这个账号可能的根目录所保留的 UID 与 GID，并尝试以该账号原有的 UID/GID 信息来重建该账号。这个账号的密码请设置为 ItIsExam（创建账号的相关命令，请参考 man useradd 等在线手册文件的说明）。
   e. 让 examuser1 额外加入 student 这个群组，即 examuser1 至少加入了 examgroup 与 student 群组。

3. 执行如下的权限管理任务：

   a. 使用 root 将 /etc/securetty 复制给 examuser4，且这个账号要具有完整使用该文件的权限。
   b. 创建一个空的文件，文件名为 /srv/examcheck.txt，这个文件可以让 examuser1 具有完整的使用权限，而 examuser2 与 examuser3 可以读取，但不能执行与写入，至于 examuser4 则什么权限都没有。
   c. examgroup 群组的成员想要共享 /srv/examdir 目录，而没有加入 examgroup 的其他人不具备任何权限，应该如何处理？
   d. /usr/local/bin/mymore 复制来自 /bin/more，但我们只想让 examgroup 的成员能够执行 /usr/local/bin/mymore 这个命令，其他人不能执行这个命令。
   e. 创建一个名为 /examdata/change.txt 的空文件，这个文件的所有者为 sshd，拥有群组为 users。sshd 可读可写，users 群组成员可读，其他人没有权限，并将这个文件的修改日期调整成 2012年12月21日（日期正确即可，时间随便）。

第5章

权限的应用、进程的查看与基本管理

前一章主要介绍了 Linux 权限的基本概念。虽然有了三种身份与三种权限的概念，但是实际应用于目录及文件则有所不同。此外，权限与实际操作者取得的进程是有关系的，因此本章将介绍进程这个概念以及进程的查看、基本管理等。

5.1 权限在目录与文件应用上的意义

从前一章我们知道了 Linux 的文件权限设置上有三种身份，每种身份则有三种权限（rwx）。文件系统里面的文件类型很多，基本可以分为两大类，即普通文件与目录文件，只是这两种文件类型的权限并不相同。

5.1.1 目录文件与普通文件的权限包含的意义

权限对文件的重要性

文件是实际含有信息或数据的“容器”，包括一般的文本文件、数据库文件、二进制可执行文件（binary program）等。因此，权限对于文件来说，它的意义如下：

◆ r（read）：可以读取此文件的实际内容，如读取文本文件的文字内容等。

- w（write）：可以编辑、添加或者修改该文件的内容（但不含删除该文件）。
- x（eXecute）：该文件具有可执行的权限。

可读（r）权限代表可以读取文件实际的内容，可编辑（w）权限的意思是可以写入/编辑/添加/修改文件的内容，但并不具备删除该文件本身的权限！

可执行（x）代表该文件具有可执行的权限，但该文件的程序代码能不能执行则是另一回事。举例来说，一个纯文本文件，内容为一封信件时，我们也可以设置该文件拥有 x 权限（可执行权限），但该文件的内容其实不具备可执行文件的功能。因此，当该文件被执行时，就会出现错误提示信息。

对于文件的rwx权限来说，主要都是对“文件的内容”而言，与文件名没有关系。

权限对目录的重要性

文件是存放实际数据的“容器”，目录主要是记录文件名列表，文件名与目录紧密关联。对目录而言，rwx 权限的意义如下：

- r（read contents in directory，可读取目录的内容）
  表示具有读取目录结构列表的权限，所以当用户具有读取（r）一个目录的权限时，表示该用户可以查询该目录下的文件名。
- w（modify contents of directory，修改目录的内容）
  当用户具有目录的 w 权限时，表示用户具有修改该目录结构列表的权限，也就是下面这些权限：
  - 创建新的文件与目录。
  - 删除已经存在的文件与目录（无论该文件的权限为何）。
  - 将已存在的文件或目录进行更名。
  - 变更该目录内的文件和目录存储的位置。
- x（access directory，可访问目录）
  目录的 x 权限代表的是用户能否进入该目录并作为当前的工作目录。

如果把目录比喻成装文件的档案室，则 rwx 的功能汇整如表5.1所示。

表 5.1　rwx 的功能

组件	内容	思考对象	r	w	x
文件	详细内容	文件	读取文件内容	修改文件内容	执行文件
目录	文件名	可分类档案室	读取文件名	修改文件名	进入该目录的权限（钥匙）

读者要注意，目录的 rw 与“文件名”有关，而文件的 rw 则与“文件的内容，包括程序代码与数据等”有关。比较特别的是目录的 x 权限，该权限代表用户能否进入档案室存取其中的文件。

有一个目录的权限如下：

```
drwxr--r--  3 root  root  4096  Jun 25 08:35   .ssh
```

系统有个账号名称为vbird，这个账号并没有被加入root群组，vbird对这个目录有何权限？是否可切换到此目录中？

答

vbird对此目录仅具有r的权限，因此vbird可以查询此目录下的文件名列表。由于vbird不具有x的权限，即vbird没有这个抽屉的钥匙，因此vbird并不能切换到此目录内（相当重要的概念）！

至于删除文件时需要具备的权限功能，读者可以思考一下下面的题目。

有两个目录与文件的权限如下：

```
drwx------ 5 student student 4096 Jul 04 11:16  /home/student/
-rwx------ 1 root    root    128  Jul 04 11:18  /home/student/
the_root_data
```

请问 student 能不能删除 the_root_data 文件？

答

student 不能读取该文件的内容，不能编辑该文件，但是可以删除该文件！这是因为该文件在 student 的根目录。思考一下，有一个密封的活页夹，放在你的私人档案室内，你应该可以“打开档案室、拿出这个活页夹、打不开也看不到这个活页夹的内容，但是可以将这个活页夹丢到垃圾桶去”！这就是目录（档案室）的rwx功能。

5.1.2　用户操作功能

根据上述的权限含义，假如用户想在 /dir1/file1 与 /dir2 之间进行如下的操作时，用户应该具有哪些“最小权限”才能执行对应的操作呢（见表5.2）？

表 5.2 要执行的操作

操作	/dir1	/dir1/file1	/dir2	重点
读取 file1 内容				够进入 /dir1 才能读到里面的文件内容
修改 file1 内容				能够进入 /dir1 且修改 file1
执行 file1 内容				能够进入 /dir1 且 file1 本身是可执行文件
删除 file1 文件				能够进入 /dir1 且具有修改目录的权限
将 file1 复制到 /dir2				能够读取 file1 且能够修改 /dir2 内的数据
将 file1 移动到 /dir2				两个目录均需要具有修改的权限

上机实践下面的例题：

1. 使用 root 的身份创建下面的文件与权限：

```
drwxrwxr-x  root root /dev/shm/unit05/
drwxr-xr--  root root /dev/shm/unit05/dir1/
-rw-r--r--  root root /dev/shm/unit05/dir1/file1 (复制来自 /etc/hosts)
drwxr-x--x  root root /dev/shm/unit05/dir2/
-rw-r--r--  root root /dev/shm/unit05/dir2/file2 (复制来自 /etc/hosts)
drwxr-xr-x  root root /dev/shm/unit05/dir3/
-rw-rw-rw-  root root /dev/shm/unit05/dir3/file3 (复制来自 /etc/hosts)
drwxrwxrwx  root root /dev/shm/unit05/dir4/
-rw-------  root root /dev/shm/unit05/dir4/file4 (复制来自 /etc/hosts)
```

2. 使用 student 的身份完成下面的各项工作：
   a. 使用ls -l /dev/shm/unit05/dir[1-4]依据输出的结果说明为何会产生这些问题？
   b. 使用 ls -l /dev/shm/unit05/dir1/file1按序将上述的文件在 dir1/file1 ~ dir4/file4 中执行，根据产生的结果说明为何会如此。
   c. 执行 vim /dev/shm/unit05/dir1/file1 ~ vim /dev/shm/unit05/dir4/file4 命令，再尝试保存（或强制保存），说明为何可以/不可以保存。

5.2 进程管理初探

在 Linux 系统运行中，所有在系统上运行的程序都是通过触发程序成为内存中的进程后才能够顺利运行。进程的查看与管理是相当重要的，所以我们先来认识进程，而后学习如何进行管理。

5.2.1　什么是程序与进程

在一般的理解中，程序（program）与进程（process）的关系是这样的：

- 程序（program）：通常是指二进制程序（binary program），存放在存储媒体中（如硬盘、光盘、软盘、磁带等），以实体文件的形式存在。
- 进程（process）：进程被触发后，执行者的权限与属性、程序的程序代码与所需数据等都会被加载到内存中，操作系统给予这个内存内的单元一个标识符（PID，进程标识符）。可以说，进程就是一个正在运行中的程序。

进程的触发流程与在内存当中的管理如图5.1所示。

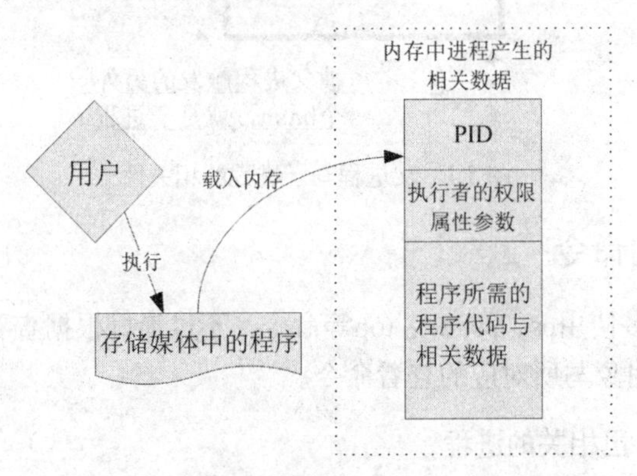

图 5.1　程序被加载成为进程以及相关数据的示意图

需要注意的是，同一个程序有时候会被多个用户执行而触发，因此系统中可能会存在程序代码相同的多个“进程”！那么系统如何了解到底是哪个进程在运行呢？此时就需要知道PID（Process ID，进程标识符）。PID是系统处理内存中进程的重要参考依据。如图5.2所示，不同的用户登录都是执行/bin/bash这个shell程序，我们知道进行系统管理操作需要以管理员身份运行 bash 才行，普通账号的bash能做的事情相对较少。不过，两者执行的都是bash。

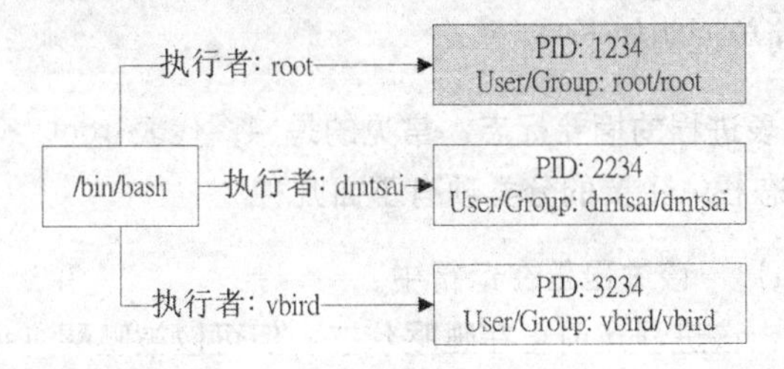

图 5.2　不同执行者执行同一个程序产生不同权限 PID 的示意图

父进程与子进程

进程是有相关性的！举例来说，我们想要执行 office 软件时，因为 office 软件是依附在图形用户界面上，所以我们一定要启动 X server 这个图形用户界面的服务器之后才有办法顺利运行 office。此时我们可以说，X server 是父进程，而 office 就是子进程了。

此外，读者也尝试过使用su将身份切换为 root，此时 su 会给予一个具有 root 权限的 bash 环境，那么用户登录的 bash 就被称为父进程，由 su - 取得的 bash 就是子进程，如图5.3所示。

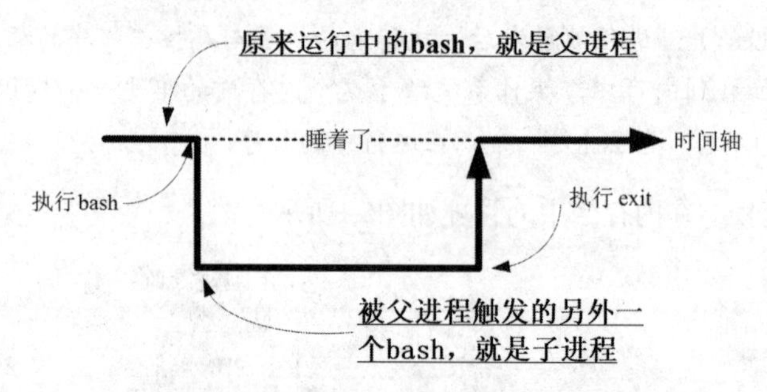

图 5.3　父进程与子进程的相关性

5.2.2　查看进程的命令

要查看进程，大多使用ps、pstree、top等命令，不过最好根据查看的对象来学习！下面列出几个常见的查看对象与所对应的查看命令。

ps -l：只查看 bash 自己相关的进程

如果用户只想知道当前的 bash 界面相关的进程，使用简易的 ps -l 即可。输出界面的进程如下：

```
[student@localhost ~]$ ps -l
F S   UID   PID  PPID  C PRI  NI ADDR  SZ   WCHAN    TTY        TIME CMD
0 S  1000  1685  1684  0 80    0  - 29011  wait    pts/0    00:00:00 bash
0 R  1000  4958  1685  0 80    0  - 34343   -       pts/0    00:00:00 ps
```

上面各项的含义简单说明如下：

- F（flag）：代表进程的摘要标志，常见的是 4，代表 root。
- S（stat）：状态栏，主要的分类项有下面几种。
  - R（Running）：该进程正在运行中。
  - S（Sleep）：该进程当前正在睡眠状态，但可以被唤醒（signal）。
  - D：不可被唤醒的睡眠状态，通常这个程序可能在等待 I/O （例如打印）。

  - T：停止状态（stop），可能是在工作控制（后台暂停）或追踪错误（traced）状态。
  - Z（Zombie）：僵尸状态，进程已经终止却无法从内存中移出。

- UID/PID/PPID：代表“此进程被该 UID 所拥有/进程的 PID 号码/此程序的父进程 PID 号码”。
- C：代表 CPU 使用率，单位为百分比。
- PRI/NI：Priority/Nice 的缩写，代表此进程被 CPU 所执行的优先级，数值越小代表该进程越快被 CPU 执行。
- ADDR/SZ/WCHAN：都与内存有关，ADDR 是 kernel function（内核函数），指出该进程在内存的哪个部分，如果是一个正在运行（running）的进程，一般就会显示 “-” / SZ，代表此进程占用多少内存，/ WCHAN 表示当前进程是否在运行，同样的，若为 - 则表示正在运行。
- TTY：登录者的“终端”位置，若为远程登录则使用动态终端接口（pts/n）。
- TIME：使用的 CPU 时间，注意，是此进程实际花费的 CPU时间，而不是系统时间。
- CMD：command（命令）的缩写，表示触发此进程的命令是什么。

上述的 PPID 就是父进程的意思，因此 ps 的 PID 是 4958，而 PPID 是 1685，1685 这个 PID 的主人就是 bash 。因为 bash 主要是为用户提供一个输入的界面，所以并没有一直在运行（run），其实它大部分时间是在等待用户输入命令，我们可以发现 bash 的 S（state）状态为 S（sleep）。

使用 pstree 与 ps aux 查看整个系统的进程

查看整个系统进程的方式主要有两种。一种是进程关联树，即 pstree，相对而言它很简单。为了显示的方便，建议读者可以在这个命令中使用 -A 选项，以 ASCII 字符方式显示，这样不容易出现乱码：

```
[student@localhost ~]$ pstree -A
systemd-+-ModemManager---2*[{ModemManager}]
        |-NetworkManager---2*[{NetworkManager}]
.......（中间省略）......
        |-gnome-shell-cal---4*[{gnome-shell-cal}]
        |-gnome-terminal--+-bash---pstree
        |                 |-gnome-pty-helpe
        |                 `-3*[{gnome-terminal-}]
.......（下面省略）......
```

我们可以看到用户通过图形用户界面的 gnome-terminal 来调用 bash，然后以 bash 来启动 pstree 的情况。若需要加上 PID 与用户信息，可以直接加入 -up 选项：

```
[student@localhost ~]$ pstree -Aup
systemd(1)-+-ModemManager(822)-+-{ModemManager}(838)
           |                   `-{ModemManager}(863)
           |-NetworkManager(921)-+-{NetworkManager}(931)
           |                     `-{NetworkManager}(936)
.......（中间省略）......
           |-gnome-shell-cal(16734,student)-+-{gnome-shell-cal}(16741)
           |                                |-{gnome-shell-cal}(16784)
           |                                |-{gnome-shell-cal}(16785)
           |                                `-{gnome-shell-cal}(16891)
           |-gnome-terminal-(17301,student)-+-bash(17308)---pstree(17705)
           |                                |-gnome-pty-helpe(17307)
           |                                |-{gnome-terminal-}(17302)
           |                                |-{gnome-terminal-}(17303)
           |                                `-{gnome-terminal-}(17304)
.......（下面省略）......
```

需要注意的是，当父进程、子进程的所有者不同时，在程序名称后面才会加上用户的信息，否则会省略用户的名称。因为同一个程序会产生多个进程，所以每个程序会有独立的 PID，这也需要特别注意。

除了较简易的 pstree 之外，我们最好能够记住 ps aux 命令的用途，这个命令可以将系统中的进程调出来，且输出的信息较为丰富。显示的信息类似如下：

```
[student@localhost ~]$ ps aux
USER      PID %CPU %MEM    VSZ   RSS TTY   STAT START   TIME COMMAND
root        1  0.0  0.4 128236  9068 ?     Ss   6月13   1:02 /usr/lib/...
root        2  0.0  0.0      0     0 ?     S    6月13   0:00 [kthreadd]
root        3  0.0  0.0      0     0 ?     S    6月13   0:00 [ksoftirqd/0]
root        7  0.0  0.0      0     0 ?     S    6月13   0:00 [migration/0]
root        8  0.0  0.0      0     0 ?     S    6月13   0:00 [rcu_bh]
.......（中间省略）......
student  17301   0.1  1.0   728996   22508 ?     Sl   18:34        0:01
/usr/libexec/...
student  17307   0.0  0.0    8480     720 ?     S    18:34        0:00
gnome-pty-helper
student  17308   0.0  0.1  116156  2864 pts/1  Ss+  18:34        0:00   bash
.......（下面省略）......
```

每一项代表的意义简易说明如下：

- USER：该进程（process）属于哪个用户账号。
- PID：该进程（process）的进程标识符。
- %CPU：该进程（process）所占用的 CPU 资源百分比。
- %MEM：该进程（process）所占用的物理内存百分比。
- VSZ：该进程（process）占用的虚拟内存量（KB）。
- RSS：该进程（ process）占用的固定内存量（KB）。
- TTY：该进程（process）在哪个终端上运行，若与终端无关则显示"?"。另外，tty1-tty6是本机上的登录者进程，若为 pts/0 等，则表示是从网络连接到主机的进程。
- STAT：该进程当前的状态，状态显示与 ps -l 的 S 标志相同（R/S/T/Z）。
- START：该进程（process）被触发启动的时间。
- TIME：该进程（process）实际使用 CPU 运行的时间。
- COMMAND：该进程的实际命令是什么。

top 动态查看进程

我们也可以通过 top 命令来查看进程的动态信息。top 是我们在管理进程的 CPU 使用率上很重要的工具。直接输入 top 即可每 5 秒钟更新一次进程的现况，如下所示。

```
[student@localhost ~]$ top
top - 19:02:56 up 21 days, 19:16,  3 users,  load average: 0.00, 0.01, 0.05
Tasks: 184 total,   1 running, 183 sleeping,   0 stopped,   0 zombie
%Cpu(s):  0.0 us,  0.0 sy,  0.0 ni,100.0 id,  0.0 wa,  0.0 hi,  0.0 si,  0.0 st
KiB Mem :  2048964 total,   172968 free,   517972 used,  1358024 buff/cache
KiB Swap:  2097148 total,  2096800 free,      348 used.  1283612 avail Mem

PID USER        PR  NI  VIRT     RES    SHR   S  %CPU %MEM  TIME+     COMMAND
18432 student   20  0   146148   2120   1436  R  0.5   0.1  0:00.09   top
1 root          20  0   128236   9068   2640  S  0.0   0.4  1:02.41   systemd
2 root          20  0        0      0      0  S  0.0   0.0  0:00.43   kthreadd
3 root          20  0        0      0      0  S  0.0   0.0  0:00.01   ksoftirqd/0
7 root          rt  0        0      0      0  S  0.0   0.0  0:00.42   migration/0
8 root          20  0        0      0      0  S  0.0   0.0  0:00.00   rcu_bh
9 root          20  0        0      0      0  S  0.0   0.0  0:00.00   rcuob/0
10 root         20  0        0      0      0  S  0.0   0.0  0:00.00   rcuob/1
11 root         20  0        0      0      0  S  0.0   0.0  1:05.20   rcu_sched
```

每一行的意义说明如下：

```
top - 19:02:56 up 21 days, 19:16,  3 users,  load average: 0.00, 0.01, 0.05
```

代表当前为 19:02:56，本系统开机了 21 天又 19:16 这么久的时间，当前有 3 位用户登录，工作负载为 0、0.01 和 0.05 ，这三个数据代表 1、5、15 分钟内的平均工作负载。所谓工作负载，是指“单位时间内，CPU 需要运行几项工作”，并非 CPU 使用率。如果 CPU 有 8 个内核，那么此数据低于 8 是可接受的（每一个内核全权负责一项工作）。

```
Tasks: 184 total,   1 running, 183 sleeping,   0 stopped,   0 zombie
```

表示当前共有 184 个进程，其中 1 个在运行，183 个处于休眠状态，没有停止与僵尸进程。

```
%Cpu(s):  0.0 us,  0.0 sy,  0.0 ni,100.0 id,  0.0 wa,  0.0 hi,  0.0 si,  0.0 st
```

这里才是 CPU 的使用率百分比，需要注意 id（idle，空闲）与 wa（I/O wait，输入/输出等待），id 越高代表系统越闲置，wa 越高代表进程卡在读写磁盘或读写网络数据上了，此时系统性能会比较糟糕。

```
KiB Mem :  2048964 total,   172968 free,   517972 used,  1358024 buff/cache
KiB Swap:  2097148 total,  2096800 free,       348 used.  1283612 avail Mem
```

分别代表实际物理内存与虚拟内存（swap）的总量与使用量。需要注意的是，虽然只有 172968KB的空闲（free）内存，但是后续有 1358024 buff/cache（缓冲区/缓存）的量。所谓的缓存指的是 Linux 会将系统曾经取用的文件暂存在内存中，以加速未来存取该文件的性能（内存的速度比硬盘快 10 倍以上），当内存不足时，系统就会将缓存回收，以保持系统的可用性。因此全部可用的内存为空闲内存+缓存（ free + cache）。

```
PID USER     PR  NI  VIRT  RES  SHR S  %CPU %MEM     TIME+ COMMAND
```

top 程序执行的状态栏，每个项目的意义为：

- PID：每个进程（process）的标识符（PID）。
- USER：该进程（process）所属的用户。
- PR：Priority（优先级）的简写，表示进程的优先执行顺序，越小则越早被执行。
- NI：Nice 的简写，与 Priority 有关，也是越小则越早被执行。
- %CPU：CPU 的使用率。
- %MEM：内存的使用率。
- TIME+：CPU 使用时间的累加。
- COMMAND：命令。

在默认的情况下，top 所显示的进程会以 CPU 的使用率来排序，这也是管理员常需要的一个查看任务。许多时候系统发生资源不足或者是性能变差的时候，最简易的方法就是使用 top 来查看最忙碌的几个程序，以便处理进程的性能问题。此外，也可以通过 top 查看 I/O wait 的 CPU 使用率，可以找到 I/O 最频繁的几个进程，以便了解哪些进程在进行哪些操作，或者是系统性能的瓶颈究竟在哪里，以此作为未来升级硬件的依据。

1. 通过各种方法，找到 PID 为 1 的那个进程的命令名称是什么。
2. 使用 student 身份登录系统后，先使用 su - 切换身份；再使用 su - student，然后使用 su - 切换成 root，再以 ps -l 查看当前相关进程的情况。
3. 分析上述进程的相关性，我们需要使用几次exit才能回到原来的student账号？
4. 写出至少两种方法，找出名为 crond 进程的 PID 号码。
5. 管理员只需知道 PID、PRI、NI 和命令名称四个字段，请使用 man ps 找到 example 的范例，通过 ps 搭配适当的选项来列出进程的这四个字段。
6. 使用 man ps 找到 sort 排序的选项，然后以命令（comm）为排序的标准来排序输出 PID、PRI、NI 与命令。
7. 如何用 top 命令来实现每两秒钟更新一次界面。
8. 进入 top 的查看界面后，可以按下哪两个键，在 CPU 排序与内存使用量排序间切换？

5.2.3　进程的优先级 PRI 与 NI

系统运行时，内存中的进程数量非常大，但每个进程的重要性都不一样。为了让系统比较快速地执行重要的进程，因此设计上增加了 Priority（PRI）优先级的设置。基本上，PRI 越低系统越会优先执行该进程，也就是该进程会更早被执行完毕（因为同一周期会被执行更多次）。运行的简单示意图如图5.4所示。

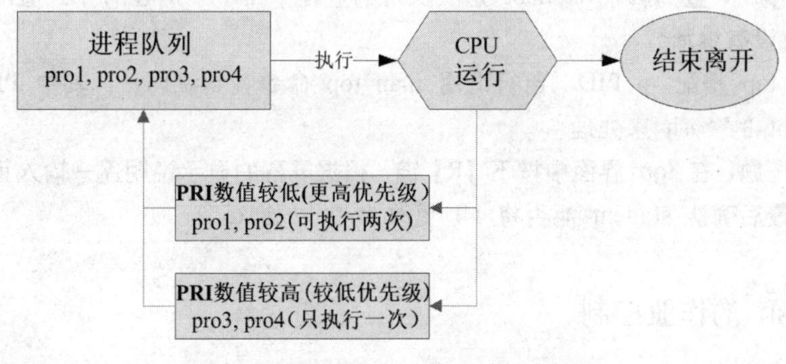

图 5.4　具有优先级的进程队列示意图

PRI 是系统自行弹性规划的，用户并不能更改 PRI。为此，Linux 提供了一个名为 Nice（NI）的数值来让用户“影响”进程的 PRI。基本上，PRI 与 NI 的关系如下：

PRI(new) = PRI(old) + NI

由此我们可以知道 NI 越小，PRI 越小，进程的优先级越会提升；相反，NI 越大，PRI 会越大，进程的优先级越低。但是 NI 的使用是有限制的，基本限制如下：

- Nice 值的可调整范围为-20～19。
- root 可随意调整自己或他人进程的 Nice 值，且范围为-20～19。
- 普通用户仅可调整自己进程的 Nice 值，且范围仅为 0 ～ 19（避免普通用户抢占系统资源）。
- 普通用户仅可将 Nice 值越调越高，例如本来 Nice 为 5，则未来只能调整到大于 5。

要影响 NI 主要通过 nice 与 renice 命令来调整，也能够通过 top 命令来调整已经现有进程的 NI。

- 一开始执行进程就立即给予一个特定的 Nice 值：对于这种情况，调用 nice 命令。
- 调整某个已经存在的 PID 的 Nice 值：调用 renice 命令或 top 命令。

请使用 root 的身份执行如下操作：

1. 使用 ps 搭配适当的选项，输出 PID、PRI、NI 与 COMMAND 等字段。
2. 接上一题，找到 crond 这个进程的 PID 号码。
3. 接上一题，通过 renice 命令，将 crond 的 NI 改成 -15，并重新查看是否更改成功了。
4. 使用 Nice 值搭配 NI 成为 10 来执行 su - student 这个命令。
5. 使用 ps -l 查询属于 student 这次执行的进程中每一个进程的 NI 值，并讨论 NI 有没有继承。
6. 使用 top 搭配 -p PID（自行调用 man top 命令找到说明），其中 PID 使用 student 的 bash 来处理。
7. 接上一题，在 top 界面中按下【R】键，根据屏幕的显示说明逐一输入正确的数据，最后确认 student 能否将 NI 更改为 0 以及 15。

5.2.4 bash 的作业控制

作业控制（job control）是用在 bash 环境下的，也就是说：“当用户登录系统取得 bash

shell 之后，在单个‘终端’程序界面下同时进行多个作业的控制操作”。举例来说，用户在登录 bash 后，可以一边复制文件、一边进行数据搜索、一边进行编译，还可以一边用 vim 编写程序。不过要进行作业控制时，需要特别注意几个限制：

- 这些作业所触发的进程必须来自于用户当前 shell 的子进程（只能控制自己的 bash）。
- 前台（foreground）：用户可以控制与下达命令的这个环境。
- 后台：可以自行运行的作业，用户无法使用【Ctrl】+【C】终止它，可使用 bg/fg 调用该工作。
- 后台中“执行”的进程不能等待 terminal/shell 的输入（input）。

常见的作业控制使用的符号与组合键如下：

- command & ：直接将 command 置于后台中执行，若有输出，最好使用数据流重定向输出到其他文件。
- 【Ctrl】+【Z】：将当前正在前台中的作业置于后台中暂停。
- jobs [-l]：列出当前的作业信息。
- fg %n ：将第 n 个在后台当中的作业移到前台来操作。
- bg %n ：将第 n 个在前台的作业移到后台中。

使用 student 的身份登录并完成下面的任务：

1. 执行“find /”，然后快速按下【Ctrl】+【Z】组合键让该命令置于后台中。
2. 使用 jobs -l 查看该后台的作业号码与 PID 号码。
3. 让该作业在后台中执行，此时我们能否中断（按【Ctrl】+【C】组合键）或暂停（按【Ctrl】+【Z】组合键）该工作？为什么？
4. 使用“find / &”命令，此时快速按下【Ctrl】+【Z】组合键有没有作用？为什么？
5. 若使用“find / &> /tmp/findroot.txt &”命令，然后快速输入 jobs -l 命令，能否查看到该作业是否在运行中？
6. 输入“sleep 60s”，让屏幕停止 60 秒。在结束前按【Ctrl】+【Z】组合键，之后输入 jobs -l 命令来查看处于休眠（sleep）的这个作业是否在运行中。
7. 让处于休眠（sleep）状态的作业在后台中开始执行。
8. 输入 vim 之后，按下【Ctrl】+【Z】组合键并查看 vim 的运行状态。
9. 让 vim 在后台中执行，查看 vim 能否把它从休眠状态更改为执行状态。请说明为什么。

10. 将 vim 移到前台中，并让它正常结束作业。
11. 在后台运行的作业结束后，屏幕上会出现什么信息？

5.3 特殊权限 SUID/SGID/SBIT 的功能

某些权限主要是针对“运行当下所需要的权限”来设计的，这些权限无法以传统权限来归类，且与操作者所需要的特权权限（root 身份或额外群组）有关。这就是 SUID、SGID 与 SBIT 的设计。

5.3.1 SUID/SGID/SBIT 的查看与功能说明

普通用户可以通过 passwd 来修改自己的密码，只是需要输入原始的密码，且密码的更改需要严格的规范。

请用student身份登录并执行下面的任务：

1. 先尝试使用 passwd 修改自己的密码，假设要改成123456。
2. 先使用“openssl rand -base64 8”这个命令来猜测一个较为严格的密码。
3. 直接输入“passwd”这个命令来修改 student 的密码，更改密码时，先输入原来的密码，再输入两次新的密码。
4. 使用“ls -l /etc/shadow”来查看一下该文件是否更改为当前的日期与时间。
5. 检查一下 /etc/shadow 的权限，student 是否有权限更改该文件？
6. 用 root 的身份将 student 的密码改回来。

SUID 的功能与查看

如上例题，系统的密码记录在 /etc/shadow 内，但是用户并没有权限可以更改，不过普通用户确实有自己修改密码的需求。此时 Linux 使用一种称为 Set UID (SUID) 的技术来处理这方面的问题。系统设置一个 SUID 的权限标志到 passwd 执行文件上，当用户执行 passwd 命令时，就能够借助 SUID 来切换执行权限。SUID 的基本功能为：

- SUID 权限仅对二进制程序（binary program）有效。
- 执行者对于该程序需要具有 x 的可执行权限。
- 本权限仅在执行该程序的过程中（run-time）有效。

◆ 执行者将具有该程序所有者（owner）的权限。

查看 /usr/bin/passwd 的权限信息：

```
[student@localhost ~]$ ls -l /usr/bin/passwd
-rwsr-xr-x. 1 root root 27832  6月 10  2014 /usr/bin/passwd
```

我们可以发现用户权限的 x 变成了 s，即 SUID 的权限标志。由 SUID 的定义来看，passwd 设置了 SUID，且 passwd 的所有者为 root，因此只要任何人具有 x 的执行权，当用户执行 passwd 时，就会自动通过 SUID 转换身份成为 owner，即变成了 root 的身份。所以 student 执行 passwd 的过程中，身份会自动变成 root。

1. 以 student 的身份执行 passwd。
2. 将该命令置于后台中暂停（输入组合键后，可能需要再按一次【Enter】键）。
3. 使用 pstree -pu 查看 passwd 与前、后进程所有者的变化。
4. 将 passwd 拉到前台中，然后中断 passwd。

SGID 的功能与查看

与 SUID 类似，SGID 为将特殊的权限标志设置在群组的 x 上。对文件来说，SGID 的功能为：

◆ SGID 对二进制程序有用。
◆ 程序执行者对于该程序来说，需具备 x 的权限。
◆ 执行者在执行的过程中将会获得该程序群组的支持！

使用 locate 查询系统文件

1. 请使用 student 身份查询名为 passwd 的文件有哪些（使用 locate passwd 命令即可）。
2. locate 所获取的文件名数据库放置于 /var/lib/mlocate 中，请使用 ll -d 的方式查看该目录的权限。
3. 接上一题，请问 student 有没有权限可以进入该目录？
4. 使用 which locate 查询 locate 这个命令获取的完整文件名（了解 which 的功能是什么）。

5. 查询 locate 的权限，是否具有 SGID 的权限标志？locate 的拥有群组是什么？为何 student 执行 locate 可以进入 /var/lib/mlocate 目录？

除了二进制程序文件外，SGID 也可设置于目录上，当一个目录设置了 SGID 之后，会具有如下功能：

- 用户若对于此目录具有 r 与 x 的权限，则该用户能够进入此目录。
- 用户在此目录下的有效群组（effective group）将会变成该目录的群组。
- 用途：若用户在此目录下具有 w 的权限（可以新建文件），则用户所创建的新文件群组与此目录的群组相同。

请使用 root 的身份执行如下操作：

1. 查看 /run/log/journal 这个目录本身的权限是什么，尤其是群组的权限信息。
2. 使用 touch /tmp/fromroot 来查看 /tmp/fromroot 的权限，尤其是群组的名称是什么。
3. 使用 touch /run/log/journal/fromroot 来查看 /run/log/journal/fromroot 的权限，尤其是群组的名称是什么。

以社区活动来说，当你在社区办公室编写出一份活动草案时，这份活动草案的著作者应该是属于你的，但是草案的拥有群组应该是你所在的社区，而不是“属于你自家的”，这就是 SGID 的主要功能。在前一章中，管理员曾经创建了一个共享目录 /srv/project1/，当时的权限设置为 770 是有问题的，因为每个用户在该目录下产生的新文件所属群组并非共享群组。因此，共享目录下新建的文件应属于共享群组才对，应该加上 SGID 的权限标志设置。

SBIT 的功能与查看

前几章谈过 /tmp 是所有账号均可写入的一个暂存目录，因此 /tmp 理论上应该是 777 的权限才行。但是，如果是 777 的权限，代表任何人所创建的任何文件都可能被随意地删除，这就有问题。因此 /tmp 会加上一个 Sticky bit 的特殊权限标志，该标志的功能为：

- 当用户对此目录具有 w 和 x 权限，即具有写入的权限。
- 当用户在该目录下创建文件或目录时，只有自己与 root 才有权限删除该文件。

1. 查看 /tmp 的权限，看其他人的权限中的 x 变成了什么。
2. 以 root 登录系统，并且进入 /tmp 中。
3. 将 /etc/hosts 复制成为 /tmp/myhosts，并且把 /tmp/myhosts 权限更改为 777。
4. 以 student 登录，并进入 /tmp。
5. student 能不能使用 vim 编辑这个文件？为什么？
6. student 能不能删除这个文件？为什么？

5.3.2　SUID/SGID/SBIT 权限的设置

SUID/SGID/SBIT 的权限标志是在 Linux 的传统（三个身份三个权限）之外的，因此产生了第四个权限分值。这个权限分值的计算方式为：

- ◆ 4 为 SUID。
- ◆ 2 为 SGID。
- ◆ 1 为 SBIT。

下面查看 CentOS 7 的文件权限分值：

```
[student@localhost ~]$ ll -d /usr/bin/passwd /usr/bin/locate /tmp
drwxrwxrwt. 9 root root         280  7月  7 06:35 /tmp
-rwx--s--x. 1 root slocate    40496  6月 10  2014 /usr/bin/locate
-rwsr-xr-x. 1 root root       27832  6月 10  2014 /usr/bin/passwd
```

有小写 s 或 t 存在时，该字段需要加入 x 的权限。/tmp 的传统权限为“drwxrwxrwx (777)”，外加一个 SBIT，因此分值为“1777”。/usr/bin/locate 传统权限为“-rwx--x--x (711)”，外加一个 SGID，因此分值为“2711”。/usr/bin/passwd 的传统权限是“-rwxr-xr-x (755)”，外加一个 SUID，因此分值为“4755”。

除了数字法（分值法）之外，在符号法的使用上，可以使用类似下面的方式分别设置 SUID/SGID/SBIT 权限：

```
SUID: chmod u+s filename
SGID: chmod g+s filename
SBIT: chmod o+t filename
```

1. 普通用户执行 /usr/local/bin/mycat2 时，可以产生与 /usr/bin/cat 相同的结果。但是普通用户在执行 mycat2 的时候，可以在运行的过程中获得 root 的权限，因此普通用户执行 mycat2 /etc/shadow 会顺利执行成功。
2. 承袭前一章的实践成果，请到 /srv/ 目录下，查看 project1 这个目录的权限，让所有在该目录下创建的新文件所属群组与 project1 所属群组相同，即群组默认要成为 progroup 才行。

5.4 课后操作练习

请使用 root 的身份登录系统，并完成如下任务。直接在系统上面操作，操作成功即可。

1. 查看系统上面相关的文件信息后，尝试回答下列问题，并将答案写入 /root/ans05.txt 当中：

   a. 系统上有一个名为 /opt/checking.txt 的文件，student 能否读、写该文件？为什么（说明是哪种权限的影响）？
   b. 接上一题，student 能不能将这个文件复制到 /tmp 中去？为什么（说明是哪种权限的影响）？
   c. student 能不能删除 /opt/checking.txt 这个文件？为什么（说明是哪种权限的影响）？
   d. student 能不能用 ls 去查看 /opt/checkdir/ 这个目录内的文件信息？为什么（说明是哪种权限的影响）？
   e. student 能不能读取 /opt/checkdir/myfile.txt 文件？为什么（说明是哪种权限的影响）？
   f. student 能不能删除它根目录下一个名为 fromme.txt 的文件？为什么（说明是哪种权限的影响）？

2. 账号管理，请创建如下的群组与账号：

   a. 群组名为mygroup、nogroup。
   b. 账号名称为myuser1、myuser2和myuser3，都加入mygroup，且密码为MyPassWord。
   c. 账号名称为nouser1、nouser2和nouser3，都加入nogroup，且密码为MyPassWord。

3. 管理群组共享文件的权限设计：

   a. 创建一个名为 /srv/myproject 的目录，这个目录可以让 mygroup 群组内的用户完整使用，且“新建的文件拥有群组”为 mygroup 。不过其他人不能有任何权限。
   b. 暂时切换成为 myuser1 的身份，并前往 /srv/myproject 目录，尝试创建一个名为 myuser1.data 的文件，之后 myuser1 从系统中退出。
   c. 虽然 nogroup 群组内的用户对 /srv/myproject 应该没有任何权限，但当 nogroup 内的用户执行 /usr/local/bin/myls 时，可以产生与 ls 相同的信息，且暂时拥有 mygroup 群组的权限，因此可以查询到 /srv/myproject 目录内的文件信息。也就是说，当你使用 nouser1 的身份执行“myls /srv/myproject”时，应该能够查阅到该目录内的文件信息。
   d. 让普通用户执行 /usr/local/bin/myless，产生与 less 相同的结果。此外，只有 mygroup 的群组内用户可以执行，其他人不能执行，同时 myuser1 等人执行 myless 时，执行过程中会暂时拥有 root 的权限。
   e. 创建一个名为 /srv/nogroup 的空白文件，这个文件可以让 nouser1、nouser2和 nouser3 读、写，但所有的人都不能执行；而 myuser1、myuser2和myuser3只能读不能写入。

4. 进程的查看与简易管理。

   a. 使用进程查看的命令搭配 grep 的关键词查询功能，将找到的 rsyslog 相关进程的 PID、PRI、NI、COMMAND 等信息转存到 /root/process_syslog.txt 文件中。
   b. 使用任何你知道的进程查看命令，找到名为 sleep 的进程，找出它的 NI 值是多少，然后写入 /root/process_sleep.txt 的文件中。
   c. 接上一题，请将该 NI 值改成 -10。
   d. 以 myuser1 身份登录 tty3 “终端”程序，然后执行“sleep 5d”这个命令。注意，这个命令必须要在“后台运行”才行。
   e. 接上一题，在 tty3 中的 myuser1 在前台持续同时运行 vim ~/.bashrc 这个命令。保留此环境，然后回到原来的 tty 中。
   f. 使用 root 执行“sleep 4d”命令，且这个命令的 NI 值必须要设置为 –5。

5. 使用 find 找出 /usr/bin 和 /usr/sbin 两个目录中含有 SUID 或/及 SGID 的特殊文件，并使用 ls -l 列出找到的文件的相关权限后，将屏幕信息转存到 /root/findsuidsgid.txt 文件中。

第6章

文件系统的基本管理

系统总有容量不足或者需要挂载其他文件系统的时刻，系统管理员也会经常从不同的来源取得所需要软件与数据。因此，管理文件系统就是系统管理员一个很重要的任务。Linux 文件系统最早使用 EXT2 文件系统系列（包括 EXT2/EXT3/EXT4 等），但由于磁盘容量越来越大，因此适合大容量的 XFS 文件系统在 CentOS 7 被设为默认的文件系统。读者应该熟悉这些文件系统的管理。

6.1 认识 Linux 文件系统

目前 CentOS 7 Linux 文件系统主要支持 EXT2 系列（当前新版为 EXT4）以及 XFS 大型文件系统两种。其中，XFS 相当适合大容量磁盘，格式化的性能非常快。无论哪种文件系统，都必须符合 inode（索引节点）与 block（块）等文件系统使用的特性。

6.1.1 磁盘文件与磁盘分区

磁盘内的圆形磁盘片常见的物理特性如下：

◆ 扇区（Sector）为最小的物理存储单位，目前主要有 512B（字节）与 4KB 两种格式。
◆ 将扇区组成一个圆，就是磁柱（Cylinder，在此忽略磁道）。
◆ 分割的最小单位可能是磁柱也可能是扇区，这与分割工具有关。
◆ 磁盘分区表主要有两种格式，分别是 MBR 与 GPT 分区表。
◆ MBR 分区表中，第一个扇区最重要，里面有：
  ■ 主引导记录（Master Boot Record，MBR）446 字节（byte）。
  ■ 分区表（Partition Table）64 字节。
◆ GPT 分区表除了分区数量扩充较多之外，支持的磁盘容量也可以超过 2TB。

整个磁盘必须要经过分区之后，Linux 操作系统才能够读取分区内的文件系统。目前的 Linux 磁盘分区主要有两种，分别为早期的 MBR 与现今的 GPT。由于 MBR 会有 2TB 容量的限制，而目前的磁盘容量已经超过 2TB，甚至达到8TB 以上的等级，因此 MBR 的分区类型就不太适用了。

磁盘文件主要为 /dev/sd[a-p] 这种实体磁盘的文件，以及通过 virtio 模块加速的 /dev/vd[a-p] 的虚拟磁盘文件。在虚拟机的环境中，大部分磁盘的容量还是小于 2TB 的，因此传统的 MBR 还是有其存在的位置。

MBR 磁盘分区的限制

由于 MBR 的记录区块仅有 64 字节用于分区表，因此默认分区表只能记录四项分区信息。所谓的分区信息就是记录开始与结束的扇区。这四项记录主要为“主分区（primary）”与“扩展分区（extended）”。扩展分区不能被格式化后直接使用，需要从扩展分区中分出“逻辑分区（logical）”之后才能够使用。以 P 代表主要、E 代表扩展、L 代表逻辑分区，则相关性为：

◆ 主分区与扩展分区最多可以有四项（硬盘的限制）。
◆ 扩展分区最多只能有一个（操作系统的限制）。
◆ 逻辑分区是由扩展分区持续分出来的分区。
◆ 能够被格式化后作为数据存取的分区为主分区与逻辑分区。扩展分区无法格式化。
◆ 逻辑分区的数量依操作系统而不同，在 Linux 系统中 SATA 硬盘已经可以突破 63 个以上的分区限制。

GPT 磁盘分区

常见的磁盘扇区有 512B和 4KB 两种容量，为了兼容于所有的磁盘，因此在扇区的定义上面，大多会使用所谓的逻辑区块地址（Logical Block Address，LBA）来处理。GPT 将磁盘所有区块以此 LBA（默认为 512B）来规划，而第一个 LBA 称为 LBA0（从 0 开始编号）。

与 MBR 只使用第一个 512B区块来记录不同，GPT 使用了 34 个 LBA 区块来记录分区信息！同时，与过去 MBR 只有一个区块的情况不同，GPT 除了前面 34 个 LBA 之外，整个磁盘的最后 33 个 LBA 也拿来作为另一个备份！

LBA2～LBA33 为实际记录分区表的所在，每个 LBA 记录 4 项数据，所以共可记录 32*4 = 128 项以上的分区信息。因为每个 LBA 为 512B，所以每个记录可占用 512/4 = 128B,因为每个记录主要记录开始与结束两个扇区的位置,因此记录的扇区位置最多可达 64 位（bit），若每个扇区容量为 512B，则单个分区的最大容量为8ZB，其中1ZB为2^{30}TB。

此外，每个 GPT 的分区记录都属于主（primary）分区记录，可以直接进行格式化后使用。

1. 超过几太字节（TB）以上的磁盘通常默认会使用 GPT 的分区表？
2. 某一个磁盘的分区采用了 MBR 分区表，该系统中“共有5个可以进行格式化”的分区，假设该磁盘含有 2 个主分区（primary），请问该磁盘分区的磁盘文件应该是什么？（假设为实体磁盘的文件，且该系统只有一块磁盘。）
3. 某一个磁盘默认使用了 MBR 的分区表，目前只有 2 个主分区，还留下 1TB 的容量。若管理员还有 4 个需要使用的分区，每个分区需要大约 100GB，应该如何进行分区较佳？

6.1.2 Linux 的 EXT2 文件系统

新的操作系统在规划文件系统时，普通文件都会有属性（如权限、时间、身份信息记录等）以及实际数据的记录，同时整个文件系统会记录全部的信息，因此通常文件系统会有如下几个部分：

- superblock（超级区块）：记录此文件系统的整体信息，包括 inode/block 的总量、使用量、剩余量，以及文件系统的格式与相关信息等。
- inode（索引节点）：记录文件的属性，一个文件占用一个 inode，同时记录此文件的数据所在的 block 号码。
- block（区块）：实际记录文件的内容，若文件太大，则会占用多个 block。

以 EXT2 文件系统为例，为了简化管理，整个文件系统会将全部的内容分出数个区块组（block group），每个区块组会有上述的 superblock/inode/block 记录，如图6.1所示。

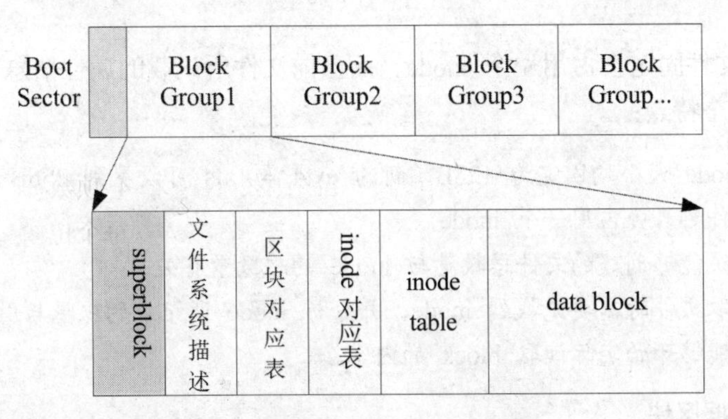

图 6.1　EXT2 文件系统示意图

superblock（超级区块）

superblock 为整个文件系统的综合概要信息所在，要读取文件系统一定要从 superblock 读起。superblock 主要记录的数据如下：

- block 与 inode 的总量。
- 未使用与已使用的 inode / block 数量。
- block 与 inode 的大小（block 为 1KB、2KB、4KB，inode 为 128B 或 256B）。
- 文件系统的挂载时间、最近一次写入数据的时间、最近一次检验磁盘 （fsck）的时间等文件系统的相关信息。
- 一个 valid bit（有效位）数值。若此文件系统已被挂载，则 valid bit 为 0；若未被挂载，则 valid bit 为 1。

inode table（inode 表格）

每一个 inode 都有号码，而 inode 的内容是记录文件的属性以及该文件实际数据存放在哪些编号的 block 内。inode 记录的文件信息至少有如下内容：

- 该文件的存取模式（read/write/excute）。
- 该文件的所有者与群组（owner/group）。
- 该文件的容量（或大小）。
- 该文件创建或状态改变的时间（ctime）。
- 最近一次的读取时间（atime）。
- 最近修改的时间（mtime）。
- 定义文件特性的标志（flag），如 SetUID 等。
- 该文件真正内容的指针（pointer）。

由于每个文件固定会占用一个 inode，而当前文件所记载的属性信息越来越多，因此 inode 有如下几个特点：

- 每个 inode 大小均固定为 128B（新的 ext4 与 xfs 可设置到 256B）。
- 每个文件都只会占用一个 inode。
- 文件系统能够创建的文件总数量与 inode 的总数量有关。
- 系统读取文件时需要先找到 inode，并分析 inode 所记录的权限与用户是否符合，若符合才能够开始实际读取 block 的内容。

data block（数据区块）

文件实际的数据存放在数据区块（data block）中，每个 block 也都会有编号，提供给文件来存储实际数据，便于 inode 用于记录数据存放在哪些 block 中。

- 原则上，block 的大小与数量在格式化完成后就不能再改变了（除非重新格式化）。
- 每个 block 内最多只能存放一个文件的数据。
- 如果文件大于 block 的大小，那么一个文件会占用多个 block。
- 如果文件小于 block，那么该 block 的剩余容量不能够再被其他文件使用（磁盘空间会浪费）。

一般来说，文件系统内的一个文件被读取时，流程如下：

（1）读到文件的 inode 编号。

（2）由 inode 内的权限设置来判定用户能否存取此文件。

（3）若能读取则开始读取 inode 内所记录的数据存放于哪些编号的 block 中。

（4）读出这些编号 block内的数据，组装起来成为一个文件的实际内容。

新建文件的流程如下：

（1）有写入文件的需求时，先到 metadata 区块找到未被使用的 inode。

（2）到该 inode内，将所需要的权限与属性相关的数据写入，然后在 metadata 区块设置该 inode 为已使用，且更新 superblock 信息。

（3）到 metadata 区块找到未被使用的 block，将实际数据写入 block，若数据量太大，则继续到 metadata 区块中找更多未被使用的 block，持续写入，直到数据都写完为止。

（4）同步更新 inode 的记录与 superblock 的内容。

删除文件的流程如下：

（1）将该文件的 inode 编号与所属相关的 block 编号抹除。

（2）将 metadata 区块相对应的 inode 与 block 设置为未使用。

（3）同步更新 superblock 数据。

1. 在Linux的EXT2文件系统系列中，格式化之后，除了metadata区块之外，还有哪三个很重要的区块？
2. 文件的属性、权限等数据主要存放在文件系统的哪个区块内？
3. 实际的文件内容（程序代码或者是实际数据）存放在哪个区块？
4. 每个文件都会使用到几个 inode 与 block？
5. Linux 的 EXT2 文件系统家族中，以 CentOS 7 为例，inode 与 block 的容量大致为多少字节？

6.1.3 目录与文件名

当用户在 Linux 下的文件系统创建一个目录时，文件系统会分配一个 inode 与至少一块 block 给该目录。其中，inode 记录该目录的相关权限与属性，并可记录分配到的那块 block 的编号；block记录的则是在这个目录下的文件名与这些文件名占用的 inode 编号信息。也就是说，目录所占用的 block 内容记录的是如图6.2所示的信息。

Inode number	文件名
53735697 53745858 …	anaconda-ks.cfg initial-setup-ks.cfg …

图 6.2　记载于目录所属的 block 内的文件名与对应的 inode 编号示意图

前面提到读取文件数据时，最重要的就是先读到文件的 inode 编号。然而，我们在实际使用时，并不会理会 inode 编号，而是通过“文件名”来读写数据的。因此，目录的重要性就是记载文件名与该文件名对应的 inode 编号。

1. 使用 ls -li /etc/hosts*查看出现在最前面的数值，该数值即为 inode 编号。
2. 使用student的身份登录系统，创建/tmp/inodecheck/目录，然后查看“/tmp/inodecheck/”和“/tmp/inodecheck/.”文件的 inode 编号。
3. 接上一步，使用 ll -d 查看“/tmp/inodecheck”的第二个字段，即连接字段的数值是多少？试着说明为什么。

4. 创建“/tmp/inodecheck/check2/”目录，同时查看“/tmp/inodecheck/”“/tmp/inodecheck/.”和“/tmp/inodecheck/check2/..”这三个文件的 inode 编号，然后查看第二个字段的数值变成了什么。

6.1.4 ln 链接文件的应用

从前一小节的练习中我们可以发现目录的默认链接数（使用 ls -l 查看文件信息的第二个字段）为 2，这是因为每个目录下都有“.”这个文件，而这个文件代表目录本身，即目录本身有两个文件名链接到同一个 inode 编号，故链接数至少为 2 。同时每个目录内都有“..”这个文件名，代表当前目录的父目录，因此每增加一个子目录，父目录的链接数也会加 1。

链接数增加后，文件被删除时，inode 编号并没有被删除，因此这个“实体链接”的功能会保护好原来的文件数据。用户可以通过 ln 命令来实现实体链接与符号链接（类似快捷方式）的功能。

1. 前往/dev/shm创建名为 check2 的目录，并把工作目录切换到/dev/shm/check2。
2. 将 /etc/hosts 复制到本目录下，同时查看文件链接数。
3. 使用“ln hosts hosts.real”命令创建 hosts.real 实体链接文件，同时查看这两个文件的 inode 编号、属性权限等是否完全相同。为什么？
4. 使用“ln -s hosts hosts.symbo”创建 hosts.symbo 符号链接，同时查看这两个文件的 inode 编号、属性权限等是否相同。
5. 执行 cat hosts; cat hosts.real; cat hosts.symbo 命令，查阅文件内容是否相同。
6. 先删除 hosts，然后查看 hosts.real 和 hosts.symbo 的 inode 编号、链接数文件属性等信息，看看有什么变化。
7. 执行 cat hosts.real; cat hosts.symbo 命令，看看发生什么情况，并分析原因。
8. 在 /dev/shm/check2 下执行“ln /etc/hosts.”会发生什么情况，并分析原因。

6.1.5 文件系统的挂载

就像移动硬盘加入 Windows 操作系统后需要获取一个 H:\> 或者是其他的磁盘名称才能够被读取一样，在 Linux 下的目录树系统中，文件系统设备要能够被读取，就需要与目录树的某个目录链接在一起，表示进入该目录即可看到设备的内容。该目录就被称为挂载点。

查看挂载点的方式最简单的是使用 df（display filesystem，显示文件系统）命令来查看，也可以通过查看 inode 的编号来了解挂载点的 inode 编号。

1. 文件系统要通过“挂载（mount）”之后才能够让操作系统存取，那么与文件系统挂载的挂载点是一个目录还是一个文件？
2. 使用df -T命令查看当前的系统中属于 xfs 文件系统的挂载点有哪几个。
3. 使用ls -lid查看/、/boot、/home、/etc、/root、/proc、/sys 等目录的 inode 编号。
4. 为什么 /、/boot、/home 的 inode 编号会一样？

6.2　文件系统的管理

一般来说，创建文件系统需要的操作包括分区、格式化与挂载三个步骤，而分区又有 MBR 与 GPT 两种方式，实践时需要特别注意。

6.2.1　创建分区

创建分区之前，需要先判断当前系统内的磁盘文件名以及磁盘当前的分区格式。这两个工作可以使用下面的命令来完成。

使用 root 身份登录系统，并完成如下练习：

1. 先用lsblk简单地列出设备文件。
2. 使用man lsblk找出使用纯文本（ASCII）显示的选项，列出完整（full）的设备文件选项。
3. 使用“parted <完整设备文件名> print”命令找出分区表的类型（MBR/GPT）。

如果是 GPT 的分区表，请使用 gdisk 命令来分区；若为 msdos（MBR）分区表，则需要使用 fdisk 来分区。当然，我们也可以引用命令型的 parted 来进行分区，只是命令比较麻烦一些，并且没有默认值。上面实习所用训练机采用的是 GPT 分区表，所以下面将以 gdisk 来进行分区的操作。首先，我们来了解一下 gdisk 的操作界面以及在线查询的方式。

```
[root@study ~]# gdisk /dev/sda
GPT fdisk (gdisk) version 0.8.6

Partition table scan:
  MBR: protective
  BSD: not present
  APM: not present
  GPT: present

Found valid GPT with protective MBR; using GPT.  <==找到了 GPT 的分区表!

Command (? for help):     <==这里可以让你输入命令，可以按问号（?）来查看可用命令
Command (? for help): ?
b       back up GPT data to a file
c       change a partition's name
d       delete a partition              # 删除一个分区
i       show detailed information on a partition
l       list known partition types
n       add a new partition             # 增加一个分区
o       create a new empty GUID partition table (GPT)
p       print the partition table       # 打印出分区表（常用）
q       quit without saving changes     # 不存储分区就直接退出 gdisk
r       recovery and transformation options (experts only)
s       sort partitions
t       change a partition's type code
v       verify disk
w       write table to disk and exit    # 存储分区操作后退出 gdisk
x       extra functionality (experts only)
?       print this menu
Command (? for help):
```

然后，列出当前这个 /dev/sda 的整个磁盘信息与分区表信息：

```
Command (? for help): p  <== 这里可以输出目前磁盘的状态
Disk /dev/sda: 83886080 sectors, 40.0 GiB          # 磁盘文件/扇区数与总容量
Logical sector size: 512 bytes                     # 单一扇区大小为 512 字节
Disk identifier (GUID): A4C3C813-62AF-4BFE-BAC9-112EBD87A483
# 磁盘的 GPT 标识符
Partition table holds up to 128 entries
First usable sector is 34, last usable sector is 83886046
Partitions will be aligned on 2048-sector boundaries
Total free space is 18862013 sectors (9.0 GiB)
```

```
Number  Start (sector)    End (sector)  Size       Code  Name       # 下面为完整的分区信息
   1          2048            6143      2.0 MiB    EF02             # 第一个分区的信息
   2          6144         2103295   1024.0 MiB    0700
   3       2103296        65026047     30.0 GiB    8E00
# 分区编号 开始扇区编号  结束扇区编号  容量大小
Command (? for help): q
# 想要不保存就退出吗？按下 q 即可！不要随便按 w！
```

接下来请管理员直接创建一个 1GB 的分区。

使用root的身份登录系统，完成下面的任务：

1. 使用 gdisk /dev/sda 进入 gdisk 的界面。
2. 按下【P】键获取当前的分区表，并且查看“当前是否还有其他剩余的容量可使用”。
3. 按下【N】键进行添加的操作：
   a. 在 Partition number 字段直接按【Enter】键使用默认值"4"。
   b. 在 First sector 字段可以直接按【Enter】键使用默认值。
   c. 在 Last sector 字段使用类似“+1G”的方式来提供 1GB 的容量。
   d. 在 Hex code or GUID 字段，由于是 Linux 的文件系统，可以保留 8300 的数据，因此直接按【Enter】键即可。
4. 按【P】键查看是否设置好了正确的容量。
5. 查看上述操作的结果，若没有问题，则按【W】键，以便保存后退出 。
   - 系统会询问“Do you want to proceed? (Y/N):”，按【Y】键来确认即可。
   - 查看按【Y】键之后出现什么信息，并仔细分析该信息。
6. 使用 lsblk 是否可以查看到刚刚创建的分区？
7. 执行“partprobe”命令后，再次执行“lsblk”命令，此时是否显示出新的分区？

由于 /dev/sda 磁盘正在使用中，因此内核默认不会重新去探索分区表的变动，我们需要使用 partprobe 强制内核更新当前使用中的磁盘分区表，这样才能够找到正确的设备文件。若需要列出内核检测到的完整分区表，则可以使用“cat /proc/partitions”命令来查看。

使用如上个例题的流程，再次创建如下两个设备：

1. 大约1.5GB（1500MB）的vfat分区。（GUID 应该是0700，自己试着找出来。）
2. 大约1GB 的 swap 分区，自行找出文件系统标识符（filesystem ID）。

注意，完成分区并且在 gdisk 界面按【W】键保存后，务必使用 lsblk 查看是否显示出刚刚创建的分区设备文件，若无该设备文件，则应该使用 partprobe 或者 reboot 命令强制内核更新这部分信息。

6.2.2 创建文件系统（磁盘格式化）

文件系统的创建使用 mkfs 命令即可。另外，虚拟内存的交换分区应该使用 mkswap 命令。目前的操作系统大多已经对文件系统创建时做好了优化设置，因此除非我们有特殊需求，或者我们知道自己高端磁盘阵列的相关参数，否则使用默认值应该就能够取得不错的文件系统性能。

1. 使用“mkfs.xfs /dev/sda4”创建 XFS 文件系统。
2. 使用“mkfs.vfat /dev/sda5”创建 FAT 文件系统。
3. 使用“mkswap /dev/sda6”创建虚拟内存的交换分区。
4. 使用“blkid”命令查询每个设备的相关文件系统与 UUID 信息。

6.2.3 文件系统的挂载/卸载

文件系统要挂载时，请先注意下面的要求：

- ◆ 单个文件系统不应该被重复挂载到不同的挂载点（目录中）。
- ◆ 单个目录不应该重复挂载多个文件系统。
- ◆ 要作为挂载点的目录，理论上应该都是空目录才对。

常见的挂载方式如下：

```
[root@localhost ~]# mount -a
[root@localhost ~]# mount [-l]
[root@localhost ~]# mount [-t 文件系统] LABEL='' 挂载点
[root@localhost ~]# mount [-t 文件系统] UUID='' 挂载点  # 建议用这种方式
[root@localhost ~]# mount [-t 文件系统] 设备文件  挂载点
选项与参数：
-a：按照设置文件 /etc/fstab 的数据将所有未挂载的磁盘都挂载上来。
```

```
-l：只输入 mount 命令会显示当前挂载的信息，加上 -l 则可列出 Label 名称。
-t：可以加上文件系统种类来指定要挂载的类型。常见的 Linux 支持类型有 xfs、ext3、ext4、reiserfs、vfat、iso9660（光盘格式）、nfs、cifs、smbfs（后三种为网络文件系统类型）。
-n：在默认情况下，系统会将实际挂载的情况实时写入 /etc/mtab 中，以便于其他程序的运行。但在某些情况下（例如单用户维护模式），为了避免问题会刻意不写入，此时就要使用 -n 选项。
-o：后面可以接一些挂载时额外加上的参数，比如账号、密码、读写权限等。
    async，sync：此文件系统是否使用同步写入（sync）或异步（async）的内存机制。
    atime，noatime：    是否修订文件的读取时间（atime）。为了性能，某些时刻可使用 noatime。
    ro，rw：            挂载文件系统成为只读（ro）或可擦写（rw）。
    auto，noauto：      允许此文件系统（filesystem）以 mount -a 自动挂载（auto）。
    dev，nodev：        是否允许在此文件系统上创建设备文件。dev 为允许。
    suid，nosuid：      是否允许此文件系统含有 suid/sgid 的文件格式。
    exec，noexec：      是否允许在此文件系统上拥有可执行 binary 文件。
    user，nouser：    是否允许此文件系统让任何用户执行 mount 。一般来说，mount 只有 root 可以执行，但使用了 user 参数，则让普通用户也可以对此分区进行挂载（mount）。
    defaults：          默认值为 rw、suid、dev、exec、auto、nouser 和 async。
    remount：         重新挂载，在系统出错或重新更新参数时很有用。
```

将/dev/sda4、/dev/sda5分别挂载到/srv/linux、/srv/win目录中，同时查看挂载的情况。

```
[root@localhost ~]# mkdir /srv/linux /srv/win
[root@localhost ~]# mount /dev/sda4 /srv/linux
[root@localhost ~]# mount /dev/sda5 /srv/win
[root@localhost ~]# df -T /srv/linux /srv/win
文件系统      类型     1K-区段      已用       可用     已用%    挂载点
/dev/sda4     xfs      1038336     32928     1005408     4%     /srv/linux
/dev/sda5     vfat     1532988         4     1532984     1%     /srv/win
```

使用 swapon 命令来启动 /dev/sda6 这个虚拟内存交换分区。

```
[root@localhost ~]# swapon /dev/sda6
[root@localhost ~]# swapon -s
Filename                    Type          Size       Used     Priority
/dev/dm-1                   partition     2097148    3752      -1
/dev/sda6                   partition     1048572    0         -2
```

使用 umount 和 swapoff 命令将 /dev/sda4、/dev/sda5 和 /dev/sda6 卸载，并自行查看是否卸载成功。

6.2.4 系统开机启动时自动挂载

系统开机启动时自动挂载的参数设置写入到 /etc/fstab 文件中，不过在编辑这个文件之前，管理员应该先知道系统挂载的限制：

- ◆ 根目录（“/”）是必须挂载的，而且一定要先于其他挂载点（mount point）被挂载进来。
- ◆ 其他挂载点必须为已创建的目录，可任意指定，但一定要遵守文件系统层次化标准（FHS）。
- ◆ 所有挂载点在同一时间之内只能挂载一次。
- ◆ 所有分区在同一时间之内只能挂载一次。
- ◆ 如果进行卸载，那么我们必须先将工作目录移到挂载点（及其子目录）之外。

假设我们实践用的训练机中 /etc/fstab 这个文件的内容如下：

```
[root@localhost ~]# cat /etc/fstab
/dev/mapper/centos-root                    /     xfs  defaults   0  0
UUID=a026bf1c-3028-4962-88e3-cd92c6a2a877  /boot xfs  defaults   0  0
/dev/mapper/centos-home                    /home xfs  defaults   0  0
/dev/mapper/centos-swap                    swap  swap defaults   0  0
```

这个文件主要有六个字段，每个字段的意义如下：

```
[设备/UUID 等] [挂载点] [文件系统] [文件系统参数] [dump] [fsck]
```

- ◆ 第 1 个字段：磁盘设备文件名/UUID/LABEL name。
  这个字段可以填写的信息主要有三项：
  - ■ 文件系统或磁盘的设备文件名，如 /dev/sda2 等。
  - ■ 文件系统的 UUID 名称，如 UUID=xxx。
  - ■ 文件系统的 LABEL 名称，例如 LABEL=xxx。

  系统管理员可以根据自己的喜好来填写适当的设备名称，不过如果是实体分区的文件系统，这里建议使用 Linux 设备内独一无二的设备代号，即 UUID 这个数据来替代设备文件名。建议使用 blkid 找到 UUID 之后，通过 UUID="XXX"的方式来设置。
- ◆ 第 2 个字段：挂载点（mount point）。
- ◆ 第 3 个字段：磁盘分区的文件系统。
  在手动挂载时可以让系统自动测试挂载，但在这个文件中我们必须手动写入文件系统才行，包括 xfs、ext4、vfat、reiserfs、nfs 等。

◆ 第 4 个字段：文件系统参数。

文件系统参数有表 6.1 中常见的几个设置值，若无需要，先暂时不要更改 defaults（默认的）设置值。

表 6.1　文件系统参数

参数	内容意义
async/sync 异步/同步	设置磁盘是否以异步方式运行！默认为异步（async），因为性能更好
auto/noauto 自动/非自动	当执行 mount -a 命令时，此文件系统会被测试自动挂载，默认为 auto
rw/ro 可擦写/只读	让该分区以可擦写或者是只读的形式挂载上来，如果我们想要共享的数据是不让用户随意更改的，在这里就可以设置为只读。之后无论在此文件系统的文件是否设置 w 权限，都无法写入了
exec/noexec 可执行/不可执行	限制在此文件系统内是否可以“执行”可执行文件。如果是纯粹用来存储数据的目录，那么设置为 noexec 比较安全。不过，这个参数也不能随便使用，因为我们不知道该目录下是否默认会有可执行文件。举例来说，如果我们给 /var 目录设置了 noexec，当某些软件将一些执行文件放置于 /var 目录中时，就可能产生很大的问题。因此，建议这个 noexec 最多只设置于我们自定义或共享的普通数据目录
user/nouser 允许/不允许用户挂载	是否允许用户使用 mount 命令来挂载。一般而言，我们当然不希望一般身份的 user 能使用 mount，因为太不安全了，因此这里应该设置为 nouser
suid/nosuid 具有/不具有 suid 权限	该文件系统是否允许 SUID 的存在。如果不是执行文件存放在这个目录中，可以将目录设置为 nosuid 来取消这个功能
defaults	同时具有 rw、suid、dev、exec、auto、nouser、async 等参数。基本上，默认情况使用 defaults 设置即可

◆ 第 5 个字段：能否被 dump 备份命令作用。

dump 只支持 EXT 系列，若使用 xfs 文件系统，则不用考虑 dump 项。因此，直接输入 0 即可。

◆ 第 6 个字段：是否以 fsck 检验扇区。

早期在系统开机启动的流程中，会有一段时间去检验本机的文件系统，看看文件系统是否完整（clean）。这个方式主要是通过 fsck 去完成，我们现在用的 xfs 文件系统就无法适用了，因为 xfs 会自己进行检验，不需要额外执行这个操作，所以直接填 0 即可。

好了，让我们来“使用”一下新建的文件系统，看看能不能在系统开机启动时就挂载这个文件系统。

让 /dev/sda4、/dev/sda5 及 /dev/sda6 在每次系统开机启动时都直接挂载或启用，挂载点分别在 /srv/linux、/srv/win 目录中。

1. 通过 blkid 找到 /dev/sda4、/dev/sda5、/dev/sda6 这三个设备的 UUID 信息。
2. 使用 vim 在 /etc/fstab 最下面添加三行信息：

```
[root@localhost ~]# vim /etc/fstab
UUID="2a409620-c888-41ca-89fa-2737cca74f19"    /srv/linux xfs
    defaults 0 0
UUID="4AF7-0017"                               /srv/win   vfat
    defaults 0 0
UUID="de7e7a05-7b54-40c3-b663-142e4d545265"    swap
    swap defaults 0 0
```

3. 开始测试挂载以及虚拟内存交换分区是否成功地完成好了。注意，执行前请务必确认这三个设备已经卸载且未被使用。

```
[root@locahost ~]# mount -a
[root@locahost ~]# swapon -a
[root@locahost ~]# df -T /dev/sda4 /dev/sda5
[root@locahost ~]# swapon -s
```

6.3 系统开机启动过程文件系统问题的处理

系统管理员可能因为某些原因需要将文件系统回收利用，例如更换旧硬盘来使用等，因此我们仍须学会如何卸载磁盘。此外，或许因为设置的问题可能导致系统开机启动时因为文件系统的问题而无法顺利完成启动的流程，此时就需要额外的修复操作。

6.3.1 文件系统的卸载与移除

若需要将文件系统卸载并回收（旧的数据需要完整地删除），一般建议的流程如下：

- 判断文件系统是否在使用中，若还在使用中则必须先卸载。
- 查询是否有写入自动挂载的设置文件，若有则需要将设置内容删除。

◆ 将文件系统超级区块（superblock）中的内容删除。

参照上述流程，将实践用训练机的磁盘恢复为原来的状态（只有/dev/sda1、/dev/sda2、/dev/sda3）。

1. 为了测试系统是否有问题，请先执行 reboot 操作。
2. 使用df -T和swapon -s 命令来查询是否找到了 /dev/sda{4,5,6}，如果找到了，就分别以umount和swapoff 命令予以卸载或关闭交换分区的使用。
3. 查询/etc/fstab，若存在上述文件系统信息，则注释掉或删除该行。
4. 使用 mount -a、swapon -a 来测试 /etc/fstab 的内容，然后用 df -T 和 swapon -s 来检查是否已经顺利移除。
5. 使用“dd if=/dev/zero of=/dev/sda4 bs=1M count=10”命令，将超级区块（superblock）的内容清空（最前面的 10MB 处）。
6. 使用 gdisk /dev/sda搭配d的命令，将4、5、6号删除。
7. 使用 partprobe 命令更新内核分区表的信息，然后使用 lsblk 命令确认已经正确删除了本章所创建的分区。

6.3.2　系统开机启动过程文件系统出错的救援方法

系统管理员如果修改过 /etc/fstab 却忘记使用 mount -a 进行测试，当设置错误时，就非常有可能会无法顺利启动系统。如果是根目录设置出错，问题会比较严重；如果是一般标准目录设置错误，则根据该目录的重要性，可能会进入单用户维护模式或者是依旧可以顺利启动系统。在下面的练习中，将实验让 /home 设置故意出现错误，以尝试进入单用户维护模式来救援文件系统。

1. 使用 vim 编辑 /etc/fstab，将/home所在行从原来的设置修改成为错误的设置：

```
[root@localhost ~]# vim /etc/fstab
# 先找到这一行：
/dev/mapper/centos-home  /home xfs  defaults   0 0

# 将上面的信息改成如下的模样
/dev/mapper/centos-home1  /home xfs  defaults   0 0
```

2. 上述信息修改完毕并且保存退出后，重新启动系统。由于文件系统出错（/home 为相当重要的标准目录），因此系统经过一段时间的搜索后，会进入单用户维护模式，在该模式的运行环境中显示如下信息：

```
Welcome to emergency mode! After logging in, type “journalctl -xb” to
view
System logs, “systemctl reboot” to reboot, “systemctl default” or ^D to
Try again to boot into default mode.
Give root password for maintenance
(or type Control-D to continue): _
```

3. 在光标处输入 root 的密码，就可以进入“终端”模式。不过此时从屏幕上可能找不到问题。请根据上面文字中显示的“journalctl -xb”这个关键词的提示，直接输入“journalctl”命令来查询系统开机启动流程的问题。进入 journalctl 界面后，先按大写【G】键，再按【PageUp】键向前翻几页，找到红色字体请仔细查看，应该可以看到如图6.3所示的界面。

```
7■ 11 22:05:01 www.centos systemd[1]: Mounted /boot.
7■ 11 22:05:04 www.centos systemd[1]: Received SIGRTMIN+20 from PID 272 (plymouthd).
7■ 11 22:05:10 www.centos systemd[1]: Received SIGRTMIN+20 from PID 272 (plymouthd).
7■ 11 22:06:31 www.centos systemd[1]: Job dev-mapper-centos\x2dhome1.device/start timed out.
7■ 11 22:06:31 www.centos systemd[1]: Timed out waiting for device dev-mapper-centos\x2dhome1.device.
7■ 11 22:06:31 www.centos systemd[1]: Dependency failed for /home.
7■ 11 22:06:31 www.centos systemd[1]: Dependency failed for Local File Systems.
7■ 11 22:06:31 www.centos systemd[1]: Dependency failed for Mark the need to relabel after reboot.
7■ 11 22:06:31 www.centos systemd[1]: Job rhel-autorelabel-mark.service/start failed with result 'dependency'.
7■ 11 22:06:31 www.centos systemd[1]: Dependency failed for Relabel all filesystems, if necessary.
7■ 11 22:06:31 www.centos systemd[1]: Job rhel-autorelabel.service/start failed with result 'dependency'.
7■ 11 22:06:31 www.centos systemd[1]: Job local-fs.target/start failed with result 'dependency'.
7■ 11 22:06:31 www.centos systemd[1]: Triggering OnFailure= dependencies of local-fs.target.
7■ 11 22:06:31 www.centos systemd[1]: Job home.mount/start failed with result 'dependency'.
7■ 11 22:06:31 www.centos systemd[1]: Job dev-mapper-centos\x2dhome1.device/start failed with result 'timeout'.
```

图 6.3　输入“journalctl”命令后显示的系统开机启动流程问题

4. 从图6.3中的错误提示信息可以发现就是 /home 的设置有问题，因此系统管理员可以进入/etc/fstab，暂时注释掉 /home 所在行；或者自行找到正确的解决方案。本案例查询到的是设备设置错误，因此先修改为正确的设备名称，再重新启动（reboot）即可恢复正常的系统开机启动流程。

6.4　课后操作练习

使用 root 的身份登录系统，并完成如下任务。直接在系统上面操作，操作成功即可。

1. 文件系统救援：系统管理员在上次文件系统中编辑 /etc/fstab 时，由于笔误将“/home”那个挂载点的挂载参数写错了，导致系统重新启动失败。试使用 man mount 之类的方式查询导致这次失败的参数后修正 /etc/fstab，让系统可以顺利正常地启动。
2. 关于磁盘与磁盘分区的问题，请在 /root/ans06.txt 文件中回答下面的问题：
   a. 针对传统硬盘（非 SSD）来说，磁盘分区常见的最小单位有哪些？每个扇区（sector）的容量有多大？
   b. 一般来说，在 CentOS 7 中，第一块物理磁盘与虚拟磁盘（使用 virtio 模块）的文件名分别是什么？
   c. 在Linux 中，常见的磁盘分区表有哪两种？安装 Linux 的时候磁盘容量为 1TB 时，默认的分区表为哪一个？
   d. 针对 MBR 分区表格式（或称为 MSDOS 分区模式）来说，第一个扇区（sector）含有哪两个重要的信息？每个信息的容量各占多大？
   e. 接上一题，在 MBR 分区表格式中，主要有哪三种类型的分区？哪两种分区能够被格式化后使用？
   f. 接上一题，在 MBR 分区表中，主分区与扩展分区的“数量”有什么限制？
   g. 可以安装系统开机启动管理程序的位置基本上有哪两个地方？
   h. 在 CentOS 7 中，两种不同的分区表对应的分区命令是哪两个？
3. 关于文件系统的问题，请在 /root/ans06.txt 文件内继续回答下面的问题：
   a. 一般 Linux 传统的 EXT 文件系统系列，当我们在格式化的时候会有哪三个重要的信息被切分出来？
   b. 在 CentOS 7 中格式化文件系统时，默认的 inode 与 block 的单个容量约为多少？
   c. 创建一个文件时，文件的属性与权限是什么，实际数据内容是什么，文件名分别记录在哪些地方？
4. 关于创建链接文件的操作：（问答题，请写入 /root/links.txt）
   a. 在 /srv/examlink 文件中，该文件的 inode 编码是多少？这个 inode 共有几个文件在使用？
   b. /srv/examlink 的链接文件存放在 /etc 目录中，请使用 man fine 查找关键字 inode，查到可以使用的选项与参数后，实际找出 /srv/examlink 的实体链接文件，并将文件名写下来。
   c. 创建实体链接，源文件为 /etc/services，而新的文件名为 /srv/myservice。
   d. 创建符号链接，源文件为 /etc/vimrc，而新的文件名为 /srv/myvimrc。

5. 关于文件系统与分区的删除：系统中有一个名为 /dev/sda4 的分区，这个分区是分错了的，因此，请将这个分区卸载，然后删除分区，将磁盘容量释放出来。

6. 完成上面的题目之后，请参照表6.2的说明创建好所需要的文件系统。（所有的新挂载，使用 UUID 来挂载比较好。）

表 6.2 需要创建的文件系统

容量	文件系统	挂载点
2GB	XFS	/data/xfs
1GB	VFAT	/data/vfat
1.5GB	EXT4	/data/ext4
1GB	swap	-

上述四个新增的文件系统都能够在系统开机启动后自动挂载或启用。

第 7 章

bash 的基本使用与系统救援

前一章谈到了文件系统，而且介绍了一个简单的文件系统错误救援。但是，发生了严重的问题时该如何是好呢？此时可能需要另一个简易的救援模式，包括通过systemd以及直接通过 bash 来处理。那么如何使用bash呢？这就需要了解一下bash shell的基本功能了。

7.1 认识 bash shell

在之前的章节中，我们介绍过登录系统后看到的文本交互界面就称为 shell(外壳程序)，shell 的操作环境能够根据用户的喜好来设置，用户也能够切换不同的 shell。而 shell 最重要的就是变量，这在许多的程序设计语言中都是需要注意的部分。

7.1.1 系统与用户的 shell

系统所有合法的shell都在 /etc/shells 这个文件内，我们可以查询该文件的内容。在 /etc/shells 中常见的合法 shell 如下：

- /bin/sh（已经被 /bin/bash 所取代）。
- /bin/bash（就是 Linux 默认的 shell）。

- /bin/tcsh（集成的 C Shell，提供更多的功能）。
- /bin/csh（已经被 /bin/tcsh 所取代）。

由于有许多软件都会用到系统上的 shell，但又担心用户或者是恶意攻击者会使用怪异的、有问题的 shell 来操纵软件，因此某些软件在判断 shell 的合法性时直接参考 /etc/shells 的规范，以此来判断是否合法。

从之前的系统登录操作中，我们应该知道在文本用户界面登录后系统会调用一个 shell，而在图形用户界面时，也能够通过单击“终端”程序图标来调用 shell。不过，默认要调用的 shell 是哪一个呢？需要从用户的设置数据中寻找。请参考 /etc/passwd 中使用冒号“:”分隔的第 7 个字段，就是该账号默认要调用的 shell。

1. 请使用 cut 这个命令，在 /etc/passwd 这个文件中，以冒号“:”为分隔字符（delimiter）将第 1 个和第 7 个字段（field）输出到屏幕上。
2. 接上一题，找到关键字为 daemon 的那一行，查看 daemon 用户所使用的 shell 是哪一个。

用户可以自由地切换所需要的 shell，不过不同 shell 的使用方式、语法都有点差异。举例来说，bash 使用的变量设置方式为“var='content'”，但是 csh 使用的则是“set var = 'content'”，csh 需要带有 set，不过等号两边可以有空格。bash 虽然不用 set，但是等号两边不可以直接加空格，这就是不一样的地方。

练习不同 shell 的切换

1. 请使用 student 身份登录系统，启动“终端”程序后，使用“echo $BASH”的方式查阅有没有这个变量以及其输出的内容。
2. 请输入“echo $shell”查看有没有信息输出。
3. 使用“/bin/csh”从 shell 切换为 c shell。
4. 分别使用“echo $BASH”与“echo $shell”查看输出的信息是什么。
5. 使用“echo $0”查看输出的信息是什么。
6. 先通过“exit”退出c shell之后，再次以echo $0查看当前的 shell 名称是什么。
7. 执行“/sbin/nologin”看看输出的信息是什么。

用户可以通过直接输入 shell 的执行文件（例如上述的 /bin/csh）来切换到新的 shell，而想要确认当前的 shell 是什么，最简单的方式就是使用“echo $0”列出当前的执行文件。另外，写入到 /etc/shells 中有个名为 /sbin/nologin 的 shell，就是给系统账号默认使用的不可交互的合法 shell。

1. 使用 usermod 命令来修改 student 的 shell，使之变成 /sbin/nologin。
2. 修改完毕后，请到 tty3 终端，尝试使用 student 的账号登录，看看会出现什么情况。
3. 再次以 usermod 的方式将 student 的 shell 改回到 /bin/bash。

为何需要设置 /sbin/nologin 呢？

- 许多系统要设置默认执行的软件，例如 mail 的邮件分析、WWW 的网页响应等，系统不希望该软件使用 root 的权限，因为担心网络软件会被恶意人士攻击，所以系统会根据该软件的特性给予“系统账号”，这些系统账号是因为有特殊的任务（执行某软件）而产生的，并不是要让普通用户通过该账号登录系统来进行交互操作。因此这类系统账号通常就是使用 /sbin/nologin 作为默认 shell。
- 某些服务器的账号，例如邮件服务器、FTP 服务器等，这些服务器的账号本来就只是用于收发 email 或者是传输文件，这些账号无须登录系统来获得 shell 进行交互操作，因此这些账号不需要可互动的 shell，此时就可以把 /sbin/nologin 设置为这些账户的默认 shell。

1. 使用 id 这个命令检查系统有无 bin 与 student 这两个账号。
2. 能不能在不知道密码的情况下，使用 root 切换到 student 这个账号？为什么？
3. 能不能在不知道密码的情况下，使用 root 切换到 bin 这个账号？为什么？
4. 创建一个不可登录系统取得互动 shell 的账号，账号名称为 puser1，密码为 MyPuser1。
5. 尝试在 tty3 终端登录该账号，结果是什么？

7.1.2　变量设置规则

上一小节谈到的“echo $BASH”就是变量的功能，bash shell 会主动创建 BASH 这个变量，且其内容就是 /bin/bash。下面就来了解 shell 是哪个程序实现的，如何设置变量。简单的设置方式与调用方式为：

```
[student@localhost ~]$ 变量="变量内容"
[student@localhost ~]$ echo $变量
[student@localhost ~]$ echo ${变量}
```

其中，变量有许多的设置规则需要遵守：

- 变量与变量内容以一个等号“=”来连接。
- 等号两边不能留有空格符（不能直接接空格符）。
- 变量名称只能是英文字母与数字，但是不能以数字开头。
- 变量内容若有空格符，可使用双引号“"”或单引号“'”将变量内容引起来。双引号内的特殊字符（如 $ 等），可以保持原来的特性。单引号内的特殊字符则仅为普通字符（纯文本）。
- 可用转义字符“\”将特殊符号（如回车、$、\、空格符、' 等）转义成普通字符。
- 在一串命令的执行中，还需要借助其他额外的命令所提供的信息时，可以使用反单引号“`命令`”或“$(命令)”。
- 若该变量要添加变量内容时，则可用 "$变量名称" 或 ${变量} 来累加内容。
- 若该变量需要在其他子进程执行，则需要以 export 来使变量变成环境变量。
- 通常大写字母为系统默认变量，自行设置的变量可以使用小写字母，方便判断（这个取决于用户自己的偏好）。
- 取消变量的方法是使用 unset 命令：“unset 变量名称”。

1. 设置一个名为 myname 的变量，变量的内容为“peter pan”。
2. 使用 echo 调出 myname 的内容。
3. 是否把 2myname 的内容设置为“peter pan”呢？
4. 设置 varsymbo 变量的内容为“$var”。$var就是纯文本数据，不是变量。设置完毕后再把设置的内容调出来。
5. 设置 hero 变量的内容为“I am $myname”，其中 $myname 会根据 myname 变量的内容而变化。设置完毕后请调出来看看。
6. 使用 uname -r 显示出当前的内核版本。
7. 设置 kver 变量，内容为“my kernel version is 3.xx”，其中 3.xx 为 uname -r 输出的信息。注意，kver 变量设置过程中，需要 uname -r 这个命令的协助。

在变量设置的过程中，使用子命令“$(command)”的操作相当重要。例如，在下面的案例中，系统管理员可以快速找到前一章谈到的特殊权限文件并列出该文件的权限：

1. 使用 man find 找出 -perm 的功能是什么。
2. 使用“find /usr/bin /usr/sbin -perm /6000”找出所有含有特殊权限的文件。
3. 使用“ls -l $(find /usr/bin /usr/sbin -perm /6000)”将所有文件的权限列出。

我们可以将第 1 个例题的文件找到后，一个一个用 ls -l 来查询它的权限，不过这样太费时间。参照上面的第 3 个例题，我们可以通过子命令的功能快速地找到相对应的信息。下面也是常见的操作方式。

1. 使用 find 的功能，找出在 /usr/sbin 和 /usr/bin 下面权限为 4755 的文件。
2. 创建 /root/findfile 目录。
3. 将步骤 1 找到的文件连同权限复制到 /root/findfile 目录下。

7.1.3　影响操作行为的变量

某些变量会影响到用户的操作行为，许多变量之前曾经提及，本节将集中说明，如表7.1所示。

表 7.1　影响操作行为的变量

变量	功能
LANG LC_ALL	语言信息，例如使用 date 输出信息时，通过 LANG 可以修改输出的信息格式
PATH	执行文件查找的路径。“~”目录（~代表主目录）与目录中间以冒号“:”分隔，由于执行文件/命令的查找是按序从 PATH 变量内的目录进行查询，所以目录的顺序也是非常重要的
HOME	代表用户的根目录，即用户看到“~”代表的主目录
MAIL	当我们使用 mail 这个命令收邮件时，系统会去读取的邮件信箱文件（mailbox）
HISTSIZE	这个与“历史命令”有关。我们曾经执行过的命令可以被系统记录下来，而记录的“项数”则是由这个值来设置的
RANDOM	“随机数”的变量。目前大多数的 Linux 发行版都会有随机数生成器，即/dev/random 文件。读者可以通过这个随机数文件相关的变量（$RANDOM）来获取随机数。在 BASH 的环境下，RANDOM 变量的值在 0~32767 之间，所以我们执行 echo $RANDOM 命令时系统会主动随机地取出一个 0~32767 的数值

（续表）

变量	功能
PS1	命令提示符。使用 man bash 查找 PS1 关键字，即可了解命令提示符的设置方式
?	$? 这个变量内容为命令的返回值。当返回值为 0 时，代表命令正常运行结束；当不为 0 时，则代表命令有错误

需要多加注意的是：PATH 是路径查找变量，它会影响到用户操作的行为，设置错误可能会导致相当严重的后果。

关于PATH的重要性，请用 root 的身份来完成下面的任务：

1. 输出 PATH 这个变量的内容，并查看其中每项中间的分隔符是什么。
2. 设置一个名为 oldpath 的变量，内容就是 ${PATH} 。
3. 设置 PATH 的内容包含 /bin（非常重要，不可设错）。
4. 此时输入以前曾操作过的 useradd --help 和 usermod --help 等命令，屏幕显示的信息是什么？
5. 若使用 /sbin/usermod --help，可以正常显示吗？
6. 设置 PATH 的内容为 ${oldpath}，恢复正常的路径信息。

改用 student 的身份来执行下列练习：

1. 创建~student/cmd/目录，且将 /bin/cat 复制成为~student/cmd/scat 。
2. 输入“~student/cmd/scat /etc/hosts”确认命令正常无误。
3. 输入“scat /etc/hosts”会发生什么问题？
4. 如何让 student 用户直接使用 scat 而不必使用 ~student/cmd/scat 来执行？

由于 PATH 设置错误时可能会导致系统崩溃，尤其是当 PATH未含有 /bin 这个查找路径时，有相当高的概率会造成 Linux 系统的宕机。因此，在上述练习中，PATH 的设置务必要小心谨慎！

命令提示符在每个系统中都不一样，不过，命令提示符是可以修改的，通过 PS1 这个变量来修改即可。

1. 调出 PS1 这个变量的内容。
2. 查询上述变量内容中 \W 及 \$ 的含义是什么（用 man bash 命令通过 PS1 关键字来查询）。
3. 假设操作者已经执行了15个命令，命令提示符输出“[student@localhost 15 ~]$”，该如何设置 PS1？

7.1.4　局部变量/全局变量与父进程/子进程

变量是有使用范围的，变量的使用范围被称为变量的作用域。一般来说变量的作用域分为：

- ◆ 局部变量：变量只能在当前这个 shell 中存在，不会被子进程所沿用。
- ◆ 全局变量：变量会存储在一个共享的内存空间，可以让子进程继承使用。

如第 7.1.2 节中提到的，将变量提升成为全局变量的方式是使用 export 命令，查看则可使用 env 或 export 命令。

1. 使用set、env或export命令来查看是否存在mypp这个变量。
2. 设置mypp的内容为“from_ppid”，并调出来查看一下。
3. 使用set、env或export命令来查看是否存在mypp这个变量。
4. 执行“/bin/bash”进入下一个bash的子进程环境中。
5. 使用set、env或export命令来查看是否存在 mypp 这个变量，并说明为什么。
6. 设置mypp2的内容为“from_cpid”，并调出来查看一下。
7. 使用“exit”退出子进程回到原来的父进程。
8. 查看是否存在mypp2这个变量。为什么？
9. 执行“export mypp”命令后，使用env或export命令来查看是否存在mypp这个变量。
10. 执行“/bin/bash”进入下一个 bash 的子进程环境中。
11. 使用set、env或export命令来查看是否存在mypp这个变量，同时说明为什么。
12. 回到原来的父进程中。

基本上，从原来的 bash 派生出来的进程都是该 bash 的子进程，而 bash 可以执行 bash 派生的子进程，两个 bash 之间仅有全局变量（环境变量）会带给子进程，而子进程的变量基本上是不会返回给父进程的。

7.1.5 使用 kill 管理程序

系统管理员有时需要手动"剔除"处于运行中的某些特定进程，例如某些很占资源的 bash 进程等，此时就可以使用 kill 这个命令来处理。基本上，kill 并不是真的"删除"进程，而是给予进程一个"信号（signal）"，默认的信号为 15，该信号的功能为"正常关闭进程"。想要强制关闭该进程，就要使用 -9 这个信号编号来处理了。

1. 使用 vim & 将 vim 进程置于后台中暂停。
2. 使用 jobs -l 进一步列出该进程的 PID 编号。
3. 使用"kill PID编号"尝试剔除该进程，是否能够生效？
4. 若无法剔除，试着使用"kill -9 PID编号"的方式，是否能够生效？

若用户有特别的需求要剔除某些特定的进程，就可以通过这样的机制来处理。

7.1.6 登录 Shell 和 非-登录 Shell

当我们执行"echo ${PS1}"命令时，应该会发现 PS1 这个影响操作行为的变量已经设置好了，故可以理解为：已经有配置文件在协助用户登录时规划好了操作环境的流程。我们还会发现，进入 bash 运行环境的情况有很多种，但大致可分为两大类：

- 一类是需要输入账号与密码才能够进入 bash 的运行环境，例如从 tty2 登录，或者是输入"su –"来取得某个账号的使用权，这种情况被称为登录 Shell（login Shell）的变量配置文件读取方式。
- 另一类是用户已经进入 bash 或者是其他的交互界面，然后通过该次登录后执行 bash，例如在图形用户界面中进入"终端"程序、直接在文本用户界面输入 bash 而进入 bash 子进程、输入"su"来切换登录身份等，这种方式通常不需要重新输入账号与密码，因此称为非登录 Shell（non-login Shell）的变量配置文件读取方式。

通常登录 Shell 读取配置文件的流程是：

1. /etc/profile：这是系统整体的设置，我们最好不要修改这个文件。
2. ~/.bash_profile、~/.bash_login 或 ~/.profile（只会读 1 个，按照优先级来决定）：属于用户个人设置，我们要修改自己的数据，就在这里写入。

由于登录 Shell 已经读取了 /etc/profile，因此已经设置了大部分的全局变量，所以非登录 Shell 只需要少部分的设置即可。故非登录 Shell 只会读取一个个人配置文件，即 ~/.bashrc。

1. 查看一下 ~/.bash_profile 的内容，说明该文件设置了哪些项。
2. 查看 ~/.bashrc 的内容，说明该文件设置了哪些项。

由于 ~/.bash_profile 也是读取 ~/.bashrc，因此用户只需要将设置放置于根目录下的 .bashrc 就可以让非登录 Shell 读取了。

尝试设置 student 的操作环境。

1. 在 student 的根目录编辑 .bashrc，增加下面的各项：
   - 设置 history 可以输出 10000 项数据。
   - 设置执行 cp 命令时，会主动加入 cp -i 的选项。
   - 设置执行 rm 命令时，会主动加入 rm -i 的选项。
   - 设置执行 mv 命令时，会主动加入 mv -i 的选项。
   - 在 PATH 变量中添加搜索目录：/home/student/cmd/。
   - 设置一个变量名称为 kver，其内容是当前的Linux内核版本。
   - 强迫系统语言使用 zh_CN.utf8 项，且必须要设置为全局变量。
   - 在提示符中增加时间与执行命令次数的显示项。
   - 使用wc命令分析~/.bash_history的行数，将该行数记录在h_start的变量中。
2. 设置完毕后，如何在不从系统注销的情况下让设置生效？

当我们注销 bash 时，bash 会根据根目录下的 .bash_logout 来进行后续的操作，因此若我们需要额外进行某些操作，则可以在此文件中设置。

不过，用户应该要特别注意，.bash_logout 只会在登录 Shell 的环境下注销才会被执行。在非登录 Shell 的环境下注销时，这个文件并不会被执行。

1. 每次注销 bash 时，都会：

   （1）使用 date 命令获取“YYYY/MM/DD HH:MM”的格式，并且转存到根目录的 history.log 文件中。

   （2）使用 history 加上管道命令与 wc 来分析结束时的 history 行数，将该数值设置为 h_end，搭配之前设置的 h_start 开始的行数，计算出这次执行命令的行号（应该是 h_end - h_start + 1），设置为 h_now，通过 history ${h_now} 将最新的命令转存到 history.log 中。

2. 尝试使用 su - student 命令来登录 student，再随意执行几个命令，之后注销 bash 回到原来的 bash 中，再查看一下 ~/history.log 是否有信息记录。

7.2 系统救援

我们在前一章提到过简易的系统救援，直接以 root 的身份与密码登录系统来进入救援模式，然后整理好文件系统。万一 root 的 shell 被不小心修改了，就会导致无法使用 root 的身份和密码登录系统，这时该如何处理呢？下面的操作非常重要，请读者务必学会救援的方式。

7.2.1 通过正规的 systemd 方式救援

要进行这个练习，请先进行如下的操作让系统被“破坏”之后，再加以练习：

```
[root@localhost ~]# vim /etc/fstab
/dev/mapper/centos-home1 /home  xfs  defaults  0 0

[root@localhost ~]# usermod -s /sbin/nologin root
[root@localhost ~]# su -
This account is currently not available.
```

经过上面的操作之后，我们可以确认两点：一是文件系统被破坏，二是 root 的身份设置错误（shell 无法使用）。接下来执行 reboot 来看看会出现什么问题（见图7.1）。

```
[    *] A start job is running for dev-mapper-centos\x2dhome1.device (10s / 1min 30s)Welcome to emergency mode! After log
n, type "journalctl -xb" to view
system logs, "systemctl reboot" to reboot, "systemctl default" or ^D to
try again to boot into default mode.
Give root password for maintenance
(or type Control-D to continue):
This account is currently not available.
Error getting authority: Error initializing authority: Could not connect: No such file or directory (g-io-error-quark, 1)
```

图 7.1 文件系统与 root 身份出现问题的情况

如图7.1所示，系统开机启动之后出现文件系统的问题，系统要求输入 root 密码，虽然用户输入了正确的密码，却无法进入 root 的 bash 操作界面，因为设置到错误的 shell 了。此时正规的救援模式无法使用，需要用到 systemd 系统开机启动流程，让系统进入一个小小的救援操作系统，该操作系统是仿真出来的，只用来作为挂载文件系统。处理的流程为：

1. 重新启动系统，在进入菜单后的五秒内按下方向键，并选择第一项启动菜单，如图7.2所示。

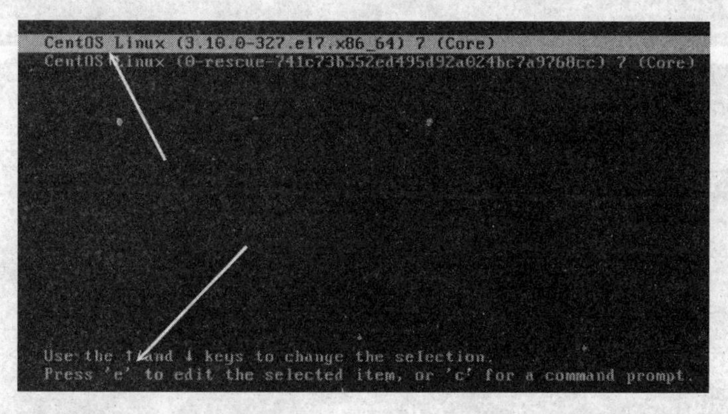

图 7.2 选择启动菜单项，按【e】键可进入编辑模式

2. 按【E】键进入菜单编辑界面，如图7.3所示，并且在 linux16 那一行的最后面添加“rd.break”，之后按【Ctrl】+【X】组合键进入救援模式。

```
        insmod gzio
        insmod part_gpt
        insmod xfs
        set root='hd0,gpt2'
        if [ x$feature_platform_search_hint = xy ]; then
          search --no-floppy --fs-uuid --set=root --hint='hd0,gpt2'  a026bf1c-\
3028-4962-88e3-cd92c6a2a877
        else
          search --no-floppy --fs-uuid --set=root a026bf1c-3028-4962-88e3-cd92\
c6a2a877
        fi
        linux16 /vmlinuz-3.10.0-327.el7.x86_64 root=/dev/mapper/centos-root ro\
 rd.lvm.lv=centos/root rd.lvm.lv=centos/swap rhgb quiet elevator=deadline    \
rd.break
        initrd16 /initramfs-3.10.0-327.el7.x86_64.img

      Press Ctrl-x to start, Ctrl-c for a command prompt or Escape to
      discard edits and return to the menu. Pressing Tab lists
      possible completions.
```

图 7.3 以交互方式编辑内核的参数并添加进入救援模式的方案

3. 救援模式会将根目录挂载到 /sysroot 这个目录下，不过默认以只读方式挂载，因此系统管理员要用“mount -o remount, rw /sysroot”将该目录以可擦写方式重新挂载，然后使用“chroot /sysroot”命令将根目录切换到 /sysroot，这样就可以成功地使用原来的操作系统了，如图7.4所示。

```
Generating "/run/initramfs/rdsosreport.txt"


Entering emergency mode. Exit the shell to continue.
Type "journalctl" to view system logs.
You might want to save "/run/initramfs/rdsosreport.txt" to a USB stick or /boot
after mounting them and attach it to a bug report.


switch_root:/# mount | grep /sysroot
/dev/mapper/centos-root on /sysroot type xfs (ro,relatime,attr2,inode64,noquota)
switch_root:/# mount -o remount,rw /sysroot
switch_root:/# mount | grep /sysroot
/dev/mapper/centos-root on /sysroot type xfs (rw,relatime,attr2,inode64,noquota)
switch_root:/# chroot /sysroot
sh-4.2# usermod -s /bin/bash root
sh-4.2# vim /etc/fstab_
```

```
#
# /etc/fstab
# Created by anaconda on Tue Jan  3 22:21:15 2017
#
# Accessible filesystems, by reference, are maintained under '/dev/disk'
# See man pages fstab(5), findfs(8), mount(8) and/or blkid(8) for more info
#
/dev/mapper/centos-root /                       xfs     defaults        0 0
UUID=a98fca9a-c6fb-4eba-9b6d-183ae56315e7 /boot xfs     defaults        0 0
/dev/mapper/centos-home_/home                   xfs     defaults        0 0
/dev/mapper/centos-swap swap                    swap    defaults        0 0
#UUID="6bc4325b-229e-443d-b144-14fceb498b5a" /srv/linux xfs defaults 0 0
#UUID="DD6F-3F2B"                            /srv/win   vfat defaults 0 0
#UUID="10e81596-c99d-4673-aa20-2dcffe2c0b0d" swap       swap defaults 0 0
~
~
~
```

从这里删除错写的1！

```
sh-4.2# touch /.autorelabel
sh-4.2# ls -a /
.   1             bin   dev  home  lib64  mnt   proc  run   srv  tmp  var
..  .autorelabel  boot  etc  lib   media  opt   root  sbin  sys  usr  .viminfo
sh-4.2# exit
exit
switch_root:/# reboot_
```

确认有这个文件

图 7.4　以可擦写方式重新挂载并进行切换根目录的操作（chroot）

4. 此时系统提示符只有“sh-4.2#”也是正常的，执行“mount -a”之后就可以执行“usermod -s /bin/bash root”等操作，一般建议的操作流程如下：

```
[root@localhost ~]# mount -a
[root@localhost ~]# usermod -s /bin/bash root
[root@localhost ~]# vim /etc/fstab
/dev/mapper/centos-home /home  xfs  defaults  0 0
```

```
[root@localhost ~]# touch /.autorelabel
[root@localhost ~]# exit
```

5. 使用 reboot 命令重新启动系统，就能够正常地开机进入系统环境了。

最后一个步骤之所以要处理 /.autorelabel 这个情况，是因为 CentOS 7 默认会启用 SELinux 这个安全强化模块，但是此模块在救援模式并没有启用，所以修改过的文件在下次系统开机启动后可能会遇到无法读取的问题。系统开机启动时会去找 /.autorelabel，若发现有此文件则会重新写入 SELinux 的相关设置，因此系统在重新启动的流程中共会启动两次：第一次会重新写入 SELinux 的设置，第二次才是正常的系统开机启动开机。

根据上课的经验，文件系统的问题与用户的问题最好在一次 rd.break 的救援流程中解决，否则由于现有的 Linux 系统进程为并发或并行处理，若卡在 /home 检测超过 90 秒后，就会再次进入要求输入 root 密码进行登录的进程中，由于无法运行系统重新整理操作（./autolabel 的操作要求），而导致账号密码文件无法被读取，此时系统会崩溃（crash）。

7.2.2　通过 bash 直接救援（可选方案）

若读者以前接触过 Linux，应该知道在系统开机启动流程中可以使用 init=/bin/bash 直接让内核调用 bash 来进入系统。CentOS 7 的 grub2 与 systemd 也保留此功能，此操作与 rd.break 相当接近。

1. 同样在系统开机启动过程中，选择第一个系统开机启动菜单选项，然后按【E】键进入交互编辑模式。
2. 在 linux16 那一行的最后面加入 init=/bin/bash，然后按【Ctrl】+【X】组合键来启动系统。
3. 出现“bash-4.2#”之后，执行如下操作：

```
[root@localhost ~]# mount -o remount,rw /
[root@localhost ~]# mount -a
[root@localhost ~]# /usr/sbin/usermod -s /bin/bash root
[root@localhost ~]# /usr/bin/vim /etc/fstab
[root@localhost ~]# /usr/bin/touch /.autorelabel
[root@localhost ~]# reboot
```

因为这个救援方案是 bash 直接控管的，与 systemd 的管理机制无关，所以用户无法使用 reboot 来重新启动系统。此时按下计算机的 reset 按钮或强制关机，而后再次重新启动系统，应该就可以顺利地启动系统了。

除非正常流程已经无法解决，否则尽量不要使用此方法来救援。

7.3 课后操作练习

使用root的身份登录系统，并完成如下任务。直接在系统上面操作，操作成功即可。

1. 因为某些缘故，当前这个操作系统应该是无法顺利启动的。使用本节课程所介绍的方式来进行系统的救援。根据猜测，可能的原因与系统管理员曾经修改过 chsh 这个命令有关，同时，系统管理员似乎也更改过 fstab 这个配置文件。根据这些之前的可能操作来恢复系统的可登录状态。（提示：千万不要忘记 .autorelabel 的操作！）
2. 处理下面账号与 shell 的相关事宜：
   a. 将系统中的 /bin/false 与 /bin/true 这两个文件变成合法的 shell。
   b. 将 examuser1 的 shell 变成 /bin/true。
   c. 假如即将创建一个 FTP 服务器，这个服务器上面的用户只能使用 FTP 功能，因此你想要让这些账号无法使用 shell。假设三个账号 myuser1、myuser2和myuser3，这三个账号将无法通过交互界面来使用系统，且密码为 MyPassWordhehe。
3. 通过 bash shell 的功能进行文件的查询与复制。
   a. 找出系统中文件所有者为 examuser1 的文件，并将这些找到的文件（含权限）复制到 /root/findout/ 目录中。
   b. 找出在 /usr/sbin 和 /usr/bin 下权限为 4755 的文件，并将这些文件复制到 /root/findperm/ 目录中。
4. 在你的系统中，尝试找到一个处于休眠（sleep）的进程，并且使用各种方法将该进程从系统运行中“剔除”。
5. 创建名为 examuser10 的账号，密码为 MyPassWordhehe，且这个账号登录后，默认会有下面的设置。

登录操作：

a. 默认使用bash 作为 shell。
b. 会读入 /etc/examvar 配置文件。
c. 拥有一个名为 myip 的变量，变量内容为“ifconfig eth0 | grep 'inet ' | cut -d 't' -f 2 | cut -d ' ' -f 2”的执行成果。（每位同学操作命令的结果都不会相同，但是命令是一样的。）
d. 使用 zh_CN.utf8 语言系统。
e. 添加 ~examuser10/scripts/ 目录作为命令执行时所查找的目录位置。
f. 在命令提示符中添加时间项。
g. 默认历史命令记录 5000 项。
h. 操作 cp 时，自动给予 cp -i 的选项。
i. 通过“wc -l ~/.bash_history | cut -d ' ' -f 1”命令获取前一次登录的历史命令次数，并将该数值转存成为 ~/.history_start。

注销操作：

a. 通过“history | tail -n 1 | awk '{print $1}'”命令获取最后一项历史记录，然后将该数值赋给 hist_end 变量。
b. 使用“cat ~/.history_start”命令获取登录时记载的历史命令项数，将该数值赋值给 hist_start 变量。
c. 设置一个名为 hist_size 的变量，内容为 hist_end - hist_start 的数值。（有多种计算方式，能成功即可！）
d. 使用“YYYY/MM/DD HH:MM”的格式将退出系统的日期累加写入到 ~/history.log 文件中。
e. 通过“history $hist_size”获取最新的数个记录后，将数据累加到 ~/history.log 文件中。

第 8 章

bash 命令连续执行与数据流重定向

前一章针对 bash 介绍了简单的变量与环境操作，本章将介绍 bash 环境中常用的连续执行命令的方式，以及数据处理常用的数据流重定向与管道命令。这些数据处理的技术对于系统管理员来说相当重要，尤其是在自行编写脚本程序分析日志文件时。

8.1 连续执行命令

在某些情况下，用户可能会连续执行某些命令。然而，这些命令之间可能会有关联性，例如前一个命令成功后才可执行下一个命令等。这类情况就需要使用特殊的字符来进行处理。

8.1.1 命令返回值

命令、变量、计算式可以使用特殊的符号来处理，请完成下面的练习：

将“变量”“命令”“数学计算式”“纯文本”“保持 $ 功能”等写入下面的空格中。

1. var=${　}
2. var=$(　)
3. var=$((　))
4. var="　"
5. var='　'
6. var=\`　\`

找出 ifconfig 与 chfn 等命令后，列出该命令的权限。

1. 以 which command 的方式找出命令的全名。
2. 使用ls -l将上述的结果显示出来。搭配前一个例题的符号（$，'，"，\`等）来处理。

命令的执行正确与否与后续的处理有关。在 Linux 环境下默认的命令正常结束后返回值为 0，调用的方式为使用“echo $?”，即找出 ? 这个变量的内容。

了解各个命令返回值的意义。

1. 在命令行输入“/etc/passwd”这个文件名，之后输入“echo $?”查看输出的号码是多少。
2. 输入“vbirdcommand”这个命令，之后输入“echo $?”来查看输出的号码是多少。
3. 因为尚未执行其他命令（上述文件名、命令都是不正确的），所以这些错误信息应该来自于 bash 本身的判断。使用“man bash”后，查询“^exit status”关键词，找出上述号码的含义是什么。
4. 接上一题，在该段文字叙述中，解释返回值共有几个？
5. 输入“ls /vbird”，之后查看输出的返回值，查询该返回值的含义是什么。（应该使用 man ls 还是使用 man bash 呢？）

上述练习让我们了解到，命令返回值是每个命令自己指定的，只要符合 bash 的基本规范即可。

8.1.2 连续执行命令

命令是可以连续输入的，直接通过分号“;”隔开每个命令即可。在没有相关性的命令环境中，可以直接执行如下的操作：

- 列出当前的日期，直接执行 date 命令即可。
- 执行 uptime 命令列出当前的系统信息。
- 列出内核信息。

```
[student@localhost ~]$ date; uptime; uname -r
五 7月 29 22:16:04 CST 2016
 22:16:04 up 14 days, 23:35,  2 users,  load average: 0.00, 0.01, 0.05
3.10.0-327.el7.x86_64
```

如此一口气就可以直接将所有的命令执行完毕，无须考虑其他问题。当用户有多个命令需要执行，而每个命令又需要比较长的等待时间时，可以使用上面这种方式来执行命令。但是，如果想要将这些信息同步输出到同一个文件时，应该如何处理？参考下面的两个范例，并说明其差异是什么。

```
[student@localhost ~]$ date; uptime; uname -r > myfile.txt
[student@localhost ~]$ (date; uptime; uname -r ) > myfile.txt
```

具有命令相关性的 && 与 ||

分号“;”用于分隔连续执行的命令，命令间不必有一定的相关性。但是，当命令之间有相关性时，就可以使用 && 或 || 来处理。这两个处理的方式如下：

- command1 && command2

  当 command1 执行返回值为 0 时（执行成功），command2 才会执行，否则就不执行。
- command1 || command2

  当 command1 执行返回值为非 0 时（执行失败），command2 才会执行，否则就不执行。

当不存在 /dev/shm/check 文件或目录时，就创建该目录，若已经创建了该目录，就不执行任何操作。

虽然可以使用 mkdir -p /dev/shm/check 命令，不过我们假设检查该目录时使用 ls 来检测。当 ls /dev/shm/check 显示错误时，表示该文件或目录不存在，此时才使用 mkdir（不要加上 -p 的选项）命令。

```
[student@localhost ~]$ ls -d /dev/shm/check || mkdir /dev/shm/check
ls: 无法存取 /dev/shm/check: 没有此文件或目录
[student@localhost ~]$ ls -d /dev/shm/check || mkdir /dev/shm/check
/dev/shm/check
[student@localhost ~]$ ls -d /dev/shm/check ; mkdir /dev/shm/check
/dev/shm/check
mkdir: 无法创建目录'/dev/shm/check': 目录已存在
```

第一次执行时，由于尚无该目录，因此显示找不到，第二次执行时，已经有该目录了，因此 mkdir 的操作就没有执行。若将中间分隔符改为分号“;”时，就会产生重复执行 mkdir 命令的问题了。因此，比较好的执行方式还是使用 ||。

当 /dev/shm/check 存在时，就将该目录删除，否则将不执行任何操作。

```
[student@localhost ~]$ ls -d /dev/shm/check && rmdir /dev/shm/check
/dev/shm/check
[student@localhost ~]$ ls -d /dev/shm/check && rmdir /dev/shm/check
ls: 无法存取 /dev/shm/check: 没有此文件或目录
```

与前一个例题相似，通过 ls 执行查阅的操作，我们同样会发现两次执行的结果并不相同。

假设需要一个命令来说明某个文件是否存在，可以这样操作：

```
[student@localhost ~]$ ls -d /etc && echo exist || echo non-exist
/etc
exist
[student@localhost ~]$ ls -d /vbird && echo exist || echo non-exist
ls: 无法存取 /vbird: 没有此文件或目录
non-exist
```

由于我们只是想要知道该文件是否存在，因此不需要采用如上的操作那样输出 ls 的结果。此时可以使用 &> 的方式来将结果输出到垃圾桶，如下所示：

```
[student@localhost ~]$ ls -d /etc &> /dev/null && echo exist || echo non-exist
exist
[student@localhost ~]$ ls -d /vbird &> /dev/null && echo exist || echo non-exist
non-exist
```

上述的命令能否写成“ls -d /vbird &> /dev/null || echo non-exist && echo exist”？尝试一下再说明原因。

上述命令要修改起来很麻烦，假设我们需要使用“checkfile filename”命令来进行处理，此时可以编写一个小脚本来执行此任务。若该命令可以让所有用户执行，则可将该命令脚本写入/usr/local/bin 目录中。

```
[root@localhost ~]# vim /usr/local/bin/checkfile
#!/bin/bash
ls -d ${1} &> /dev/null && echo exist || echo non-exist

[root@localhost ~]# chmod a+x /usr/local/bin/checkfile
[root@localhost ~]# checkfile /etc
exist
[root@localhost ~]# checkfile /vbird
non-exist
```

在 checkfile 文件中，第一行“#!/bin/bash”表示使用 bash 来执行下面的命令语句，第二行当中的变量${1}表示在本文件后面所接的第一个参数，因此执行这个脚本时，就能够直接将要判断的文件接在checkfile后面。

8.1.3 使用 test 和“判别式”确认返回值

事实上，前一小节使用 ls 确认文件时，只需要确认返回值是否为 0即可。Linux 提供了一个名为 test 的命令，可以用于确认许多文件参数，常见的参数如表8.1~表8.6所示。

（1）关于某个文件的“文件类型”的判断，如 test -e filename 表示存在与否，如表8.1所示。

表 8.1　文件类型的判断

测试的标志	代表的含义
-e	该“文件”是否存在（常用）
-f	该“文件”是否存在且为文件（file）（常用）
-d	该“文件”是否存在且为目录（directory）（常用）
-b	该“文件”是否存在且为一个块设备（block device）设备
-c	该“文件”是否存在且为一个字符设备（character device）设备
-S	该“文件”是否存在且为一个套接口（Socket）文件
-p	该“文件”是否存在且为一个先进先出（FIFO）管道文件
-L	该“文件”是否存在且为一个链接文件

（2）关于文件的权限检测，如 test -r filename 表示可读与否（但 root 权限常有例外），如表8.2所示。

表 8.2　文件的权限检测

测试的标志	代表的含义
-r	检测该文件是否存在且具有“可读”的权限
-w	检测该文件是否存在且具有“可写”的权限
-x	检测该文件是否存在且具有“可执行”的权限
-u	检测该文件名是否存在且具有“SUID”的属性
-g	检测该文件名是否存在且具有“SGID”的属性
-k	检测该文件名是否存在且具有“Sticky bit”的属性
-s	检测该文件是否存在且为“非空白文件”

（3）两个文件之间的比较，如test file1 -nt file2，如表8.3所示。

表 8.3　两个文件的比较

测试的标志	代表的含义
-nt	(newer than)，判断 file1 是否比 file2 新
-ot	(older than)，判断 file1 是否比 file2 旧
-ef	判断 file1 与 file2 是否为同一文件，可用于判断硬链接（hard link）。主要意义在于判定两个文件是否均指向同一个 inode

（4）关于两个整数之间的判定，例如 test n1 -eq n2，如表8.4所示。

表 8.4　两个整数之间的判断

测试的标志	代表的含义
-eq	两数值相等（equal）
-ne	两数值不等（not equal）
-gt	n1 大于 n2（greater than）
-lt	n1 小于 n2（less than）
-ge	n1 大于等于 n2（greater than or equal）
-le	n1 小于等于 n2（less than or equal）

（5）判断字符串的数据，如表8.5所示。

表 8.5　判断字符串数据

测试的标志	代表的含义
test -z string	判断字符串是否为 0 。若 string 为空字符串，则为 true
test -n string	判断字符串是否非为 0 ？若 string 为空字符串，则为 false。注：-n 也可省略
test str1 == str2	判断 str1 是否等于 str2，若相等，则返回 true。
test str1 != str2	判断 str1 是否不等于 str2，若相等，则返回 false

（6）多重条件判断，例如test -r filename -a -x filename，如表8.6所示。

表 8.6　多重条件判断

测试的标志	代表的含义
-a	(and)，两种情况同时成立！例如 test -r file -a -x file，则 file 同时具有 r 与 x 权限时，才返回 true
-o	(or)，两种情况任何一个成立！例如 test -r file -o -x file，则 file 具有 r 或 x 权限时，返回 true
!	求反情况，如 test ! -x file，当 file 不具有 x 时，返回 true

test 只会返回 $?，屏幕上不会出现任何变化，因此如果需要获得响应，就要使用 echo $? 的方式来查询，或者使用 && 和 || 来处理。

1. 使用 test 判断 /etc/ 是否存在，然后显示返回值。
2. 使用 test 判断 /usr/bin/passwd 是否具有 SUID，然后显示返回值。
3. 使用 test 判断 ${HOSTNAME} 是否等于 "mylocalhost"，然后显示返回值。

4. 修改 /usr/local/bin/checkfile，取消 ls 的判断，改用 test 判断。

使用中括号 [] 取代 test 进行判别式的处理

由于 test 是直接加在变量判断之前，读者可能会觉得怪异。此时可以使用中括号 [ ] 来取代 test 的语法。同样以 checkfile 来处理时，该文件的内容应该需要改写如下：

```
[root@localhost ~]# vim /usr/local/bin/checkfile
#!/bin/bash
[ -e "${1}" ] && echo exist || echo non-exist
```

由于中括号的含义非常多，包括第3章介绍的在通配符的使用中，中括号代表的是“具有一个指定的任意字符”，未来第9章的正则表达式当中，中括号也具有特殊的意义。而分辨是否为“判别式”的部分，就是看其语法的差别。注意，在 bash 环境下，使用中括号替代 test 命令时，中括号的内部需要留一个以上的空格符！如下所示：

```
[  "$HOME"  ==  "$MAIL"  ]
[□"$HOME"□==□"$MAIL"□]
 ↑         ↑   ↑         ↑
```

1. 使用 [ ] 判断 /etc/ 是否存在，然后显示返回值。
2. 使用 [ ] 判断 /usr/bin/passwd 是否具有 SUID，然后显示返回值。
3. 使用 [ ] 判断 ${HOSTNAME} 是否等于 "mylocalhost"，然后显示返回值。

自定义返回值的含义

如果我们想要使用简易的 shell script（shell 脚本）创建一个命令，也可以自己设置返回值的含义。

```
[root@localhost ~]# vim /usr/local/bin/myls.sh
#!/bin/bash
ls ${@} && exit 100 || exit 10

[root@localhost ~]# chmod a+x /usr/local/bin/myls.sh
[student@localhost ~]$ myls.sh /vbird
[student@localhost ~]$ echo $?
```

上述的 ${@} 表示命令后面接的任何参数，因此我们在执行 myls.sh 时后面接多个参数都没问题。由于 exit 可以返回信息，因此可以让我们设置好所需的返回信息及其规范。

8.1.4 命令别名

从第1章开始，我们就接触到 ls 与 ll 这两个命令，刚开始介绍时，就知道 ll 是 long list 的缩写。若将 ll 这个命令用来取代 checkfile 这个脚本，是否可以实现呢？

```
[root@localhost ~]# vim /usr/local/bin/checkfile
#!/bin/bash
#[ -e "${1}" ] && echo exist || echo non-exist
ll -d ${1} && echo exist || echo non-exist
```

但是，当我们执行 checkfile /etc 时，竟然出现“command not found”的错误提示！这是为什么？因为系统上真的没有 ll 这个命令，该命令是使用了命令别名暂时创造出来的一个命令别称（别名）而已。如果在 root 的身份输入 alias 并在 student 的身份输入 alias，就会得到两个不同身份的命令别名：

```
[root@localhost ~]# alias
alias cp='cp -i'
alias egrep='egrep --color=auto'
alias fgrep='fgrep --color=auto'
alias grep='grep --color=auto'
alias l.='ls -d .* --color=auto'
alias ll='ls -l --color=auto'        <==暂时的命令！
alias ls='ls --color=auto'
alias mv='mv -i'
alias rm='rm -i'
alias which='alias | /usr/bin/which --tty-only --read-alias --show-dot
--show-tilde'

[student@localhost ~]$ alias
alias egrep='egrep --color=auto'
alias fgrep='fgrep --color=auto'
alias grep='grep --color=auto'
alias l.='ls -d .* --color=auto'
alias ll='ls -l --color=auto'        <==暂时的命令！
alias ls='ls --color=auto'
alias vi='vim'
alias which='alias | /usr/bin/which --tty-only --read-alias --show-dot
--show-tilde'
```

因此，我们应该知道为何 /bin/ls -d /etc 与 ls -d /etc 输出的结果会有颜色差异的问题了。此外，系统管理员执行mv、cp、rm等管理文件的命令时，为了避免不小心导致的文件覆盖等问题，于是仅有root的身份会加上 -i 的选项，提示系统管理员相关的文件覆盖问题。

1. 使用 root 的身份切换路径到/dev/shm目录下。
2. 将 /etc 整个目录复制到“本目录”下。
3. 若将上述命令重新执行一次，则会发生什么问题？
4. 若你确定文件就是需要覆盖，则可以使用什么方式来处理？（思考：使用绝对路径不要用命令别名；让命令自动忽略命令别名。）

由于我们的 student 账号也算系统管理员常用的账号，因此建议将cp、mv、rm默认加上 -i 的选项，该如何处理呢？

8.1.5　用 () 进行数据或信息的汇总

有些时候系统管理员可能需要在执行一串命令后，需要将这串命令进行数据或信息的处理，而非每个命令独自运行。如下列命令的说明：

```
[student@localhost ~]$ date; cal -3; echo "The following is log"
[student@localhost ~]$ date; cal -3; echo "The following is log" > mylog.txt
[student@localhost ~]$ cat mylog.txt
```

我们会发现，原来想要记录的信息当中，只有最后一个命令才可以被处理。若需要每个命令都进行记录，根据前面的介绍，则必须要进行如下操作：

```
[student@localhost ~]$ date > mylog.txt; cal -3 >> mylog.txt; echo "The following
is log" >> mylog.txt
```

命令会变得相当复杂。此时，可以通过信息汇总的方式，即将所有的命令包含在小括号内，将信息统一输出。

```
[student@localhost ~]$ (date; cal -3; echo "The following is log") > mylog.txt
```

1. 设置一个命令别名为 geterr，内容为执行 echo "I am error" 1>&2。
2. 执行 geterr 得到什么结果？

3. 执行 geterr 2> /dev/null 得到什么结果？
4. 执行 (geterr) 2> /dev/null 得到什么结果？
5. 尝试解释为什么会这样？

8.2 数据流重定向

有些时候我们可能需要将屏幕的信息转存成为文件以方便记录，就是前几章已经介绍过的“>”这个符号的功能。事实上，这个功能就是数据流重定向。

8.2.1 命令执行数据的流动

从前一小节的说明中我们可知，在命令执行后，至少可以输出正确与错误的信息（$? 是否为 0）。某些命令执行时，会从文件获取数据来进行处理，例如 cat、more、less 等命令。因此，命令对数据或信息的加载与输出流程如图8.1所示。

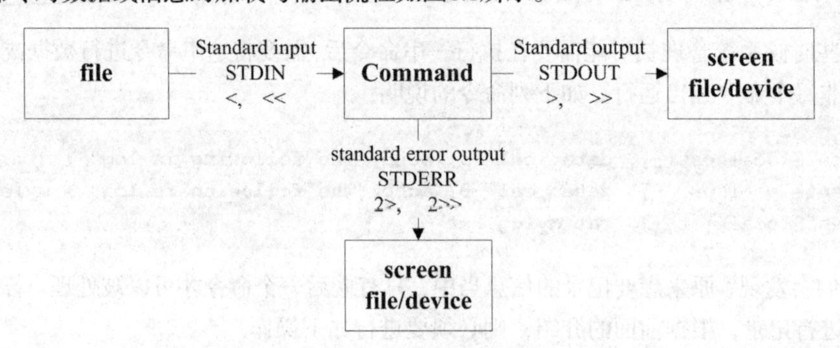

图 8.1 命令执行过程的数据传输情况

标准输出（standard output）与标准错误输出（standard error output）

简单地说，标准输出指的是“命令执行所返回的正确信息”，而标准错误输出可理解为“命令执行失败后，所返回的错误信息”。不管是正确的信息还是错误的信息，默认都是输出到屏幕上，我们可以通过特殊的字符来进行数据的重新定向！

1. 标准输入（stdin）：代码为 0，使用 < 或 <<。
2. 标准输出（stdout)：代码为 1，使用 > 或 >>。
3. 标准错误输出（stderr）：代码为 2，使用 2> 或 2>>。

1. 以 student 身份执行查找文件的任务，命令为“find /etc -name '*passwd*'”，屏幕会输出什么信息？请了解 * 的含义。
2. student 对系统配置文件原本就有很多无权限存取的目录，因此请将错误信息直接丢弃。（导向于 /dev/null。）
3. 将最终屏幕的输出转存到 ~student/find_passwd.txt 文件中。
4. 以 student 的身份重新查找 /etc 下文件名为 *shadow* 的文件，将正确信息“累加”到 ~student/find_passwd.txt 文件内。
5. 查看 ~student/find_passwd.txt 文件内是否同时具有 passwd 与 shadow 相关的信息存在。

上述的例题练习完毕后，可以将特殊的字符归类为：

- 1> ：以覆盖的方法将“正确的信息”输出到指定的文件或设备上。
- 1>>：以累加的方法将“正确的信息”输出到指定的文件或设备上。
- 2> ：以覆盖的方法将“错误的信息”输出到指定的文件或设备上。
- 2>>：以累加的方法将“错误的信息”输出到指定的文件或设备上。

一般来说，文件无法让两个进程同时打开且同时进行读写！因为这样文件的内容会反复地被改写掉，所以我们不应该使用如下方式来下达命令：

```
command > file.txt 2> file.txt
```

如果需要将正确信息与错误信息同步写入同一个文件内，就应该这样思考：

- 将错误信息转到正确信息的管道上，然后同步输出。
- 将正确信息转到错误信息的管道上，然后同步输出。
- 所有的信息都按序同步输出（不分正确与错误）。

若同样使用“find /etc -name '*passwd*'”这个命令来处理，我们则可以尝试使用下面的方案来执行三个信息转向管道的查找：

```
[student@localhost ~]$ find /etc -name '*passwd*' >  ~/find_passwd2.txt 2>&1
[student@localhost ~]$ find /etc -name '*passwd*' 2> ~/find_passwd2.txt 1>&2
[student@localhost ~]$ find /etc -name '*passwd*' &> ~/find_passwd2.txt
```

不过，请注意命令的输入顺序，2>&1 与 1>&2 必须在命令的后面输入才行。

标准输入（standard input）

有些命令在执行时,需要我们在键盘上输入,而标准输入是用文件内容来取代键盘输入。举例来说，cat 这个命令就是让我们敲击键盘而后在屏幕输出信息。

1. 直接用 student 身份执行“cat”这个命令，然后随意输入两串文字，查阅命令执行的结果是什么。
2. 要结束命令的输入，按【Ctrl】+【D】组合键即可（并不是【Ctrl】+【C】组合键）。
3. 若输入的字符串可以直接转存为 mycat.txt 文件，该如何下达命令？
4. 将 /etc/hosts 通过 cat 读入（使用两种方式，直接读入与通过 < 方式读入）。
5. 将 /etc/hosts 通过 cat 以 < 的方式读入后，累加输出到 mycat.txt 文件中。

在上面的例题中，我们可以通过按【Ctrl】+【D】组合键的方式来结束输入，但是普通用户可能会看不懂【Ctrl】+【D】代表的含义是什么。如果能够使用 end 或 eof 等特殊关键字来结束输入，那么似乎更为人性化一些。我们可以使用下面的命令：

```
[student@localhost ~]$ cat > yourtype.txt << eof
> here is GoGo!
> eof
```

最后一行一定要完整地输入 eof（上面的范例），这样就可以结束 cat 的输入，这就是 << 的含义。

8.2.2 管道的含义

我们在前几章曾经看过类似“ll /etc | more”的命令，较特别的是管道（pipe，|）的功能。管道的意思是，将前一个命令的标准输出作为下一个命令的标准输入！流程如图8.2所示。

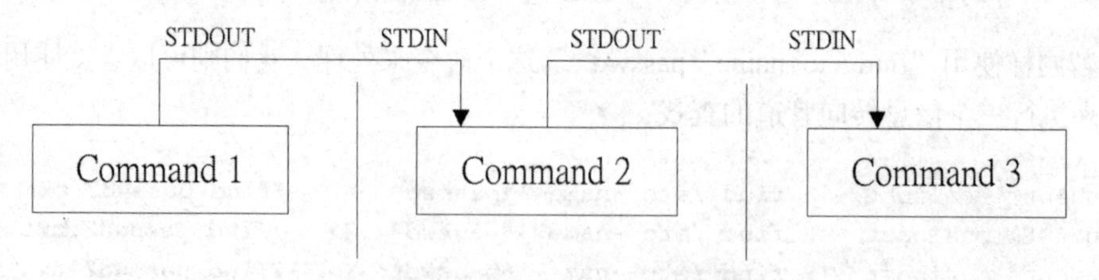

图 8.2 管道命令处理流程的示意图

另外，这个管道命令“|”只能处理从前面一个命令传来的正确信息，也就是标准输出

（standard output）的信息，对于标准错误（standard error）并没有直接处理的能力。如果我们需要处理标准错误输出（standard error output），就要搭配 2>&1 这种方式才行。

◆ 管道只会处理标准输出，会忽略标准错误输出。
◆ 管道命令必须要能够接受来自于前一个命令输出的数据或信息，作为自己的标准输入（standard input）。

常见的管道命令有：

◆ cut：剪切信息，包括通过固定符号或者固定字符的位置。
◆ grep：提取特殊关键词的功能。
◆ awk '{print $N}'：以空格符作为间隔，输出第 N 个字段的表项。
◆ sort：进行排序。
◆ wc：计算信息的行数、字数、字符数。
◆ uniq：信息以行为单位，进行重复信息的计算。
◆ tee：将数据或信息转存一份到文件中。
◆ split：将信息按照行数或容量数分割为数份。

想要查看 /etc 下共有多少个文件结尾为 .conf（扩展文件名），该如何处理？

1. 查找文件最好使用 find 命令，使用 find /etc 来查看一下。
2. 可以使用“find /etc -name '*.conf'”或“find /etc | grep '\.conf'”命令来找到所需要的文件。由于 grep 可以加上颜色显示，因此建议尝试使用 grep 的方式来显示查找结果。
3. 最终计算文件数，可以使用wc这个命令，例如“find /etc | grep '\.conf' | wc -l”。

1. 在 /etc/passwd 中的第1字段为账号名称，第7字段为 shell，如果只想查找这两项并输出，该如何处理？
2. 接上一题，若只想知道有多少个 shell（第7字段），同时每个 shell 各有几个，又该如何处理？
3. 使用last可以查看每个用户的登录情况，请使用cut命令取出第一个字段后，分析每个账号的登录次数是多少。

4. 使用 ip addr show 可以查询到每个网络接口的 IP 地址，若只想取出 IPv4 的地址，应该如何处理？
5. 接上一题，若只想列出 IP 地址（127.0.0.1/8 之类的），是否可以通过 awk 命令来实现？
6. 接上一题，除了将取得的IP地址显示在屏幕上，也同步输出到 /dev/shm/myip.txt 文件中。

8.3 课后操作练习

使用root的身份登录系统，并完成如下任务。直接在系统上面操作，操作成功即可。

1. 尝试系统上的实践后，回答下列问题，并将答案写入 /root/ans08.txt 文件中：
   a. 当执行完成 mysha.sh 这个命令之后，该命令的返回值为多少？
   b. 在不使用 bc 这个命令的情况下，如何以 bash 的功能来计算一年有几秒，即如何计算出 60*60*24*365 的结果？
   c. 使用 find / 找出全系统的文件，然后将所有信息（包括正确与错误）全部写入 /root/find_filename.txt 文件中，请写下实现此目标的完整命令。
   d. 写下一段命令（主要以 echo 来实现），执行该段命令会输出“My $HOSTNAME is 'XXX'”，其中 XXX 为使用 hostname 这个命令所输出的主机名。例如，主机名为 station1 时，该串命令会输出“My $HOSTNAME is 'station1'”。该串命令在任何主机均可执行，但会输出不同的信息（因为主机名称不一样）。
   e. 系统管理员（root）执行 mv 时，由于预设 alias 的关系，都会主动地加上 mv -i 这个选项。请写下两个方法，让 root 执行 mv 时，不会有 -i 的默认选项（在不能使用 unalias 命令的情况下）。
   f. 通过“ll /usr/sbin/* /usr/bin/*”搭配 cut、sort 与 uniq 等命令来设计一个命令串，执行该命令串之后会输出如下结果，请写下该命令串（下面的结果只是示意图，实际输出的个数可能会有细微的差异）：

```
 1 r-s--x---
 1 rw-r--r--
10 rwsr-xr-x
 3 rws--x--x
 3 rwx------
 4 rwxr-sr-x
```

```
    241 rwxrwxrwx
      8 rwxr-x---
   1633 rwxr-xr-x
...
```

2. 制作一个名为 mycmdperm.sh 的脚本命令，放置于 /usr/local/bin 中。该脚本的重点如下：

   a. 执行脚本的方式为“mycmdperm.sh command”，其中 command 为我们想要取得的命令的名称。
   b. 在 mycmdperm.sh 中，指定一个变量为 cmd，这个变量的内容为 ${1}，其中 ${1} 就是该脚本后面携带的第一个参数。
   c. 使用“ll $(which ${cmd})”来取得这个 cmd 的实际权限。
   d. 让 mycmdperm.sh 具有可执行权。
   e. 最终执行一次该命令，例如使用“mycmdperm.sh passwd”应该会显示出 passwd 的相关权限。不过该命令应该会执行失败，因为脚本中的 (c) 命令怪怪的，似乎是“命令别名无法用在脚本内”的样子。因此，请将这个脚本的内容修正（就是将命令别名改成实际的命令）。

3. 制作一个名为 myfileperm.sh 的脚本命令，放置于 /usr/local/bin 中。该脚本的重点是这样的：

   a. 执行脚本的方式为“myfileperm.sh filename”，其中 filename 为我们想要取得的文件名（绝对路径或相对路径）。
   b. 在 myfileperm.sh 中，指定一个变量为 filename，这个变量的内容为 ${1}，其中 ${1} 就是该脚本后面携带的第一个参数。
   c. 判断 filename 是否存在，若不存在则回报“filename is non exist”。
   d. 判断 filename 是否存在且为普通文件，若是则回报“filename is a regular file”。
   e. 判断 filename 是否存在且为普通目录，若是则回报“filename is a directory”。

4. 制作一个 mymsg.sh 的脚本命令，放置于 /usr/local/bin 下：

   a. 主要使用 cat 搭配 << eof 这样的命令语法来处理。
   b. 当执行 mymsg.sh 时，屏幕会输出下面的文字，然后结束命令。

```
[student@localhost ~]$ mymsg.sh
Hello!!
My name is 'Internet Lover'...
My server's kernel version is $kver
```

```
I'm a student
bye bye!!
```

5. 文件与文件内容处理的方法：

   a. 找出 /etc/services 这个文件内含有 http 关键词的那几行，并将该信息转存为 /root/myhttpd.txt 文件。
   b. 找出 examuser 这个账号在系统所拥有的文件，并将这些文件放置到 /root/examuser 目录中。

6. root 的 bash 环境操作设置（主要是修改 .bashrc！且其中的命令需要用到 $ 时，要输入 \$ 才可以）：

   a. 创建一个命令别名为 myip 的命令，这个命令会通过 ifconfig 的功能显示出 eth0 这块网卡的 IP（只需要 IP 地址）。例如，IP 地址为 192.168.251.12 时，输入 myip 这个命令，屏幕只会输出 192.168.251.12。
   b. 创建一个命令别名 myerr，这个命令会将“echo "I am error message"”这条信息传输到标准错误输出（standard error output）中，即当执行“(myerr)”时，会在屏幕上出现 I am error message，但是执行“(myerr) 2> /dev/null”时，屏幕不会有任何信息的输出。

7. 创建一个名为 /root/split 的目录，执行如下操作：

   a. 将 /etc/services 复制到本目录下。
   b. 假设services容量太大了，现在以100KB为单位，将该文件拆解成file_aa、file_ab、file_ac等文件，每个文件最大为100KB（自行使用 man split 命令去处理）。

第 9 章

正则表达式与 shell 脚本初探

介绍完了命令行的 bash shell 操作，再来思考一下，如果系统管理员有一堆命令要按序进行，且这些命令可能具有相关性（例如判别式），或者是系统管理员需要编写一些让用户“交互”的脚本时，应该如何处理呢？这时就要通过 bash 的 shell script（程序化脚本）来进行了。此外，很多时候我们需要进行数据的提取，这时正则表达式就会派上用场了！

9.1 正则表达式的应用

我们在使用电子邮件系统时，常常会发现许多邮件被丢到垃圾桶或者被判定为病毒邮件，这些判定很多就是通过“正则表达式”来处理的！正则表达式（Regular Expression）就是处理字符串的方法，它是以行为单位来进行字符串处理的。正则表达式通过一些特殊符号的辅助，可以让我们轻松地实现“查找/删除/替换”某特定字符串的处理。

9.1.1 grep 命令的应用

由于正则表达式牵涉到信息的提取，因此我们先来了解一下最简单的信息提取命令：

grep 的高级用法。例如，找出/etc/passwd 当中含有 student 的那行，且列出行号：

```
[student@localhost ~]$ grep -n student /etc/passwd
43:student:x:1000:1000::/home/student:/bin/bash
```

我们会看到输出的信息中，最前面会多出一个行号，这样可以让我们知道该信息来自文件的哪一行。另外，当我们要查看系统开机启动过程中所产生的信息时，例如想要查询启动过程遇到的问题等，可以使用 dmesg 这个命令。只是这个命令输出的信息量非常多。若我们只想知道 eth0 这块网卡的相关信息，则可以使用如下的方式来查询：

```
[student@localhost ~]$ dmesg | grep -n -i eth0
671:[    4.334926] IPv6: ADDRCONF(NETDEV_UP): eth0: link is not ready
```

如果我们还需要知道该行之前的 4 行以及之后的 3 行，以了解这行前后文的话，则可以使用如下命令：

```
student@localhost ~]$ dmesg | grep -n -A 3 -B 4 -i eth0
667-[  4.071531] nf_conntrack version 0.5.0 (16384 buckets, 65536 max)
668-[  4.087847] ip6_tables: (C) 2000-2006 Netfilter Core Team
669-[  4.127769] Ebtables v2.0 registered
670-[  4.138456] Bridge firewalling registered
671:[  4.334926] IPv6: ADDRCONF(NETDEV_UP): eth0: link is not ready  <==以这行为基准
672-[ 11.114627] tun: Universal TUN/TAP device driver, 1.6
673-[ 11.114631] tun: (C) 1999-2004 Max Krasnyansky <maxk@qualcomm.com>
674-[ 11.225880] device virbr0-nic entered promiscuous mode
```

输入df后，将tmpfs相关的那几行取消，让屏幕只输出普通的文件系统，以便查阅(有关如何使用，请使用 man grep　命令查找 invert "反向"的关键字）。

9.1.2　正则表达式符号的含义

正则表达式既然是通过一些字符来作为信息提取的依据，那么有哪些惯用的符号呢？表9.1列出一些基本的符号。

表 9.1　正则表达式字符

正则表达式字符	含义与范例
^word	含义：待查找的字符串（word）在行首 范例： 查找行首以 # 开始的那一行，并列出行号： grep -n '^#' regular_express.txt
word$	含义：待查找的字符串（word）在行尾 范例： 将行尾为 ! 的那一行打印出来，并列出行号： grep -n '!$' regular_express.txt
.	含义：表示"一定有一个任意字符"。 范例： 查找的字符串可以是 "eve" "eae" "eee" "e e"，但不能是 "ee"，即 e 与 e 中间"一定"有且仅有一个字符，而空格符也是字符： grep -n 'e.e' regular_express.txt
\	含义：转义字符，将特殊符号的特殊含义去除 范例： 查找含有单引号 ' 的那一行： grep -n \' regular_express.txt
*	含义：重复零个到无穷多个前一个正则表达式字符 范例： 找出含有"es" "ess" "esss"等的字符串。注意，因为 * 可以是 0 个，所以 es 也是符合的字符串。另外，因为 * 为重复"前一个正则表达式字符"的符号，所以在 * 之前必须要紧接着一个正则表达式字符，例如任意字符则为 ".*"： grep -n 'ess*' regular_express.txt
[list]	含义：字符集合的正则表达式字符，里面列出想要提取的字符 范例： 查找含有 "gl" 或 "gd" 的那一行，需要特别留意的是，在 [] 当中"仅表示一个待查找的字符"，例如"a[afl]y"表示查找的字符串可以是 "aay" "afy" "aly"，即 [afl] 表示 a 或 f 或 l 的意思： grep -n 'g[ld]' regular_express.txt
[n1-n2]	含义：字符集合的正则表达式字符，里面列出想要提取的字符范围 范例： 查找含有任意数字的那一行！需特别留意，在字符集合 [] 中的减号 - 是有特殊含义的，它表示两个字符之间的所有连续字符！而这个连续与否与 ASCII 编码有关，因此，系统中的编码需要设置正确（在 bash 中，需要确定 LANGUAGE 与 LANG 的变量是否正确），例如所有大写字母就表示为 [A-Z]： grep -n '[A-Z]' regular_express.txt

（续表）

正则表达式字符	含义与范例
[^list]	含义：字符集合的正则表达式字符，里面列出不要的字符串或范围 范例： 查找的字符串可以是"oog"，"ood"，但不能是 "oot"，^ 在 [] 内时，其含义是“反向选择”。例如，我们不想要大写字母，则为 [^A-Z]。需要特别注意的是，如果以 grep -n [^A-Z] regular_express.txt 来查找，就会发现该文件内的所有行都被列出来了，为什么？因为这个 [^A-Z] 是“非大写字母”的意思，因为每一行均有非大写字母，例如第一行的 "Open Source" 就有 p、e、n、o 等小写字母： grep -n 'oo[^t]' regular_express.txt
\{n,m\}	含义： • 连续 n 到 m 个的“前一个正则表达式字符” • 若为 \{n\}，则是连续 n 个前一个正则表达式字符 • 若是 \{n,\}，则是连续 n 个以上的前一个正则表达式字符 范例： 在 g 与 g 之间有 2 到 3 个 o 存在的字符串，即 "goog" "gooog"： grep -n 'go\{2,3\}g' regular_express.txt

另外，由于字符提取通常会有大小写、数字、特殊字符等差异，因此我们也可以使用表9.2所示的符号来代表某些特殊字符。

表9.2　特殊符号

特殊符号	代表的含义
[:alnum:]	代表英文大小写字母和数字，即 0~9、A~Z、a~z
[:alpha:]	代表任何英文大小写字母，即 A~Z、a~z
[:blank:]	代表空格键与【Tab】键
[:cntrl:]	代表键盘上面的控制键，包括 CR、LF、Tab、Del 等
[:digit:]	代表数字，即 0~9
[:graph:]	除了空格符（空格键与【Tab】键）外的其他所有按键
[:lower:]	代表小写字母，即 a~z
[:print:]	代表任何可以被打印出来的字符
[:punct:]	代表标点符号（punctuation symbol），即" ' ? ! ; : # $等
[:upper:]	代表大写字母，即 A~Z
[:space:]	任何会产生空白的字符，包括空格键、【Tab】、CR 等
[:xdigit:]	代表十六进制数的数字类型，因此包括 0~9、A~F、a~f 的数字与字母

执行如下例题所述的相关任务。

1. 找出 /etc/services 内含 http 关键字的那几行。
2. 接上一题，找出“开头含有 http”关键字的那几行。
3. 接上一题，找出“开头含有 http 或 https”关键字的那几行。
4. 接上一题，找出“开头含有 http 或 https”关键字之外，且后面仅能接空格符或【Tab】字符的那几行。
5. 接上一题，找出“开头含有 http 且后续接有 80”字样的那几行。
6. 找出 /etc/services 内含有星号（*）的那几行。
7. 找出 /etc/services 内含有星号，且星号前为英文（无论大小写）的那几行。
8. 找出 /etc/services 含有一个数字紧邻一个大写字母的那几行。
9. 找出 /etc/services 开头是一个数字紧邻一个大写字母的那几行。
10. 使用 find /etc 找出文件，并找出结尾含有“.conf”的文件。
11. 接上一题，且文件名中含有“大写字母或数字”的那几个文件。

9.1.3 sed 工具的使用

sed 也是支持正则表达式的一个工具软件，具有很多很实用的功能。之前我们使用过 ifconfig 与 awk 来查找 IP 地址，现在让我们使用 sed 来处理 IP 的设置。最基本的 sed 功能为替换，如下所示：

```
[student@localhost ~]$ sed 's/旧字符串/新字符串/g' 文件内容
```

替换“新旧字符串”功能可以用来修订相关的字符串。现在让我们来处理 IP 的提取。使用 ifconfig eth0 命令输出网络相关的信息，之后以 grep 取出 inet 那一行：

```
[student@localhost ~]$ ifconfig eth0 | grep 'inet[[:space:]]'
        inet 172.16.0.83  netmask 255.255.0.0  broadcast 172.16.255.255
```

使用 sed 替换开头到 inet 空白的项：

```
[student@localhost ~]$ ifconfig eth0 | grep 'inet[[:space:]]' | \
> sed 's/^.*inet[[:space:]]*//g'
172.16.0.83  netmask 255.255.0.0  broadcast 172.16.255.255
```

接着取消空白netmask之后的信息：

```
[student@localhost ~]$ ifconfig eth0 | grep 'inet[[:space:]]' | \
> sed 's/^.*inet[[:space:]]*//g' | sed 's/[[:space:]]*netmask.*$//g'
172.16.0.83
```

除了替换信息内容之外，sed 还可以提取出特定的行数，例如只想要取出 10~15 行的 /etc/passwd 内容时，可以使用如下命令：

```
[student@localhost ~]$ cat -n /etc/passwd | sed -n '10,15p'
```

这个命令在处理一些脚本化程序时相当有用，如果想要直接修改文件内容，例如想要将 .bashrc 内的 function 改成大写时，可以这样实现：

```
[student@localhost ~]$ sed 's/function/FUNCTION/g' .bashrc
.......
# User specific aliases and FUNCTIONs  >==这里会变大写

[student@localhost ~]$ sed -i 's/function/FUNCTION/g' .bashrc
```

加上 -i 选项后，该改变直接写入文件，且不会在屏幕上输出了，因此使用时需要特别注意！

1. 找出 /etc/passwd 中结尾是 bash 的那几行。
2. 接上一题，通过 sed 将 /bin/bash 改成 /sbin/nologin 显示到屏幕上。
3. 接上一题，通过 tr 这个命令将全部的英文字母都变成大写字母。

9.2 学习 shell 脚本

shell 脚本（shell script）对于系统管理员来说是非常好用的工具！一定要自己手动编写一次相关的脚本程序，而且能够在自己管理的服务器上对一些例行工作进行优化。

9.2.1 shell 脚本的编写与执行

shell 脚本的编写其实不是很难，需要注意的事项如下：

- 命令执行的顺序是从上而下、从左而右。
- 在命令语句中，命令、选项与参数间的多个空格都会被忽略掉。

◆ 空行也将被忽略掉，并且【Tab】键所产生的空格同样被视为空格符。
◆ 如果读取到一个回车（CR）符号（按【Enter】键产生的），就尝试开始执行该行的命令。
◆ 如果一行的内容太多，则可以使用“\【Enter】”来延伸至下一行。
◆ “#”可用于注释！任何加在 # 后面的信息将全部被视为注释文字而忽略。

有关 shell 脚本的执行，例如有名为 /home/student/shell.sh 的脚本时，可以采用下面的方法：

◆ 直接执行命令：shell.sh 文件必须要具备可读与可执行（rx）的权限，然后：
  ■ 绝对路径：使用 /home/student/shell.sh 来执行命令。
  ■ 相对路径：假设工作目录在 /home/student/，则使用 ./shell.sh 来执行。
  ■ 变量“PATH”功能：将 shell.sh 放在 PATH 指定的目录内，例如~/bin/。
◆ 以 bash 程序来执行：通过“bash shell.sh”或“sh shell.sh”命令来执行。

下面我们将使用 student 的身份，并在 ~/bin 下创建多个 shell 脚本来进行练习。首先，我们执行 myid.sh 时，系统会输出这个账号的 id 命令信息，并且输出用户的根目录（${HOME}）以及历史命令记录项数（${HISTSIZE}），最后列出所有的命令别名（alias）。我们可以如下操作：

1. 声明使用的脚本为 bash。
2. 说明程序的功能（需要用 # 注释）。
3. 说明程序的编写者（需要用 # 注释）。
4. 显示出“This script will show your account messages.”。
5. 显示出“The 'id' command output is:”。
6. 显示出 id 这个命令的结果。
7. 显示出“your user's home is: ${HOME}”的结果。
8. 显示出“your history record: ${HISTSIZE}”的结果。
9. 显示出“your command aliases:”。
10. 显示出 alias 的结果。
11. 显示出根目录的文件。

上述的结果一项一项编写成为 myid.sh 的内容如下：

```
[student@localhost ~]$ mkdir bin
[student@localhost ~]$ cd bin
[student@localhost bin]$ vim myid.sh
#!/bin/bash
# This script will use id, echo to show account's messages
```

```
# write by VBird 2016/04/27
echo "This script will show your accout messages."
echo "The 'id' command output is: "
id
echo "your user's home is: ${HOME}"
echo "your history record: ${HISTSIZE}"
echo "your command aliases: "
alias
echo "your home dir's filenames: "
ll ~
```

1. 如何直接以 bash 或 sh 去执行这个脚本？（指的是直接用 bash 命令去执行，而不是执行 myid.sh。）
2. 接上一题，执行过程中，如果还需要输出程序代码之后才执行，可以加上哪个选项？（此功能相当有用，可用来检测程序代码的错误，调试程序debug。）
3. 需要直接输入 myid.sh 就能执行时，需要有什么设置？（包括权限、路径等。）
4. 如何使用绝对路径来执行？
5. 若我们刚好在工作目录下看到这个脚本，但我们不确定工作目录有没有在 PATH 环境中，该如何以命令形式执行该脚本？
6. 为什么 alias 的结果没有输出？若执行该脚本时还要输出当前的 alias，该如何执行？为什么？

9.2.2 shell 脚本的执行环境

之前介绍过进程的查看以及进程之间的相关性，我们可以使用 pstree 来查看进程的相关性。那么使用 shell 脚本时，它与当前的 shell 有无关系呢？下面举例来看看。如果我们有一个如下的脚本，该如何进入该目录呢？

```
[student@localhost ~]$ cd ~/bin
[student@localhost bin]$ vim gototmp.sh
#!/bin/bash
# this shell script will take you togo /tmp directory.
# VBird 2016/05/02
cd /tmp
[student@localhost bin]$ chmod a+x gototmp.sh
```

我们执行 gototmp.sh 这个脚本之后以及“执行期间”，工作目录会在哪里？为什么？

使用 source 或 . 来执行脚本

事实上，执行脚本有两种基本的方式：

- 直接产生一个新的进程（process）来执行，例如 bash script.sh、./script.sh 都属于这一种。
- 将 script.sh 的命令调进当前的 bash 进程中执行，而不是产生一个新的进程。

上面的第二种方式就是通过 source 或 . 来实现的。现在，请使用“source ~/bin/gototmp.sh”命令，再次查阅一下我们的工作目录是否正确地进入到 /tmp 了。

我们在操作 Linux 系统的过程中，可能会切换到许多不同的 shell（例如从 bash 转到csh等）。不过，在这些操作环境中，均需要使用到下面的变量，且这些变量是在有需要时才加载的（不是写入到.bashrc），因此需要额外编写成 myenv.sh。其中的内容需要：

1. 设计MYIP的变量为当前系统的 IP。（假设网卡为 eth0。）
2. 设计mywork的变量为指定到 /usr/local/libexec 目录中。
3. 设计megacli的变量为 /opt/mega/cli/command 这个命令。（此命令并不存在，仅作为范例用。）
4. 设计完毕后，若要使用这个文件内的信息，该如何执行？

9.2.3　以交互式脚本及外带参数来计算 pi

在第2章中我们曾经使用 bc 来计算数学的 pi，即使用“echo "scale=10; 4*a(1)" | bc -lq”命令来计算 pi。如果需要输出更精确的 pi 值，可以将 scale 的参数放大，例如使用“echo "scale=20; 4*a(1)" | bc -lq”命令来计算。我们是否可以使用一个变量，将该变量带入脚本后，让用户可以与系统交互呢？这时有两种基本的方法可以达到这个目的：

- 以 read 作为交互式脚本的设计依据。
- 以 ${1} 等作为外带参数的设计依据。

使用 read 让用户输入参数

我们可以先来了解 read 的用法：

```
[student@localhost ~]$ read -p 'Input your name: ' name1
Input your name: VBird Cai

[student@localhost ~]$ echo ${name1}
```

```
VBird Cai
```

read会将用户输入的数据或信息变成变量的内容，之后就可以轻松地执行变量设置的操作。因此，若需要让用户与程序交互来输入计算pi所要得到的精确值，可以编写如下脚本：

```
[student@localhost ~]$ mkdir bin
[student@localhost ~]$ vim bin/mypi.sh
#!/bin/bash
# Program:
#  User input a scale number to calculate pi number.
# History:
# 2015/07/16    VBird    First release
PATH=/bin:/sbin:/usr/bin:/usr/sbin:/usr/local/bin:/usr/local/sbin:~/bin
export PATH
echo -e "This program will calculate pi value. \n"
echo -e "You should input a float number to calculate pi value.\n"
read -p "The scale number (10~10000) ? " num
echo -e "Starting calculate pi value.  Be patient."
time echo "scale=${num}; 4*a(1)" | bc -lq

[student@localhost ~]$ chmod a+x bin/mypi.sh
[student@localhost ~]$ mypi.sh
This program will calculate pi value.

You should input a float number to calculate pi value.

The scale number (10~10000) ? 50
Starting calculate pi value.  Be patient.
3.14159265358979323846264338327950288419716939937508

real    0m0.001s
user    0m0.000s
sys     0m0.002s
```

此时，只要用户执行 mypi.sh，就可以手动输入 10 到 10000 之间的数值，而后让系统直接进行运算的工作。

创建一个名为 /usr/local/bin/listcmd.sh 的脚本，该脚本可以完成下面的各项工作：

1. 第一行一定要声明 shell。
2. 显示出这个脚本的目的。（中英文均可，例如：This shell script will list your

command's full path name and permissions.)

3. 开始使用 read 命令让用户输入命令名称。
4. 由上一步获得命令名称后，通过 which 命令找到这个命令的完整路径。
5. 使用 ls -l 命令列出这个命令的完整权限。
6. 使用 getfacl 列出这个命令的完整权限。
7. 退出 shell 脚本，并返回 0 的数值。

最后将该命令的权限修改成全部成员均可执行，并执行一次确认的操作。

使用外带参数的功能来执行脚本

在第 8 章的内容中，我们曾经简单介绍过 shell 内有一个名为 ${1} 的变量，即 shell 脚本的外带参数。事实上，外带参数可以有多个，相关的“数字变量”有下面的相关性：

```
/path/to/scriptname  opt1  opt2  opt3  opt4
       $0             $1    $2    $3    $4
```

执行的脚本文件名对应的是 ${0} 这个变量，第一个接的参数就是 ${1}。所以，只要在脚本中善用 ${1}，就可以很简单地运用某些命令功能。除了这些数字变量之外，尚有下面这些常见的变量可以在 shell 脚本内调用：

- $#：表示后接的参数“个数”，在上面的例子中为“4”。
- "$@"：表示“"$1" "$2" "$3" "$4"”，每个变量是独立的（用双引号引起来）。
- "$*"：表示“"$1c$2c$3c$4"”，其中 c 为分隔字符，默认为空格符，在本例中表示“"$1 $2 $3 $4"”。

有时，执行脚本可能是在后台中，因此不可能与用户进行交互（在 jobs、fg、bg 的情况下），此时就可以采用这种外带参数的方式来执行脚本。例如，我们将 mypi.sh 修改成外带参数的 mypi2.sh，可以如下操作：

```
[student@localhost ~]$ vim bin/mypi2.sh
#!/bin/bash
# Program:
#  User input a scale number to calculate pi number.
# History:
# 2015/07/16    VBird    First release
PATH=/bin:/sbin:/usr/bin:/usr/sbin:/usr/local/bin:/usr/local/sbin:~/bin
export PATH
num=${1}
echo -e "This program will calculate pi value. \n"
```

```
echo -e "Starting calculate pi value.  Be patient."
time echo "scale=${num}; 4*a(1)" | bc -lq

 [student@localhost ~]$ chmod a+x bin/mypi2.sh
[student@localhost ~]$ mypi2.sh 50
This program will calculate pi value.

Starting calculate pi value.  Be patient.
3.14159265358979323846264338327950288419716939937508

real    0m0.001s
user    0m0.000s
sys     0m0.002s
```

我们可以发现，mypi2.sh 将 mypi.sh 内的两行输出（用于说明程序功能与 read 功能的部分）取消了，而在不修改其他程序代码的情况下，用 num=${1} 来让精度使用第一个外带参数的方式来设置。

创建一个名为 /usr/local/bin/listcmd2.sh 的脚本，该脚本可以完成下面的各项工作：

1. 第一行一定要声明shell。
2. 显示出这个脚本的目的。（中英文均可，例如：This shell script will list your command's full path name and permissions.）
3. 获取第一个外带参数的内容。
4. 由上一步骤获取命令名称后，通过 which 命令找到这个命令的完整路径。
5. 使用 ls -l 列出这个命令的完整权限。
6. 使用 getfacl 列出这个命令的完整权限。
7. 退出 shell 脚本，并返回 0 的数值。

最后将该命令的权限修改为全部成员均可执行，并执行一次确认操作。

9.2.4 通过 if ... then 来设计条件判断

我们来思考一下 mypi.sh 这个脚本的运行，虽然指定用户应该要输入 10~10000 的数值，但是没有在脚本中设计“防呆”逻辑，因此，当用户输入非数值的字符串或者超过数值范围时，就可能发生程序错误的情况，例如：

```
[student@localhost ~]$ mypi.sh
This program will calculate pi value.
```

```
You should input a float number to calculate pi value.

The scale number (10~10000) ? whoami
Starting calculate pi value.  Be patient.
0

real        0m0.001s
user        0m0.001s
sys         0m0.001s

[student@localhost ~]$ mypi.sh
This program will calculate pi value.

You should input a float number to calculate pi value.

The scale number (10~10000) ?  <==这里直接按下【Enter】键即可
Starting calculate pi value.  Be patient.
(standard_in) 1: syntax error

real    0m0.001s
user    0m0.000s
sys    0m0.002s
```

可见程序中发生了不可预期的错误。我们在设计程序脚本时，应该就用户可能会输入的字符或通常的运行方式进行分析，先设计好“防呆”逻辑，这样在程序代码运行时就比较不容易出问题。想要实现这种“防呆”机制，需要用到条件判别式，一般 shell 脚本条件判断的语法为：

```
if [ 条件判别式 ]; then
    当条件判别式成立时，可以执行的命令部分；
fi   <==将 if 反过来写，就成为 fi 啦！结束 if 之意！
```

相关条件设置的方式已经在第8章介绍过，请读者自行前往参阅。若有多重条件判断，则使用下列方式：

```
# 一个条件判断，按照成功与失败分支执行（else）
if [ 条件判别式 ]; then
    当条件判别式成立时，可以执行的命令部分；
else
```

```
    当条件判别式不成立时，可以执行的命令部分；
fi
```

如果考虑更复杂的情况，则可以使用下面的语法：

```
# 多个条件判断 (if ... elif ... elif ... else) 分多种不同情况执行
if [ 条件判别式一 ]; then
    当条件判别式一成立时，可以执行的命令部分；
elif [ 条件判别式二 ]; then
    当条件判别式二成立时，可以执行的命令部分；
else
    当条件判别式一与二均不成立时，可以执行的命令部分；
fi
```

如果两个以上的条件混合执行时，就需要使用 -a 或 -o 的协助。

```
# 两个条件都要成立才算成立的情况：
if [ 条件判别式一 -a 条件判断二 ]; then
    两个条件都成立，这时才执行（and 的概念）
fi

# 两个条件中，任何一个条件成立都算成功的情况：
if [ 条件判别式一 -o 条件判断二 ]; then
    随便哪一个条件成立，都可以执行（or 的概念）
fi
```

以上面的语法来补足 mypi.sh 的“防呆”设计。“防呆”逻辑设计参考如下：

（1）用户的输入不能为空白，若为空白则使用默认值 20。

（2）用户的输入不可以是非数字的字符串，若是字符串则使用默认的 20。

（3）用户输入的数据不可以小于 10，若小于 10 则以 10 取代。

（4）用户输入的数据不可以超过 10000，若大于 10000 则以 10000 取代。

接下来我们可以使用命令语句将上述流程加入 mypi.sh：

```
[student@localhost ~]$ vim bin/mypi.sh
#!/bin/bash
# Program:
#  User input a scale number to calculate pi number.
# History:
# 2015/07/16    VBird    First release
PATH=/bin:/sbin:/usr/bin:/usr/sbin:/usr/local/bin:/usr/local/sbin:~/bin
export PATH
```

```
echo -e "This program will calculate pi value. \n"
echo -e "You should input a float number to calculate pi value.\n"
read -p "The scale number (10~10000) ? " num

if [ "${num}" == "" ]; then                          # check empty number
     echo "You must input a number..."
     echo "I will use this number '20' to calculate pi"
     num=20
else
     checking="$(echo ${num} | grep '[^0-9]')"  # check if any non-number char
     if [ "${checking}" != "" ]; then              # check non-number value
              echo "You must input number..."
              echo "I will use this number '20' to calculate pi"
              num=20
     fi
fi
if [ "${num}" -lt 10 ]; then
   echo "I will use this number '10' to calculate pi"
   num=10
elif [ "${num}" -gt 10000 ]; then
   echo "I will use this number '10000' to calculate pi"
   num=10000
fi

echo -e "Starting calculate pi value.  Be patient."
time echo "scale=${num}; 4*a(1)" | bc -lq
```

接下来执行数次 mypi.sh，并分别输入不同的内容（【Enter】键，文字，小于 10 的数字，大于 10000 的数字，等等），以确认上述的处理方式可行。

通过相同的方法来修改 mypi2.sh，让该脚本也具有“防呆”机制。

9.2.5　以 case ... esac 来设计条件判断

若我们只想让 mypi.sh 的操作者体验一下 pi 的计算，只想给予 20、100、1000 这三个数值，当用户输入的不是这三个数值时，告知对方只能输入这三个数值。若以 if ... then 的方式来设计，需要填写的判别式稍微多了些。此时可以使用 case ... esac 来进行设计。

```
case  $变量名称 in            <==关键字为 case，还有变量前货币符号
 "第一个变量内容")            <==每个变量内容建议用双引号引起来，关键字则为小括号)
程序段
   ;;                         <==每个类别结尾使用两个连续的分号
    "第二个变量内容")
   程序段
   ;;
     *)                       <==最后一个变量内容会用 * 来表示所有其他值
   不包含第一个变量内容与第二个变量内容的其他程序执行段
   exit 1
   ;;
esac                          <==最终的 case 结尾！“反过来写”，思考一下！
```

使用上述的语法，依据只能输入20、100、1000三个数值的要求来编写 mypi3.sh 脚本：

```
[student@localhost ~]$ vim bin/mypi3.sh
#!/bin/bash
# Program:
#      User input a scale number to calculate pi number.
# History:
# 2015/07/16   VBird   First release
PATH=/bin:/sbin:/usr/bin:/usr/sbin:/usr/local/bin:/usr/local/sbin:~/bin
export PATH
echo -e "This program will calculate pi value. \n"
echo -e "You should input a float number to calculate pi value.\n"
read -p "The scale number (20,100,1000) ? " num

case ${num} in
"20")
    echo "Your input is 20"
    ;;
"100")
     echo "Your input is 100"
     ;;
"1000")
     echo "Your input is 1000"
     ;;
*)
     echo "You MUST input 20|100|1000"
     echo "I stop here"
     exit 0
     ;;
esac

echo -e "Starting calculate pi value.  Be patient."
```

```
time echo "scale=${num}; 4*a(1)" | bc -lq

 [student@localhost ~]$ chmod a+x mypi3.sh
[student@localhost ~]$ mypi3.sh
This program will calculate pi value.

You should input a float number to calculate pi value.

The scale number (20,100,1000) ? 30
You MUST input 20|100|1000
I stop here

 [student@localhost ~]$ mypi3.sh
This program will calculate pi value.

You should input a float number to calculate pi value.

The scale number (20,100,1000) ? 100
Your input is 100
Starting calculate pi value.  Be patient.
3.141592653589793238462643383279502884197169399375105820974944592307\
8164062862089986280348253421170676

real    0m0.003s
user    0m0.003s
sys     0m0.000s
```

使用 case ... esac 的方法，将mypi2.sh 修改为 mypi4.sh，以外带参数的方式，让mypi4.sh只支持输入 20、100、1000 的数值，若用户外带参数不是这三个数值，则显示“Usage: mypi4.sh 20|100|1000”的提示，否则就直接计算 pi 值并输出结果。

9.3 课后操作练习

请使用root的身份登录系统，并完成如下任务。直接在系统上面操作，操作成功即可。

1. 分析“当日”登录文件信息的相关设置，重点是实践与练习正则表达式：（将答案写入 /root/ans09.txt 中）

   a. 先分析一下 /var/log/messages 的内容中每条信息的最前面记录的日期，想想如何使用 date 搭配选项来输出一样的字符串。（或许需要知道搭配正确的系统语言设置来完成这样的输出。）
   b. 设置一个名称为 logday 的变量，让 logday 的内容为刚查询到的日期。
   c. 如何通过 grep 搭配 ${logday} 等方式将 /var/log/messages中与当天有关的日期取出来，再显示到屏幕上？（注意，日期要出现在行首。）
   d. 接上一题，在上述的输出结果中，如果去掉关键词 dbus-daemon 与 dbus[数字] 的内容，又该如何处理？
   e. 若想要通过一串命令直接将 /etc/selinux/config 文件内行首出现“SELINUX=???”的那一行（一整行）信息，强制替换成“SELINUX=enforcing”，且直接修改该文件，该如何处理？
   f. 若要把 /etc/hosts 的内容全部转成大写字母后再转存到 /dev/shm/upperhosts 文件中，该如何处理？

2. 创建一个名为 /usr/local/bin/myprocess 的脚本，脚本内容主要为：

   a. 第一行一定要声明 shell 为 bash。
   b. 只执行“/bin/ps -Ao pid,user,cpu,tty,args”。
   c. 这个脚本必须让所有人都可以执行。

3. 编写一个名为 /usr/local/bin/mydate.sh 的脚本，执行后可以输出如下信息：

   a. 第一行一定要声明 shell。
   b. 以“公元年/月/日”显示出当前的日期。
   c. 以“小时:分钟:秒钟”显示出当前的时间。
   d. 输出从 1970/01/01 到当前时间累计的秒数。
   e. 列出这个月的日历，且按照习惯在输出时以星期一为一周的开始。
   f. 这个脚本必须让所有人都可以执行。

4. 写一个 /usr/local/bin/listcmd.sh 的脚本，该脚本执行后，会告知如下相关的事宜：

   a. 脚本的执行方式为“listcmd.sh passwd”，其中 passwd 可以使用任何文件来取代。
   b. 第一行一定要声明 shell。
   c. 先显示出这个脚本的目的（中英文均可，例如：This shell script will list your command's full path name and permissions.）。

d. 判断是否有外带参数，若没有外带参数，请在屏幕上显示“Usage: ${0} cmd_name”，并返回值2，最后退出程序。

e. 使用“which ${1} 2> /dev/null”的结果判断该字符串是否为命令。

f. 若该字符串为命令，则按序输出：

- 输出命令的完整路径。
- 用 ls -l 列出这个命令的完整权限。
- 使用 getfacl 列出这个命令的完整权限。
- 退出 shell 脚本，并返回 0 的数值。

g. 若该字符串不为命令，则使用 locate 后面加 /${1}$ 的正则表达式（locate 要支持正则表达式，必须要输入特定的选项。有关 locate 支持的正确选项，请使用 man locate 命令去查询），根据 locate 之后的返回值处理后续的工作 。

- 若返回值为 0——显示的该字符串为文件名，则使用 ls -ld 将文件全部列出，然后返回值 0，再退出程序。
- 若返回值不为 0——显示该字符串并不是文件名，则显示找不到这个文件，然后返回值 10，再退出程序。

5. 编写一个名为 /usr/local/bin/myheha 的脚本，这个脚本的执行结果如下：

a. 脚本内第一行一定要声明 shell 为 bash。

b. 当执行 myheha hehe 时，屏幕会输出“I am haha”。

c. 当执行 myheha haha 时，屏幕会输出“You are hehe”。

d. 当外带参数不是 hehe 也不是 haha 时，屏幕会输出“Usage: myheha hehe|haha”。

6. 编写一个判断生日的脚本，名称为 /usr/local/bin/yourbday.sh，内容为：

a. 脚本内第一行一定要声明 shell 为 bash。

b. 命令执行的方式为“yourbday.sh YYYY-MM-DD”。

c. 当用户没有输入外带参数时，屏幕显示“Usage: yourbday.sh YYYY-MM-DD”，并且退出程序。

d. 以正则表达式的方式来查询生日的格式是否正常，若不正常，则重新显示上面的信息，并且退出程序。

e. 以 date --date="YYYY-MM-DD" +%s 的返回值确认时间格式是否正确，若不正确则在显示“invalid date”后退出程序。

f. 分别获取生日与1970/01/01 到当前时间累计的秒数，根据两者的差异，同时假设一年有365.25 天，然后：

- 如果生日比 1970/01/01 到当前时间累计的秒数还要大，代表来自未来，就输出“You are not a real human..”，之后退出程序。
- 如果所有问题都排除了，就搭配 bc 来显示出年龄，计算到小数点后第二位，诸如“You are 22.35 years old”的样式。

7. 编写一个名为 /usr/local/sbin/examcheck 的脚本，当执行时，使脚本显示如下结果：

a. 执行examcheck ok时，显示“Yes! You are right!”。

b. 执行examcheck false时，显示“So sad... your answer is wrong..”。

c. 执行 examcheck otherword 时，显示“Usage: examcheck ok|false”。（otherword 为非“ok”或“false”的其他任意字符。）

第 10 章

用户管理与 ACL 权限设置

账号管理是一门大学问，用户可以回想一下之前使用过的useradd、userdel、usermod等命令的功能，同时再回想一下之前的权限概念，就知道用户账号管理有多重要了！这一章还会对同一个文件给予特定的账号或特定群组的权限功能，启用的是所谓的 ACL 管理方式。

10.1 Linux 账号管理

在管理权限时，操作者可以借助 id 这个命令查询用户所加入的次要群组，借以了解用户对于某个文件的权限。而主要的文件记录其实是用户的 UID 与 GID。

10.1.1 Linux 账号的 UID 与 GID

系统记录用户UID与GID的文件是：

- 记录 UID 的文件：/etc/passwd。
- 记录 GID 的文件：/etc/passwd 与 /etc/group。

对于 UID 的部分，在 CentOS 7.x 以后，系统管理员、系统账号与普通账号的 UID 范围如表10.1所示。

表 10.1　UID 范围

id 范围	该 ID 用户特性
0（系统管理员）	当 UID 是 0 时，表示这个账号是“系统管理员”
1~999（系统账号）	保留给系统使用的 ID，其实除了 0 之外，其他的 UID 权限与特性并没有什么不同。默认 1000 以下的数字让给系统作为保留账号只是一个习惯。根据系统账号的由来，通常这类账号大致分为两种： · 1~200：由 Linux 发行版自行创建的系统账号 · 201~999：若用户有系统账号需求时，可以使用的账号 UID
1000~60000（可登录账号）	给普通用户用的。事实上，目前的 Linux 内核（3.10.x 版）已经可以支持到 4294967295（2^{32}-1）这么大的 UID 号码

Linux 的账号信息记录在 /etc/passwd 文件中，账号信息以冒号“:”来分隔，共有7个字段，每个字段的含义为：

- ◆ 账号名称：登录的账号名称。
- ◆ 密码：已经挪到 /etc/shadow 文件中，因此在此都显示为 x。
- ◆ UID：如上说明的 UID 信息。
- ◆ GID：用户“初始群组”的 ID。
- ◆ 用户信息说明栏。
- ◆ 根目录所在处。
- ◆ 登录时默认采用的 shell 名称。

更多的说明，大家可以参考 man 5 passwd 的内容。早期用户加密过的密码记录在 /etc/passwd 文件中的第2个字段，但这个文件的权限是任何人均可读取，“别有用心的人士”可以查阅到加密过的密码，再以暴力破解法就可能获取所有人的密码。因此，目前这个密码字段已经移到另一个文件中了，这就是 /etc/shadow 的由来。/etc/shadow 以冒号“:”分隔成 9 个字段，各个字段的含义为：

- ◆ 账号名称。
- ◆ 密码：目前大多使用 SHA 的加密格式来取代旧的 md5，因为密码的长度较长，所不容易被破解。
- ◆ 最近更改密码的日期：从 1970/01/01 开始算累积的总天数。
- ◆ 密码不可被更改的天数：修改好密码后，几天内不能修改的意思，0 表示没限制。
- ◆ 密码需要重新更改的天数：修改好密码后，几天内一定要更改密码的意思，0 表示没限制。

- 密码需要更改期限前的警告天数：第 3 个与第 5 个字段相加后的几天内，当用户登录系统时，就会收到警示：该修改密码了。
- 密码过期后的账号宽限时间（密码失效日）：密码有效日期为“更改日期（第 3 个字段）”+“重新更改日期（第 5 个字段）”，过了该期限后用户依旧没有更新密码，那么该密码就算过期了。（参考下面例题的说明。）
- 账号失效日期：也是使用从 1970/01/01 开始累加的总天数，这个字段表示，此账号在此字段规定的日期之后，将无法再使用。
- 这个字段为系统保留，尚未使用。

用户的密码加密机制是可变的，从早期的 md5 到新的 sha512 增加了密码的数据长度，对于暴力破解法来说，解密的时间会比较长。至于当前系统的加密机制，我们可使用下面的方式来查阅：

```
[root@localhost ~]# authconfig --test | grep password
shadow passwords are enabled
password hashing algorithm is sha512

[root@localhost ~]# cat /etc/sysconfig/authconfig | grep -i passwd
PASSWDALGORITHM=sha512
USEPASSWDQC=no
```

用户的初始群组记载在 /etc/passwd 文件的第4个字段，不过该 GID 对应到我们可以识别的群组名就要到 /etc/group 中查询。这个文件的内容同样使用冒号“:”分隔成4个字段，其内容为：

- 群组名。
- 群组密码：当前很少使用。
- GID。
- 加入此群组的账号，使用逗号“,”分隔每个账号。

上述三个文件以 /etc/passwd 为主，链接到 /etc/group 与 /etc/shadow，它们关系的示意图如图10.1所示。

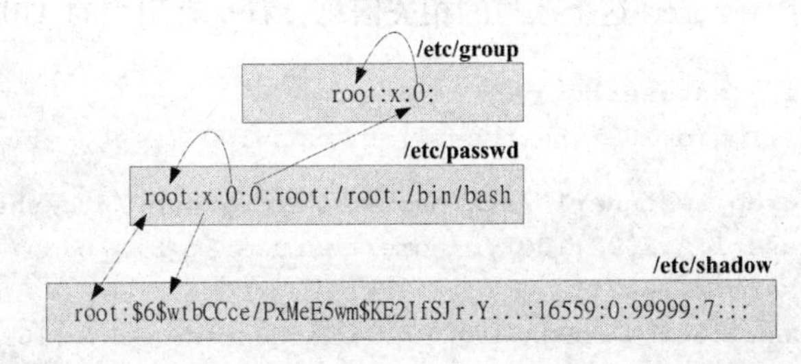

图 10.1　账号相关文件之间的 UID/GID 与密码相关性的示意图

1. 密码的过期状态分析：

   a. 创建一个名为 check 的账号，密码设置为 check123。
   b. 使用“chage -d 0 check”让这个账号的密码创建日期强迫归零，即强迫该账号密码过期。
   c. 当密码过期后，check 这个账号在登录系统时会有什么应该要执行的操作吗？

2. 查询 find 的选项，尝试找出系统中“不属于任何人”的文件。（不见得存在。）
3. 有一个 /etc/shadow 文件，其内的信息如下：
   尝试回答下列问题：student:$6$3iq4VYrt$Hg62ID...RVbE/:16849:5:180:7:::

   a. 这个账号的密码最近一次被更改的日期是哪一天？（查询 date 的 example 用法。）
   b. 这个账号的密码在哪一个日期以前不可以被更改？
   c. 这个账号的密码在哪一个日期以内最好能够被更改？
   d. 这个账号是否会失效？

10.1.2 账号与群组的管理

从前面的小节中我们知道，Linux 的账户信息大都记录在 /etc/passwd、/etc/shadow、/etc/group 中，那么如果我们要新建账号，系统会怎么做呢？先来看看新建账号的操作：

```
[root@local ~]# useradd testuser1
[root@local ~]# passwd testuser1
Changing password for user testuser1.
New password:
Retype new password:
passwd: all authentication tokens updated successfully.
```

让我们查看一下 testuser 这个账号的相关信息，看一看用户的 UID 与 GID：

```
[root@local ~]# id testuser1
uid=1002(testuser1) gid=1002(testuser1) groups=1002(testuser1)

[root@local ~]# grep testuser1 /etc/passwd /etc/group /etc/shadow
/etc/passwd:testuser1:x:1002:1002::/home/testuser1:/bin/bash
/etc/group:testuser1:x:1002:
/etc/shadow:testuser1:$6$bgAJnRxx$lvgO10GAMg1aoHSzm/cR.GcW..:16924:0:99999:7:::
```

上述 shadow 的信息可以使用如下的命令来查询：

```
[root@localhost ~]# chage -l testuser1
Last password change                                    : May 03, 2016
Password expires                                        : never
Password inactive                                       : never
Account expires                                         : never
Minimum number of days between password change          : 0
Maximum number of days between password change          : 99999
Number of days of warning before password expires       : 7
```

一般来说，新建账号时，系统会：

- ◆ “拿现有的最大的 UID＋1 作为新的 UID”提供给新用户。
- ◆ 在 /home 创建与账号同名的目录作为用户的根目录。
- ◆ 为用户选择 bash 作为 shell 程序。
- ◆ 然后 CentOS 也会创建一个与账号同名的群组给该账号。
- ◆ 创建密码时，会根据默认值给予该账号一些限制信息。

新建用户时，上述操作参考的信息其实来自于 /etc/default/useradd 文件，该文件的内容如下：

```
[root@localhost ~]# cat /etc/default/useradd
# useradd defaults file
GROUP=100                    <==若为公开群组，使用 GID 100 的组名
HOME=/home                   <==用户根目录默认的位置
INACTIVE=-1                  <==密码是否失效，默认不会失效
EXPIRE=                      <==账号是否需要按期失效（shadow 第 8 字段）
SHELL=/bin/bash              <==默认使用的 shell
SKEL=/etc/skel               <==默认用户根目录的参考依据
CREATE_MAIL_SPOOL=yes        <==是否要创建用户的电子邮件信箱
```

除了 /etc/default/useradd 之外，其他像是密码字段的默认值，则写入到 /etc/login.defs 这个文件中，这个文件的内容如下：

```
[root@localhost ~]# grep -v '#' /etc/login.defs | grep -v '^$'
MAIL_DIR        /var/spool/mail     <==用户电子邮件信箱默认放置的目录

PASS_MAX_DAYS    99999      <==/etc/shadow 内的第 5 字段：需更改密码的天数
PASS_MIN_DAYS    0          <==/etc/shadow 内的第 4 字段：不可重新设置密码的天数
PASS_MIN_LEN     5          <==密码最短的字符长度，已被 pam 模块取代，失去效用！
PASS_WARN_AGE    7          <==/etc/shadow 内的第 6 字段：过期前会警告的天数
```

```
UID_MIN          1000       <==用户最小的 UID，即小于 1000 的 UID 为系统保留
UID_MAX          60000      <==用户能够用的最大 UID
SYS_UID_MIN      201        <==保留给用户自行设置的系统账号最小值 UID
SYS_UID_MAX      999        <==保留给用户自行设置的系统账号最大值 UID
GID_MIN          1000       <==用户自定义群组的最小 GID，小于 1000 为系统保留
GID_MAX          60000      <==用户自定义群组的最大 GID
SYS_GID_MIN      201        <==保留给用户自行设置的系统账号最小值 GID
SYS_GID_MAX      999        <==保留给用户自行设置的系统账号最大值 GID

CREATE_HOME      yes        <==在不加 -M 和 -m 时，是否主动创建用户根目录
UMASK            077        <==用户根目录创建的 umask，因此权限会是 700
USERGROUPS_ENAB yes         <==使用 userdel 删除时，是否会删除初始群组
ENCRYPT_METHOD   SHA512     <==密码加密的机制使用的是 sha512 这一个机制
```

一般来说，除非有特殊的需求，例如需要创建的是云计算机的集中账号管理，就需要修改上述的配置文件（/etc/default/useradd, /etc/login.defs），否则尽量使用自定义的可以手动修改的用户相关参数，而不要随意更改上述配置文件的内容。

尝试使用 passwd 这个命令完成如下任务：

1. 使用 passwd 这个命令查看 testuser1 的密码状态。
2. 设置密码存活时间从 99999 改为 180 天。
3. 设置警示期限从 7 天改为 14 天。
4. 暂时将这个账号的密码锁定，让这个账号无法登录系统。

尝试使用 chage 以及 usermod 命令完成如下任务：（不要使用 passwd）

1. 使用 chage命令查看 testuser1 的密码状态。
2. 使用 chage 设置密码存活时间从 180 天改为 365 天。
3. 使用 chage 设置警示期限从 14 天改为 30 天。
4. 使用 usermod 将这个账号的密码放行，让这个账号可以登录系统。

若需要删除账号，使用 userdel 即可。不过加上 -r 的选项更好！如果忘记了加上 -r 选项时，则应该如下操作：

```
[root@localhost ~]# userdel testuser1
[root@localhost ~]# ll -d /home/testuser1 /var/spool/mail/testuser1
drwx------. 3 1002 1002 74 May  3 18:26 /home/testuser1
-rw-rw----. 1 1002 mail  0 May  3 18:26 /var/spool/mail/testuser1
[root@localhost ~]# find / -nouser
/home/testuser1
/home/testuser1/.mozilla
/home/testuser1/.mozilla/extensions
/home/testuser1/.mozilla/plugins
/home/testuser1/.bash_logout
/home/testuser1/.bash_profile
/home/testuser1/.bashrc
/var/spool/mail/testuser1
```

如上所示，系统会有一堆暂存的信息需要删除，因此系统管理员可能需要使用 rm -rf /home/testuser1 /var/spool/mail/testuser1 来删除这些没有主人的文件。

10.1.3　bash shell 脚本的循环控制

我们知道使用 id 命令可以找出用户的 UID 与 GID，但是 id 命令只能接受一个参数，若需要/etc/passwd内所有账号的 UID 与 GID 列表呢？除了使用管道命令的 xargs 之外，我们可以使用 shell 脚本的循环控制来处理。Bash shell脚本的 for 循环基本语法如下：

```
for 变量名 in 内容1 内容2 内容3 ...
do
    执行的脚本
done
```

变量名称会在 do..done 当中被取用，执行第一轮循环时“变量名=内容1”，第二轮时则为“变量名=内容2”，以此类推！根据上面的基本语法，我们可以通过管道命令取出/etc/passwd 文件内第 1 个字段的账号信息后，交由循环体内的语句进行处理。例如：

```
[root@localhost ~]# mkdir bin ; cd bin
[root@localhost bin]# vim allid.sh
#!/bin/bash
# This script will show all users id
# VBird 2016/05/03
users=$( cut -d ':' -f 1 /etc/passwd)
for username in ${users}
do
        id ${username}
done
```

```
[root@localhost bin]# chmod a+x allid.sh
[root@localhost bin]# allid.sh
uid=0(root) gid=0(root) groups=0(root)
uid=1(bin) gid=1(bin) groups=1(bin)
uid=2(daemon) gid=2(daemon) groups=2(daemon)
.......
```

bash shell 脚本的循环控制主要是由 for ... do ... done来处理的，所以也称为 for 循环。在上述的脚本中：

1. 先使用 cut 获取系统所有账号的信息，并带入 users 这个变量中。
2. 之后以 for 循环定义出名为 username 的变量，这个变量一次取出一个 ${users} 内的账号信息。
3. 在 do ... done 执行期间，每次使用 id ${username} 执行 id 命令。

使用下列的功能创建名为 account.sh 的脚本来大量创建账号：

1. 创建一个名为 users.txt 的文件，填写三行内容，每行一个账号名称（假设账号为 linuxuser1~linuxuser3）。
2. 在 account.sh 中，依序处理如下的操作：
   a. 创建名为 users 的变量，这个变量的内容为取出 users.txt 的内容。
   b. 创建 for 循环，创建名为 username 的变量，此变量取用 ${users} 的内容。
   c. 在循环体内，针对每个用户创建账号，使用 passwd --stdin 创建同账号名称的密码，使用 chage -d 0 ${username} 强制用户第一次登录时需要更换自己的密码。

10.1.4 默认权限 umask

用户在新建文件时，默认的权限会如何规范？一般来说，根据账号的差异而会给予这样的设置：

- 如果用户为 root 时，默认目录权限为 755 而文件为 644。
- 如果用户为普通账号时，默认目录权限为 775 而文件为 664。

这样的权限设计是考虑普通用户可能会有同群组互相操作的需要，即“同群组共享目录”。不过，该默认权限其实是可以修改的，其主要的设置为 umask 所管理。

```
[student@localhost ~]$ umask
0002

[root@localhost ~]# umask
0022
```

分别使用 root 与 student 查阅 umask 时，其输出的结果并不相同。umask 的作用是去掉不想要给予的默认权限。而四组分值中，第一个为特殊权限分值，不用理会，后续三个分值（root为022而student为002）即为普通权限设置的三种身份权限。

尝试说明为何 root 在新建文件时，默认权限会是 755（目录）与 644（文件）？

如果 linuxuser1 在新建目录时，希望同群组的用户可以一同完整地使用文件，但是其他人（其他组）则没有任何权限，该如何处理 umask 呢？简单的处理流程为：

```
[root@localhost ~]# su - linuxuser1
[linuxuser1@localhost ~]$ umask 007
[linuxuser1@localhost ~]$ mkdir newdir
[linuxuser1@localhost ~]$ touch newfile
[linuxuser1@localhost ~]$ ll -d new*
drwxrwx---. 2 linuxuser1 linuxuser1 6 May  3 23:54 newdir
-rw-rw----. 1 linuxuser1 linuxuser1 0 May  3 23:54 newfil
```

若需要这样的设置永远存在，写入 ~/.bashrc 文件中即可。

10.1.5　账号管理的实践

任务一　关于新建用户的根目录与 bash 操作环境的设置。未来所有系统新建的用户，在其根目录中：

- 必须要创建名为 bin 的子目录。
- 在 .bashrc 之内，必须让 HISTSIZE 达到 10000 条记录。
- 创建 cp、rm、mv 的 alias，让这三个命令默认加上 -i 的选项。

解决方案很简单，因为只是修改未来新用户的信息，所以只要修改 /etc/skel 即可：

```
[root@localhost ~]# cd /etc/skel
[root@localhost skel]# mkdir bin
[root@localhost skel]# vim .bashrc
# User specific aliases and functions
```

```
HISTSIZE=10000
HISTFILESIZE=10000
alias cp="cp -i"
alias mv="mv -i"
alias rm="rm -i"

[root@localhost skel]# useradd testuser2
[root@localhost skel]# ll /home/testuser2; tail -n 4 /home/testuser2/.bashrc
drwxr-xr-x. 2 testuser2 testuser2 6 May  3 19:56 bin
HISTFILESIZE=10000
alias cp="cp -i"
alias mv="mv -i"
alias rm="rm -i"

[root@localhost skel]# userdel -r testuser2
```

修改完毕后，我们可以使用 useradd 创建一个名为 testuser2 的账号来查看一下是否有问题，若没有问题就可以删除该账号了。

任务二　创建 mailuser1 ~ mailuser5 共5个账号，这5个账号的需求如下：

- 这5个账号为纯电子邮件(email)账号，不允许这5个账号使用本机登录系统获得 shell 程序的使用权，也不允许通过网络获取可交互的 shell 程序使用权。
- 使用 openssl rand -base64 6 命令获取 8 位的密码，将密码设置给 mailuser[1-5]。
- 最终输出 mailuserpw.txt 文件，内容就是这 5 个账号与对应的密码。

上述需求的第一要点就是把 shell 改成不可交互的 shell，建议最好使用 /sbin/nologin。由于创建账号的信息太多，因此建议使用 shell 脚本来处理：

```
[root@localhost ~]# cd bin
[root@localhost bin]# vim mailuser.sh
#!/bin/bash
# This program will create mail users
# VBird 2016/05/03

for user in $(seq 1 5)
do
        username="mailuser${user}"
        userpass=$(openssl rand -base64 6)
        useradd -s /sbin/nologin ${username}
        echo ${userpass} | passwd --stdin ${username}
        echo "${username} ${userpass}" >> mailuserpw.txt
done
```

```
[root@localhost bin]# sh mailuser.sh
[root@localhost bin]# cat mailuserpw.txt
mailuser1 M8pk6GEt
mailuser2 HznQI88d
mailuser3 zKpg4eg/
mailuser4 aakuwjo/
mailuser5 VrJtokaT

[root@localhost bin]# grep mailuser /etc/passwd
mailuser1:x:1006:1006::/home/mailuser1:/sbin/nologin
mailuser2:x:1007:1007::/home/mailuser2:/sbin/nologin
mailuser3:x:1008:1008::/home/mailuser3:/sbin/nologin
mailuser4:x:1009:1009::/home/mailuser4:/sbin/nologin
mailuser5:x:1010:1010::/home/mailuser5:/sbin/nologin
```

上述脚本可用于给电子邮件用户（mail user）创建专用的账号，而且这些账号无法登录系统去使用 bash，因而系统较为安全。

任务三　由于软件的特殊需求，我们需要创建如下账号：

- UID 为 399 的名为 sysuser1 的账号。
- 这个账号的初始群组为 users。
- 这个账号的密码为 centos。

其实不难，只要两个命令即可完成：

```
[root@localhost ~]# useradd -u 399 -g users sysuser1
[root@localhost ~]# echo centos | passwd --stdin sysuser1
[root@localhost ~]# id sysuser1
uid=399(sysuser1) gid=100(users) groups=100(users)
```

建议读者一定要自己检查是否正确，在上例中我们使用了 id 这个命令来查询是否正确。

任务四　同一项目组内的人员共享目录资源的情况：

- 用户 pro1、pro2、pro3 是同一个项目组内的开发人员。
- 若想要让这三个用户在同一个目录下工作，同时这三个用户还是拥有自己的根目录。
- 基本的私有群组。
- 假设我们要让这个项目在 /srv/projecta 目录下开发。

问题也不难，读者应该会想到，之前处理权限信息时，就曾经接触过“共享目录”的信息，这里再重新复习一次：

```
[root@localhost ~]# groupadd project
[root@localhost ~]# useradd -G project pro1
[root@localhost ~]# useradd -G project pro2
[root@localhost ~]# useradd -G project pro3
[root@localhost ~]# echo password | passwd --stdin pro1
[root@localhost ~]# echo password | passwd --stdin pro2
[root@localhost ~]# echo password | passwd --stdin pro3
[root@localhost ~]# mkdir /srv/projecta
[root@localhost ~]# chgrp project /srv/projecta
[root@localhost ~]# chmod 2770 /srv/projecta
[root@localhost ~]# ll -d /srv/projecta
drwxrws---. 2 root project 6 May  3 21:43 /srv/projecta
```

最终三个用户都加入了 project 这个群组，而这个群组的用户均可在 /srv/projecta 目录下进行任何工作。

10.2 多人共管系统的环境：使用 sudo

由于系统的工作比较复杂，经常有不同的用户会共同管理一个系统，这在网上社区的实践应用中经常出现。因为管理系统时需要系统管理员（root）的权限，本章之前讲过，我们可以通过 su 命令来切换用户，但如此一来就要给所有的用户都提供 root 的密码，对于系统的运行来说，就会有很多问题。例如，某位用户切换成 root 权限后，不小心改了 root 的密码，而且自己也忘记了改回来，若是如此，未来大家都不知道如何管理系统了——因为无法获得 root 权限。

相对于 su 命令需要知道需切换的用户密码（常常是需要 root 的密码）而言，sudo 命令的执行则只需要自己的密码即可，甚至可以设置不需要密码即可执行 sudo！由于 sudo 命令可以让我们以其他用户的身份执行命令（通常是使用 root 的身份来执行命令），因此并非所有人都能够执行 sudo，而是只有在 /etc/sudoers 中设置好的用户才能够执行 sudo 这个命令。

只有被信任用户才能够执行 sudo 这个命令，因此一开始需要使用 root 的权限来管理 sudo 的使用权。虽然 sudo 的配置文件为 /etc/sudoers，不过建议最好使用 visudo 来编辑这个文件，因为 visudo 具有对配置文件进行语法检验的功能。

```
[root@localhost ~]# visudo
## Allow root to run any commands anywhere
root                    ALL=(ALL)                          ALL
用户账号             登录者的源主机=(可切换的身份)              可执行的命令
```

大约在 98 行附近，我们会看到如上所示 root 开头的那行。由于只有 root 这一行，即一开始只有 root 可以执行 sudo。

1. 如何让 student 这个账号可以执行 sudo 来转换身份成为 root 进行系统管理？
2. 利用 student 身份来使用 sudo，执行 grep student /etc/shadow 的操作。
3. 让 student 操作 su - 时，输入的是自己的密码而非 root 的密码。

除了单个人的设置之外，在 /etc/sudoers 中若有下面这一行，即表示加入 wheel 群组的用户也能够使用 sudo。

```
[root@localhost ~]# visudo
## Allows people in group wheel to run all commands
%wheel  ALL=(ALL)       ALL
```

1. 测试一下 linuxuser1 能否执行 sudo 命令来完成 tail /etc/shadow 任务。
2. 将 linuxuser1 加入 wheel 群组。
3. 再重新测试前面的第 1 项任务。

10.3　主机的细节权限规划：ACL 的使用

如果在第 10.1 节最后的一个练习中，/srv/projecta 需要让 student 这个账号登录去“查看”信息，而不能更改现有的权限设置，此时该如何设计呢？这时就可以考虑 ACL（Access Control List，访问控制列表）的使用了。

10.3.1 什么是 ACL 与如何启用 ACL

ACL 是 Access Control List 的缩写，主要目的是在提供传统的 owner（所有者）、group（群组）以及others（其他人）的 read（读）、write（写）、execute（执行）权限之外的细节权限的设置。ACL 可以对单个用户、单个文件或目录来设置 r、w、x 的权限，对于需要特殊权限的使用情况非常有用。

ACL 主要可以对如下几项来加以控制：

- 用户（user）：可以针对用户来设置权限。
- 群组（group）：可以针对群组对象来设置权限。
- 默认属性（mask）：还可以针对该目录在创建新文件/目录时设置新文件/目录的默认权限。

ACL 必须配合文件系统的挂载启用才能生效，一般都将 acl 参数写入 /etc/fstab 的第4个字段中。不过，由于 ACL 是当前 Linux 标准支持的文件系统参数，因此我们只需查询内核是否启用 ACL 即可，无须将 acl 参数写入挂载设置中。

```
[root@localhost ~]# dmesg | grep -i acl
[    0.609488] systemd[1]: systemd 219 running in system mode. (+PAM +AUDIT
+SELINUX +IMA -APPARMOR +SMACK +SYSVINIT +UTMP
 +LIBCRYPTSETUP +GCRYPT +GNUTLS
+ACL +XZ -LZ4 -SECCOMP +BLKID +ELFUTILS +KMOD +IDN)
[    1.763620] SGI XFS with ACLs, security attributes, no debug enabled
```

注意，因为 xfs 默认已经启用 ACL，且挂载参数不支持 acl，故使用 ext4 文件系统来解释。

- 创建一个新的大约有 500MB 容量的 ext4 文件系统，系统开机启动后默认挂载到 /data/ext4 目录下。
- 同时强制这个 ext4 文件系统加上 ACL 的参数挂载。
- 测试完毕后，删除此文件系统。

10.3.2 ACL 的设置技巧

在 ACL 对单个用户的设置练习中，我们以“让 student 可以读取 /srv/projecta”为模板来介绍。

```
[root@localhost ~]# ll -d /srv/projecta
drwxrwS---. 2 root project 6 May  3 21:43 /srv/projecta

[root@localhost ~]# setfacl -m u:student:rx /srv/projecta
[root@localhost ~]# ll -d /srv/projecta
drwxrwS---+ 2 root project 6 May  3 21:43 /srv/projecta

[root@localhost ~]# getfacl /srv/projecta
# file: srv/projecta
# owner: root
# group: project
# flags: -s-
user::rwx                    <==默认的所有者权限
user:student:r-x             <==针对 student 的权限
group::rwx                   <==默认的群组权限
mask::rwx                    <==默认的 mask 权限
other::---
```

如上所示，setfacl -m 为设置的命令与选项，而设置项主要有：

◆ 针对个人：u:账号名称:rwx-
◆ 针对群组：g:群组名:rwx-

getfacl是查阅 ACL 设置的命令。输出结果与上述的设置项类似，只是当账号或群组名没有写的时候，则表示为文件所有者的账号与群组，因而就能够得到上述的结果。

在 getfacl 输出的结果中，有个 mask 项，如第10.1.4 小节所述，umask 为去掉的权限，在 getfacl 中，mask表示可给予的权限。默认 mask 会给予全部的权限。如果我们将 mask 拿掉只剩下 x 时，会发生如下的问题：

```
[root@localhost ~]# setfacl -m m::x /srv/projecta
[root@localhost ~]# getfacl /srv/projecta
# file: srv/projecta
# owner: root
# group: project
# flags: -s-
user::rwx
user:student:r-x                        ctive:--x
group::rwx                              tive:--x
mask::--x
other::---
```

由于 mask 的关系，因此 student 这个账号虽然给予 rx 的权限，但是实际上可以获得的权限则只有 x 而已（查看 effective 的输出项）。此外，如果要取消这个设置值，可以使用如下的方式：

```
[root@localhost ~]# setfacl -m m::rwx /srv/projecta
[root@localhost ~]# getfacl /srv/projecta
```

重新设置即可。使用 pro1 这个账号在 /srv/projecta 下操作时会出现的权限情况如下：

```
[root@localhost ~]# su - pro1
[pro1@localhost ~]$ cd /srv/projecta
[pro1@localhost projecta]$ mkdir newdir
[pro1@localhost projecta]$ touch newfile
[pro1@localhost projecta]$ ll -d new*
drwxrwsr-x. 2 pro1 project 6 May  4 00:37 newdir
-rw-rw-r--. 1 pro1 project 0 May  4 00:37 newfile
```

我们可以发现在 /srv/projecta 目录中的新文件并没有默认的 ACL 设置值，因此 student 的权限很可能被修改了而无法保持 rx 的权限设置。此时，我们可以额外指定“默认的 ACL 权限”信息，设置如下：

```
[root@localhost ~]# setfacl -m d:u:student:rx /srv/projecta
[root@localhost ~]# getfacl /srv/projecta
# file: srv/projecta
# owner: root
# group: project
# flags: -s-
user::rwx
user:student:r-x
group::rwx
mask::rwx
other::---
default:user::rwx
default:user:student:r-x
default:group::rwx
default:mask::rwx
default:other::---
```

若我们发现设置错误，想要将某一个 ACL 的权限设置取消时，例如将 student 的权限规则取消，则可以使用如下的方式来处理：

```
[root@localhost ~]# setfacl -x u:student /srv/projecta
```

取消设置比较直截了当，不过要注意取消时需要使用 -x 这个选项，而非 -m 的选项。

此外，由于取消设置是不需要处理权限的，因此在取消时，只需要处理“u:账号”或“g:群组”就好了。如果要将该文件的所有 ACL 设置都取消，可以使用下面的方式：

```
[root@localhost ~]# setfacl -b /srv/projecta
[root@localhost ~]# ll -d /srv/projecta/
drwxrws---. 3 root project 33 May  4 00:37 /srv/projecta/
```

我们可以发现，权限位置最末位的 + 号不见了，是因为已经完整取消的缘故。

1. 有两个群组需要创建，一个是老师的 myteacher，另一个是学生的 mystudent，创建两个群组时，请使用系统账号的群组 GID 号码范围。
2. 两个群组各有三个人，分别是 myteacher1 ~ myteacher3 和 mystudent1 ~ mystudent3，请使用默认的设置创建好这6个账号，同时要注意，六个人都需要有特定的次要群组。
3. 六个人的密码都是 password。

1. mystudent1 ~ mystudent3 需要有共享目录，该目录名称为 /srv/myshare，同时，除了mystudent具有完整的权限之外，其他人不可有任何权限。
2. 由于myteacher的群组是老师，老师们需要进入/srv/myshare 查阅学生的进度，但是不可干扰学生的作业，因此应该要给予rx的权限才对。
3. 由于myteacher3并不是这个班级的老师，因此这个老师账号不可以进入该目录。

10.4　课后操作练习

请使用 root 的身份登录系统，完成如下实践的任务。直接在系统上面操作，操作成功即可。另外，因为题目是有连续性的，因此请按照顺序完成下面的各题，尽量不要跳着做。

1. 回答下面的问答题，答案请写入 /root/ans10.txt 中：
   a. 一般我们在创建 Linux 账号时，哪三个文件会记录这个账号的 UID、GID、所属群组、密码等信息？

b. 普通账号被创建后（假设账号名称为 myusername），基本上会有哪一个目录与哪一个文件会被创建?
c. 设置 umask 033 后，新建的文件与目录权限的分值各为多少?
d. 在 /etc /var 与 /usr 中，各有一个不属于任何人的文件，请将文件的完整文件名找出来，并写下来。

2. 编写一个名为 /root/myaccount.sh 脚本用于大量创建账号，这个脚本执行后，可以完成下面的任务:

a. 会创建一个名为 mygroup 的群组。
b. 会根据默认设置创建 30 个账号，账号名称为 myuser01 ~ myuser30，并且这些账号会把 mygroup 作为次要群组。
c. 对于每个人的密码，使用“openssl rand -base64 6”命令随机获取一个 8 个字符的密码，并且这个密码会被记录到 /root/account.password 文件中，每一行一个，且每一行的格式类似于“myuser01:AABBCCDD”。

3. 有个名为 gooduser 的账号不小心被删除了，还好，这个账号的根目录还存在。请根据这个提示，重建这个账号（记住：UID与GID应该要恢复到原来尚未被删除前的状态），且该用户的密码设置为 mypassword。另外，这个账号请重新设置为可以使用 sudo 命令。
4. 由于管理的系统需要有项目群组的伙伴共同使用，因此我们要将这些项目伙伴加入同一个次要群组。

a. 项目群组的名称设为：myproject。
b. 项目组员的名称分别为mypro1、mypro2、mypro3，且这三个账号都加入了 myproject 群组，将它作为次要群组。
c. 这三个账号的密码均为 MyPassWord。
d. 这个项目组员可共享 /srv/mydir 目录，其他人则没有任何权限。

5. 如果你帮学校老师管理 FTP 服务器，这个服务器的用户不能使用可登录系统的 shell，但是可以使用 FTP 与 email 等网络服务:

a. 账号名称为ftpuser1、ftpuser2、ftpuser3，这三个账号可以使用 ftp 网络功能，但是不能在系统中登录 tty 或使用“终端”程序登录系统。
b. 这三个账号的密码均为 MyPassWord。

6. 创建一个名为 mysys1 的系统账号，且这个系统账号不需要根目录，给予 /sbin/nologin 的 shell，也不需要密码。

7. 修改新建账号的默认信息。

   a. 让未来新建的用户，其根目录默认都会有一个名为 web 的子目录。
   b. 让新建用户的 history 默认可以记忆 5000 条记录（已存在账号不受影响）。
   c. 将新建账号的 shell 指定为使用 /sbin/nologin。

8. 特别目录的权限应用：

   a. 刚刚创建的 /srv/mydir 目录，在不更改原有的权限下（因为原来就是给 myproject 群组用的），现在要让加入 users 群组的账号也能够进入该目录查阅内容（只能进入与查阅，不能写入），该如何处理？
   b. 那个 gooduser 的账号其实是老师的账号，在不更改现有权限的情况下，gooduser 也需要能够进入该目录做任何事情，且对于未来在 /srv/mydir 中所新创建的任何文件（或目录），gooduser 也能够执行任何操作（提示：就是有默认权限的意思）。

第 11 章

基本设置、备份、文件压缩打包与作业调度

账号与权限的部分了解告一段落之后，读者应该可以对系统进行一些基本的设置了，包括网络、日期时间等。同时，最好也能了解一下系统的备份工作，同时为了减少备份的容量，掌握文件的压缩与打包也非常重要。最后，当工作要交给系统独自运行时，读者还需要了解相关的作业调度。

11.1 Linux 系统的基本设置

在更进一步管理系统前，先来整理一下系统的网络构建、日期与时间的修改、使用语言等相关的设置，让系统更符合我们的操作习惯与使用环境。

11.1.1 网络设置

网络设置是系统管理员主要负责的工作。一般来说，以服务器的角度观察，通常服务器的网络都是固定的，大多使用手动的方式来设置好网络。如果是以台式机的角度来看，则大

多使用自动方式获取网络参数，即使用所谓的“DHCP”协议。如果是普通的家庭用户，可能会有两种主要的联网方式，一个是通过电话线路的 ADSL 连接方式，另一个是通过光纤的连接方式。

CentOS 7 以后，系统希望读者使用网络管理器（Network Manager）来管理网络，同时提供一个名为 nmcli 的简易命令，搭配 bash-completion 软件，可以快速地与【Tab】按键配合，完成所有的任务。

查看网络连接接口与网卡

系统上的所有网络接口都可以通过 ifconfig 命令来查看，不过这个命令在某些系统上并不一定会提供。因此，我们建议使用 ip link show 命令来查看！方法如下：

```
[root@localhost ~]# ip link show
1: lo: <LOOPBACK,UP,LOWER_UP> mtu 65536 qdisc noqueue state UNKNOWN mode DEFAULT
   link/loopback 00:00:00:00:00:00 brd 00:00:00:00:00:00
2: eth0: <BROADCAST,MULTICAST,UP,LOWER_UP> mtu 1500 qdisc pfifo_fast state UP
 mode DEFAULT qlen 1000
link/ether 52:54:00:21:bc:9e brd ff:ff:ff:ff:ff:ff
3: virbr0: <NO-CARRIER,BROADCAST,MULTICAST,UP> mtu 1500 qdisc noqueue state DOWN
   mode DEFAULT
   link/ether 52:54:00:2f:74:a6 brd ff:ff:ff:ff:ff:ff
4: virbr0-nic: <BROADCAST,MULTICAST> mtu 1500 qdisc pfifo_fast master virbr0 state
   DOWN mode DEFAULT qlen 500
   link/ether 52:54:00:2f:74:a6 brd ff:ff:ff:ff:ff:ff
```

上述的 lo、eth0、virbr0、virbr0-nic 等就是网络适配器（网卡）。系统实际上就是通过这些网卡来连接到网络的。我们知道，一张网卡可以同时提供多个网络地址（IP），使用这些网卡来实现联网。查询网络连接的方式如下：

```
[root@localhost ~]# nmcli connection show
NAME         ID                                     TYPE            DEVICE
virbr0-nic   c93abe-6786-444c-9cdd-1f20961473ca     neric           virbr0-nic
virbr0       82c547-0c6c-464f-8e38-d4a5efa90788     idge            virbr0
eth0         b88ed-7cc6-4803-be7d-e77c74fea95b      2-3-ethernet    eth0
```

我们应该注意的是：

- NAME：网络连接，接下来我们要处理的任务都是针对此网络连接的。
- UUID：Linux 的设备标识符，在系统中是独一无二的。
- TYPE：网络连接的类型，包括以太网络、无线网络、桥接等功能。
- DEVICE：网络适配器（网卡）。

由于读者们所操作的系统是本教材提供的复制品，对于这个环境来说，可能有细微的差异，因此，建议读者删除 eth0 这个网络连接，然后重建一次 eth0。删除连接与创建连接的方式如下：

```
[root@localhost ~]# nmcli connection delete eth0
[root@localhost ~]# nmcli connection add con-name eth0 ifname eth0 type ethernet
Connection 'eth0' (ab47810d-2aca-4956-9263-de0952b4eebc) successfully added.

[root@localhost ~]# nmcli connection show
NAME         UUID                                  TYPE             DEVICE
virbr0-nic   94c93abe-6786-444c-9cdd-1f20961473ca  generic          virbr0-nic
virbr0       ac82c547-0c6c-464f-8e38-d4a5efa90788  bridge           virbr0
eth0         ab47810d-2aca-4956-9263-de0952b4eebc  802-3-ethernet   eth0
```

我们会发现到 eth0 连接的 UUID 改变了，同时 DEICE 会对应到我们的网卡，此时系统就帮我们构建好了 eth0 这个连接。

使用 man nmcli 命令之后，查询 connection 的关键字，找到 add项，写出下面各项的含义：

1. con-name
2. ifname
3. type

查看网络连接的详细设置

要查看的网络连接的详细内容，可以如下操作：

```
[root@localhost ~]# nmcli connection show eth0
connection.id:                          eth0
connection.uuid:                        ab47810d-2aca-4956-9263-de0952b4eebc
connection.interface-name:              eth0
connection.type:                        802-3-ethernet
connection.autoconnect:                 yes
.......
ipv4.method:                            auto
ipv4.dns:
ipv4.dns-search:
ipv4.addresses:
ipv4.gateway:                           --
```

```
ipv4.routes:
.......
ipv6.method:                          auto
ipv6.dns:
ipv6.dns-search:
ipv6.addresses:
ipv6.gateway:                         --
.......
IP4.ADDRESS[1]:                       172.16.0.83/16
IP4.GATEWAY:                          172.16.200.254
IP4.DNS[1]:                           172.16.200.254

IP4.DOMAIN[1]:                        gocloud.vm
DHCP4.OPTION[1]:                      requested_domain_search = 1
DHCP4.OPTION[2]:                      requested_nis_domain = 1
DHCP4.OPTION[3]:                      requested_time_offset = 1
.......
IP6.ADDRESS[1]:                       fe80::5054:ff:fe21:bc9e/64
IP6.GATEWAY:
```

一般来说，输出的信息有小写字母与大写字母，习惯上小写字母大多为“设置值”，大写字母大多为“现在运行中的状态信息”。上面只列出了较为重要的信息，包括：

- connection.autoconnect [yes|no]：是否在开机时启动这个网络连接，默认设置通常是 yes。
- ipv4.method [auto|manual]：自动还是手动设置网络参数。
- ipv4.dns [dns_server_ip]：填写 DNS 服务器的 IP 地址。
- ipv4.addresses [IP/Netmask]：IP 与 netmask 的集合，中间用斜线“/”来分隔。
- ipv4.gateway [gw_ip]：gateway 的 IP 地址。

至于大写字母，比较常见的重要表项如下：

- IP4.ADDRESS[1]：当前运行中的 IPv4 的 IP 地址。
- IP4.GATEWAY：当前运行中的 IPv4 网关。
- IP4.DNS[1]：当前运行中的 DNS 服务器 IP 地址。
- DHCP4.OPTION[XX]：由 DHCP 服务器所提供的相关参数。

基本上，如果看到 DHCP4.OPTION 之类的字样，表示这个网络连接主要是通过“自动获取 IP”的方式来获得 IP 地址的。

自动获取 IP 参数的设置

所谓的自动获取 IP 参数，表示使用 DHCP 服务器来管理网络地址的分配，读者的网络环境中应该具有 IP 分享器或其他提供 DHCP 功能的设备。由于所有的设置均来自于 DHCP 服务，因此读者只需将 ipv4.method 设置为自动（auto）即可。

```
[root@localhost ~]# nmcli connection modify eth0 ipv4.method auto
[root@localhost ~]# nmcli connection up eth0
Connection successfully activated (D-Bus active path:
/org/freedesktop/NetworkManager/ActiveConnection/4)
```

“nmcli connection up eth0”表示使用设置值来重新启动这个网络连接。

手动设置 IP 参数

网络环境的设置主要由ISP来提供，假设我们的系统所在的ISP提供的网络设置如下：

- IP/Netmask: 172.16.50.1/16
- Gateway: 172.16.200.254
- DNS: 172.16.200.254

我们可以手动设置 IP 参数，如下所示：

```
[root@localhost ~]# nmcli connection modify eth0 \
> connection.autoconnect yes \
> ipv4.method manual \
> ipv4.addresses 172.16.50.1/16 \
> ipv4.gateway 172.16.200.254 \
> ipv4.dns 172.16.200.254

[root@localhost ~]# nmcli connection show eth0
.......
ipv4.method:                            manual
ipv4.dns:                               172.16.200.254
ipv4.dns-search:
ipv4.addresses:                         172.16.50.1/16
ipv4.gateway:                           172.16.200.254
.......
[root@localhost ~]# nmcli connection up eth0
```

确认启动网络之后，查看一下最下方以大写字母显示的信息，看看显示出的 IP 参数是否与我们设置的相同。

```
[root@localhost ~]# nmcli connection show eth0
```

```
.......
IP4.ADDRESS[1]:                  172.16.50.1/16
IP4.GATEWAY:                     172.16.200.254
IP4.DNS[1]:                      172.16.200.254
IP6.ADDRESS[1]:                  fe80::5054:ff:fe21:bc9e/64
IP6.GATEWAY:
```

主机名的设置

一般联网到 Internet 的服务器应该都有一个主机名，主机名的查看方式可以直接使用 hostname 命令来查看。如果是设置，则需要编写 /etc/hostname 这个文件。不过，如果手动编辑配置文件，通常都需要重新启动（reboot）系统以便让主机名生效。为了解决这个 reboot 的问题，centos 提供了名为 hostnamectl 的命令，假设主机名为 www.centos 时，可以这样设置：

```
[root@localhost ~]# hostnamectl set-hostname www.centos
[root@localhost ~]# hostnamectl
Static hostname: www.centos
      Icon name: computer-vm
        Chassis: vm
     Machine ID: 741c73b552ed495d92a024bc7a9768cc
        Boot ID: 2b1132689ed24361b2dec52309174403
  Virtualization: kvm
Operating System: CentOS Linux 7 (Core)
CPE OS Name: cpe:/o:centos:centos:7
         kernel: Linux 3.10.0-327.el7.x86_64
   Architecture: x86-64
```

这样就可以设置好主机名并使之立刻生效，而不用重新启动系统。

1. 请根据下面提供的网络数据来设置你的网络参数（当然应该以您的老师提供的数据为主）：

   a. IP/netmask: 172.16.60.XX/16（XX 为你的学号尾数，以全班不重复为准）。
   b. gateway: 172.16.200.254。
   c. DNS: 202.96.199.133（此为中国电信在北京的 DNS 服务器之一的 IP 地址，因此你的环境中需要有 Internet 连接。读者可以根据自己所在的省份和城市选择中国电信在当地的DNS服务器的 IP 地址，即就近选择。大家可以在网上查询到这些 DNS 服务器的公开IP地址）。

d. Hostname: stationXX.centos（XX为你的学号尾数）。

2. 检查网络参数与网络状态的方式：
   a. 使用 nmcli connection show 命令可以查询到哪些重要的参数？
   b. 如何通过 ping 这个命令来检查你的服务器与路由器之间的网络连接情况？在返回的信息中，出现什么关键词就说明顺利地连接成功了？在出现的信息中，时间的单位与含义是什么？
   c. 使用 dig www.google.com 命令来检查 DNS 是否在顺利运行：有哪几个部分的信息需要注意？出现哪一个部分的信息才算正确查询到 IP 地址？哪一项可以看出查询的服务器 IP 地址？
   d. 哪个命令可以用于查看当前本主机的主机名？

11.1.2 日期与时间设置

地球上每个地区都有专属于自己的时区，因此当我们带着笔记本电脑到不同时区的地点时，需要修正自己的电脑时间才行。修正的方式可以使用 CentOS 7 提供的 timedatectl 命令。

```
[root@localhost ~]# timedatectl
          Local time: Tue 2016-05-10 19:25:38 CST
      Universal time: Tue 2016-05-10 11:25:38 UTC
            RTC time: Tue 2016-05-10 11:25:52
           Time zone: Asia/Beijing (CST, +0800)
         NTP enabled: no
    NTP synchronized: no
     RTC in local TZ: no
          DST active: n/a
```

查询自己系统当前的正确时间，然后通过 timedatectl 命令来设置好当前的时间。

除了自行设置之外，读者也可以通过网络来进行时间的校正。如果要连接的NTP（Network Time Protocol）服务器域名为ntp.xxx.edu，那么如下操作可以校正时间（其中的一些信息只是范例，具体信息和时间取决于读者连接的NTP服务器）：

```
[root@localhost ~]# ntpdate ntp.xxx.edu
10 May 11:28:30 ntpdate[18839]: step time server 1xx.1xx.100.1 offset -28784.726606
```

```
sec
[root@localhost ~]# hwclock -w
```

如上所示，在某些特殊的环境下，北京时间会快了 8 小时，这是因为虚拟机使用了格林威治时间所致。校正后系统即可正确设置。

使用持续网络校时的功能（客户端功能）

我们应该会发现到如今的操作系统大多可以保持正确的时间，再也不必进行手动校时了。CentOS 7 提供了两个机制来协助网络校时，一个是通过 chronyd 服务，一个则是通过 ntpd。CentOS 7 默认使用 chronyd 这个服务。还以上面的NTP服务器为例（ntp.xxx.edu 是个假设的时间服务器，读者可以替换成真实的NTP服务器域名。若以此时间服务器为主要的更新时间来源，可以如下操作：

```
[root@localhost ~]# vim /etc/chrony.conf
# Use public servers from the pool.ntp.org project.
# Please consider joining the pool (http://www.pool.ntp.org/join.html).
#server 0.centos.pool.ntp.org iburst          <==将默认的服务器注释掉
#server 1.centos.pool.ntp.org iburst
#server 2.centos.pool.ntp.org iburst
#server 3.centos.pool.ntp.org iburst
server ntp.xxx.edu iburst                     <==加入所需要的服务器
.....

[root@localhost ~]# systemctl enable  chronyd
[root@localhost ~]# systemctl restart chronyd
[root@localhost ~]# systemctl status  chronyd
● chronyd.service - NTP client/server
Loaded: loaded (/usr/lib/systemd/system/chronyd.service; disabled; vendor
preset: enabled)
Active: active (running) since 一 2017-04-03 02:26:43 EDT; 4s ago
Process: 2086 ExecStartPost=/usr/libexec/chrony-helper update-daemon
(code=exited, status=0/SUCCESS)
Process: 2082 ExecStart=/usr/sbin/chronyd $OPTIONS (code=exited,
status=0/SUCCESS)
Main PID: 2084 (chronyd)
 CGroup: /system.slice/chronyd.service
             └─2084 /usr/sbin/chronyd

4月 03 02:26:43 localhost systemd[1]: Starting NTP client/server...
4月 03 02:26:43 localhost chronyd[2084]: chronyd version 2.1.1 starting (+CMDMON
+NTP +REFCLOCK +RTC...
4月 03 02:26:43 localhost chronyd[2084]: Generated key 1
```

```
4月 03 02:26:43 localhost systemd[1]: Started NTP client/server.
4月 03 02:26:47 localhost chronyd[2084]: Selected source 1xxx.1xxx.100.1
4月 03 02:26:47 localhost chronyd[2084]: System clock wrong by 2.322333 seconds, adjustment started
Hint: Some lines were ellipsized, use -l to show in full.
```

若需要了解当前的NTP时间状况，可以使用追踪（tracking）功能来查看一下：

```
[root@localhost ~]# chronyc tracking
Reference ID         : 1xxx.xxx.100.1 (ntp.xxx.edu)
Stratum              : 4
Ref time (UTC)       : Mon Apr  3 06:38:52 2017
System time          : 0.000042931 seconds slow of NTP time
Last offset          : -0.000060345 seconds
RMS offset           : 0.000033498 seconds
Frequency            : 19.614 ppm slow
Residual freq        : -0.102 ppm
Skew                 : 0.959 ppm
Root delay           : 0.008587 seconds
Root dispersion      : 0.054062 seconds
Update interval      : 64.2 seconds
Leap status          : Normal
```

如此一来，只要一直连接到因特网（Internet）上，此 Linux 系统就能够持续地更新时间了。

11.1.3 语言设置

登录系统且获取 bash 之后，就会有默认的语言设置，系统默认的语言设置为 zh_CN.utf8（简体中文）。但是，图形用户界面登录后默认的语言设置为英语。读者可以使用 locale 命令来查阅系统当前的语言设置，使用 localectl 命令则可以查询系统默认的语言设置。

```
[root@localhost ~]# localectl
    System Locale: LANG=en_US.UTF-8
       VC Keymap: us
        X11 Layout: us,cn
        X11 Variant: ,
        X11 Options: grp:Ctrl_shift_toggle
```

若想要让图形用户界面以采用中文为主，可以使用如下方式来设置：

```
[root@localhost ~]# localectl set-locale LANG=zh_CN.utf8
[root@localhost ~]# systemctl isolate multi-user.target
[root@localhost ~]# systemctl isolate graphical.target
```

11.1.4 简易防火墙的管理

若要作为服务器，那么 Linux 的防火墙管理就显得非常重要了。CentOS 7 提供了一个名为 firewalld 的防火墙服务，这个防火墙主要通过 firewall-cmd 命令来管理，而防火墙的执行分为两种方式：

- 当前活动（active）的环境中生效。
- 作为永久（permanent）设置，一直生效。

此外，为了方便管理，防火墙将许多不同的应用定义了多个区域（zone）。不过，在这里我们只需要知道公开的区域（public zone）即可。

```
[root@localhost ~]# firewall-cmd --get-default-zone
public

[root@localhost ~]# firewall-cmd --list-all
public (default, active)
  interfaces: eth0
  sources:
  services: dhcpv6-client ssh
  ports:
  masquerade: no
  forward-ports:
  icmp-blocks:
  rich rules:
```

上面显示出默认的防火墙使用了 public 这个区域的规则进行设置，而 public 区域内的数据中主要应用了：

- interfaces: eth0：主要管理的接口为 eth0 这个网卡。
- services: dhcpv6-client ssh：可以通过防火墙进出系统的服务有 DHCP 客户端以及 SSH 这两个服务。
- masquerade: no：没有启动 IP 伪装功能。

如果读者的服务器将来要加上 httpd 这个 WWW 网页服务器的服务，就可以参照如下的方式来加入：

```
[root@localhost ~]# firewall-cmd --add-service=http
success

[root@localhost ~]# firewall-cmd --list-all
public (default, active)
  interfaces: eth0
  sources:
  services: dhcpv6-client http ssh
  ports:
  masquerade: no
  forward-ports:
  icmp-blocks:
  rich rules:
```

上述命令只能在本次系统开机启动阶段执行，系统再次重新启动后，或者是重新加载 firewalld 之后，这条规则就被注销了。因此，确认规则是正常的之后，应该使用如下的方式添加到配置文件中才行：

```
[root@localhost ~]# firewall-cmd --add-service=http --permanent
success

[root@localhost ~]# firewall-cmd --list-all --permanent
```

自行确认输出的结果中含有 http 即可。

请参照下面的要求或者步骤设置好你的防火墙：

1. 先使用 --get-services 查询 firewall-cmd 所认识的所有服务有哪些。
2. 删除原来放行的服务，只放行 http、https、ftp、tftp 等服务到当前的防火墙规则中。
3. 先使用 man firewalld.richlanguage 命令查询相关的规则与范例（example）。
4. 只要来自 172.16.100.254 的要求，均予以放行。
5. 只要来自 172.16.0.0/16 的 SSH连接请求，均予以放行。
6. 将上述结果写入永久配置文件中。

11.2 文件的压缩与打包

许多时候我们需要进行文件系统的压缩与打包，从系统中备份数据或者是减少数据的占用空间。另外，程序设计人员在网络传输数据时，为了降低带宽的占用率，进行数据压缩时选择更好的压缩比是经常要考虑的问题。

11.2.1 文件的压缩命令

在 Linux 环境下，常见的压缩命令有gzip、bzip2 和 xz，这三个命令主要的目的就是压缩单个文件。但是，在默认的情况下，被压缩的原文件会被“抛弃”而仅存被压缩完成之后的已压缩文件，除非我们使用 -c 的选项搭配数据流重定向，方可同时保留原文件与压缩文件。

测试不同压缩命令的压缩比：

1. 前往 /dev/shm 创建 zip 目录，并使之成为工作目录。
2. 找出 /etc 下最大的文件（使用 ll --help 找出相对应的选项），并将该文件复制到工作目录下。
3. 将工作目录下的文件复制成为 filename.1、filename.2、filename.3 共三个文件。
4. 分别使用 time 命令查看 gzip 压缩 filename.1、bzip2 压缩 filename.2以及 xz 压缩 filename.3 的时间。
5. 查看一下哪个压缩命令所花费的时间最长，哪个命令的压缩比最佳。
6. 最终以 time 搭配 gzip、bzip2 和 xz，将刚刚压缩的文件解开，并查看哪个命令花费的时间最长。
7. 以 gzip 为例，找出 gzip 的 -c 选项，当 gzip 压缩 filename.1 时，同时保留原文件与创建压缩文件。

11.2.2 文件的打包命令 tar

因为 gzip、bzip2 和 xz 主要是针对单个文件来进行压缩，对于类似 Windows 提供的 winRAR、zip、7-zip 等可以将多数文件打包成为一个文件的用法，这些压缩命令是无法做到的。不过，Linux 环境下提供了名为 tar 的打包命令，这个命令也可以使用 gzip、bzip2 和 xz 的函数来打包并压缩，读者将 tar 想象成 7-zip 就行了。

tar 的基本语法如下所示：

```
[root@localhost ~]# tar [-z|j|J] -c|-t|-x [-v] [-f tar 支持的文件] [filename...]
```

tar 后续接的选项作用说明如下：

- [-z|j|J]：是否需要压缩支持，三个选项分别对应 gzip、bzip2 和 xz 的支持。
- -c|-t|-x：实际执行的任务，三个选项分别是打包、查阅内容、拆包（或解包）。
- -v：是否要查看命令的执行过程。
- [-f tar 支持的文件]：使用 -f 来处理 tar 的文件。

我们经常需要将 /etc/ 做完整的备份，假设我们要将 /etc 使用最大压缩比的 xz 来进行压缩备份，可以如下操作：

```
[root@localhost ~]# cd /dev/shm/zip
[root@localhost zip]# tar -Jcv -f etc.tar.xz /etc
[root@localhost zip]# ll etc*
-rw-r--r--. 1 root root 5635764  5月 11 11:57 etc.tar.xz
```

一般来说，tar 的扩展名是可以随意取的，如上面的 etc.tar.xz。不过，最好加上 tar 以及压缩命令作为扩展名，因此常见的扩展名为：

- *.tar: 单纯的 tar 并没有压缩。
- *.tar.gz: 采用 gzip 压缩的 tar 文件。
- *.tar.bz2: 采用 bzip2 压缩的 tar 文件。
- *.tar.xz: 采用 xz 压缩的 tar 文件。

若需要查看 etc.tar.xz 的文件内容，可以使用如下方式来查看：

```
[root@localhost zip]# tar -Jtv -f etc.tar.xz
.......
-rw-r--r-- root/root        11 2016-05-10 19:06 etc/hostname
-rw-r--r-- root/root       163 2016-02-18 02:54 etc/.updated
-rw-r--r-- root/root     12288 2016-02-18 18:42 etc/aliases.db
```

只要将 -c 改成 -t 即可查看压缩文件的内容，同时我们也可以很清楚地看到，文件名中已经不含根目录了。因此，拆解 tar 文件时，默认会在工作目录解开文件。若需要在不同的目录下解开，就需要搭配 -C 选项才行（有关细节，可以使用 man tar 命令来查阅用法）。

1. 使用 file 命令来确认 etc.tar.xz 所采用的压缩方法是什么。
2. 分别将 etc.tar.xz 在本目录与 /tmp 目录解开。

11.2.3　备份功能

tar 经常被用来作为系统文件备份的工具，如果不考虑容量，一般建议采用 gzip 来压缩，因其速度较快。如果不考虑时间，则建议采用 xz 压缩方式，因其空间占用率小。

以 Linux 操作系统的标准目录来说，建议备份的目录应该包含下面这些目录：

- /etc/ 整个目录。
- /home/ 整个目录。
- /var/spool/mail/。
- /var/spoll/{at|cron}/。
- /root/。
- 如果你自行安装过其他的软件，那么 /usr/local/ 或 /opt 也最好备份一下！

若是针对网络服务方面的数据，那么经常需备份的有：

- 软件本身的配置文件，例如：/etc/ 整个目录，/usr/local/ 整个目录。
- 软件服务提供的数据，以 WWW 和 Mariadb 为例：
  - WWW 数据：/var/www 整个目录或/srv/www 整个目录，以及系统的用户根目录。
  - Mariadb ：/var/lib/mysql 整个目录。
- 其他在 Linux 主机上面提供服务的数据库文件。

假设需要备份的目录有下面这些：

- /etc
- /home
- /root
- /var/spool/mail/，/var/spool/cron/，/var/spool/at/
- /var/lib/

请编写一个名为 /backups/backup_system.sh 的脚本来进行备份的工作。脚本内容可以是：

1. 设计一个名为 source 的变量，变量内容以空格隔开所需要备份的目录。
2. 设计一个名为 target 的变量，该变量为 tar 所创建的文件，文件名的命名规则为 backup_system_20xx_xx_xx.tar.gz，其中 20xx_xx_xx 为年、月、日的数字，该数字根据我们备份当天的日期从 date 获取。
3. 开始使用 tar 来备份。

11.3 Linux 作业调度

Linux 系统的作业（job）非常多，系统管理员总是希望系统可以自己管理自己，这样维护系统就比较轻松。自动作业调度的方式有两种，分别是：

- 单次执行，执行完毕后该作业则被舍弃。
- 一直循环运行的作业。

在默认的情况下，Linux 系统提供了上述两种作业调度，最小的时长以分钟计，最大的时长可以长达一年。

11.3.1 单次作业调度：at

单次作业的调度必须启动 atd 这个“服务”才能运行，因此读者应该先查看系统的 atd 是否启动了。

```
[root@localhost ~]# systemctl status atd
● atd.service - Job spooling tools
Loaded: loaded (/usr/lib/systemd/system/atd.service; enabled; vendor preset:
enabled)
Active: active (running) since 二 2016-05-03 00:01:14 CST; 1 weeks 2 days ago
Main PID: 1271 (atd)
CGroup: /system.slice/atd.service
        └─1271 /usr/sbin/atd -f

 5月 03 00:01:14 localhost systemd[1]: Started Job spooling tools.
 5月 03 00:01:14 localhost systemd[1]: Starting Job spooling tools...
```

确定在运行即可。

若上述的判断结果显示为没有启动，该如何处理呢？

单次循环工作调度可使用“at TIME”命令，TIME 为时间格式。最常见的时间格式为：

```
[student@localhost ~]$ at HH:MM YYYY-MM-DD
[student@localhost ~]$ at now
[student@localhost ~]$ at now + 10 minutes
```

若 student 希望能在今日11点将ip addr show 的结果输出到自己根目录的 myipshow.txt 文件中，则应该如下操作：

```
[student@localhost ~]$ at 11:00
at> ip addr show &> /home/student/myipshow.txt
at> <EOT>   <==这里按下 【Ctrl】+【d】组合键结束输入
job 1 at Thu May 12 11:00:00 2016
```

上面的范例中，我们只输入了一行命令（ip addr... 那行），紧接着的那行则不要输入任何字符，直接按下【Ctrl】+【d】的组合键即可出现 <EOT> 字样，然后就结束 at 的输入。接下来我们可以查阅 at 的作业队列情况：

```
[student@localhost ~]$ atq
1       Thu May 12 11:00:00 2016 a student
```

上面表示第一个作业为 student 在 5 月 12 日 11:00 要执行的。但是，实际的作业内容就要用“at -c 1”命令来查看了，其中的“1”指的是第一个作业，即 atq 命令输出中排在最前面的数字。

假设我们的系统因为所在环境的电力维护问题，需要在12月31日17:30关机。而我们希望在关机前 30 分钟通知在线的用户赶快注销（可使用 wall 命令），该如何执行这个任务呢？

1. 由于是在关机前30分钟进行通知，因此建议在 20XX-12-31 17:00就执行at。
2. 使用wall命令来执行通知的操作，但是在 wall 命令中最好用英文不要写中文（因为某些终端无法顺利显示中文）。
3. 使用 sleep 命令来睡眠 30 分钟。

4. 使用 poweroff 命令来关机即可。

系统在默认设置的情况下，所有人都可以使用 at 这个命令，但如果系统管理员想要关闭某些用户的 at 使用权，可以将该用户写入 /etc/at.deny。若要管理得较为严格，则可以将允许执行 at 的用户写入 /etc/at.allow，这样的话没有写入 at.allow 的用户将无法使用 at 命令。即：

- 只有在 at.deny 存在时：写入该文件内的用户无法使用 at 命令，其余用户都可以使用。
- 只有在 at.allow 存在时：写入该文件内的用户可以使用 at 命令，其余用户则不可使用。
- at.deny 与 at.allow 同时存在：以 at.allow 为主。

11.3.2 循环作业调度：crontab

循环型的作业调度需要启动 crond 这个服务，请先确认这个服务的运行状态。

```
[root@localhost ~]# systemctl status crond
● crond.service - Command Scheduler
Loaded: loaded (/usr/lib/systemd/system/crond.service; enabled; vendor preset:
enabled)
Active: active (running) since 二 2016-05-03 00:01:14 CST; 1 weeks 2 days ago
Main PID: 1273 (crond)
 CGroup: /system.slice/crond.service
           └─1273 /usr/sbin/crond -n

 5月 03 00:01:14 localhost systemd[1]: Started Command Scheduler.
 5月 03 00:01:14 localhost systemd[1]: Starting Command Scheduler...
 5月 03 00:01:14 localhost crond[1273]: (CRON) INFO (RANDOM_DELAY will be scaled
with factor 67% if used.)
 5月 03 00:01:15 localhost crond[1273]: (CRON) INFO (running with inotify support)
```

基本上，crond 的设置可以分为两种，一种与 at 很类似，直接让用户使用命令来设置；另一种则是需要修改系统配置文件，这种方式只由系统管理员来设置。

所有用户均可使用的 crontab 命令

所有用户（包含 root）默认都能使用 crontab 这个命令，当执行 corntab -e 之后，系统就会进入 cron 的设置环境，该环境其实就是使用 vi 函数。设置的内容主要有6个字段，设置口诀为"分 时 日 月 周 命令"，每个字段中间可用空格符或字表符（按【Tab】键）隔开。其中前面5个字段的时间参数限制如表11.1所示。

表 11.1　前 5 个字段的时间参数限制

含义	分钟	小时	日期	月份	周	命令
数字范围	0-59	0-23	1-31	1-12	0-7	命令最好使用绝对路径

周的数字为0或7时，都表示“星期天”。另外，还有一些辅助的字符，如表11.2所示。

表 11.2　辅助字符

特殊字符	代表的含义
*（星号）	表示任何时刻都接受。举例来说，字段中的日、月、周都是 *，就表示“无论何月、何日的星期几的 12:00 时都执行后续命令”
,（逗号）	表示分隔时段。举例来说，如果要执行命令的时间是 3:00 与 6:00 两个时间段，就是： 0 3,6 * * * command 时间参数还是有 5 个字段，不过第 2 字段是 3,6，表示 3 与 6 都适用
-（减号）	表示一段时间范围内。举例来说，8 点到 12 点之间的每小时内的 20 分都执行一个作业： 20 8-12 * * * command 我们看到第 2 字段变成了 8-12，这表示 8,9,10,11,12 都适用
/n（斜线）	n 代表数字，即“每隔 n 单位的间隔”，例如每 5 分钟执行一次，则是： */5 * * * * command 用 * 与 /5 来搭配，也可以写成 0-59/5，意思是一样的

用 student 的身份，让 /usr/sbin/ip addr show 命令执行的结果在每天的 11 点显示在 /home/student/myipshow.txt 中。

系统管理员可以操作的系统配置文件

除了 crontab 之外，系统管理员也可以在下面的位置放置系统管理的设置：

- /etc/crontab
- /etc/cron.d/*

建议将系统管理的部分内容写到 /etc/crontab 文件中，若是系统管理员想要开发单独的软件，则建议放到/etc/cron.d/* 中。举例来说，若前一小节谈到的 /backups/backup_system.sh 想要每周日定期执行一次，则可以这样设置：

```
[root@localhost ~]# vim /etc/crontab
0 11 * * 0 root sh /backups/backup_system.sh &> /dev/null
```

与普通用户的 crontab -e 命令不同，系统管理员最好是指定“执行该命令的用户身份”。

读者也可以将上述的设置写到一个文件中，然后将该文件放入 /etc/cron.d 目录中即可。此外，系统其实已经指定了一些特定时间会执行的目录及其文件，用户也可以自己编写脚本，随后将该脚本放入下列的目录中。

- /etc/cron.hourly：内容为每小时执行一次的作业。
- /etc/cron.daily：内容为每天执行一次的作业。
- /etc/cron.weekly：内容为每周执行一次的作业。
- /etc/cron.monthly：内容为每月执行一次的作业。

除了每周进行一次系统备份外，我们希望编写一个脚本每个月还能自动执行一次，该如何处理？

1. 先让该脚本具有执行的权限（chmod a+x）。
2. 将该脚本复制一份存放到 /etc/cron.monthly 中即可。

11.4 课后操作练习

请使用 root 的身份登录系统，再完成如下实践任务。直接在系统上面操作，操作成功即可。

1. 回答下列问题，并将答案写在 /root/ans11.txt 文件内：

   a. 一般网络检查是否通行会有几个步骤？每个步骤所需要检查的项目是什么？
   b. 一般 Linux 操作系统在 PC 上会有两个时间记录，分别是哪两个？
   c. 按照压缩比从最好到最差，写出Linux 中常见的三个压缩命令。
   d. 在例行作业调度的 crontab 命令使用中，对于普通账号来说，设置 6 个字段的口诀是什么？

2. 系统的基础设置——网络的设置部分：

   a. 由于我们的系统是经过克隆（clone）出来的，因此所有的设备恐怕都有点“怪怪的”。所以，请先将系统中的 eth0 这个网络连接删除。
   b. 根据下面的说明，重新创建 eth0 这个网络连接：
      - 使用的网卡为 eth0。

- 需要在系统开机启动时自动启动这个网络连接。
- 网络参数的设置方式为手动方式，不要使用自动获取网络参数。
- IP Address（IP 地址）为：192.168.251.XXX/24（XXX 为上课时老师提供的号码）。
- Gateway（网关）为：192.168.251.250。
- DNS server IP（DNS 服务器 IP）为：请按照老师课后说明来设置（若无规定，请以 168.95.1.1 和 8.8.8.8 这两个为准）。
- 主机名：请设置为 stdXXX.book.vbird（XXX 为上课时老师提供的号码）。

设置完毕后，一定要启用这个网络连接。

3. 系统的基本设置——时间、语言等其他设置：

   a. 如果系统时间显得比较奇怪，就可能是时区与时间错乱了！请改回北京的标准时区与时间。

   b. 如果不知道什么原因，系统的语言好像被修改成繁体中文了，请将它改回简体中文。

   c. 未来这台主机会作为 WWW/FTP/SSH 服务器，因此在防火墙规则中，请放行 http、ftp、ssh 这几个服务。注意，这个规则也需要写入永久配置文件中。

4. 文件的压缩、解压缩等任务：

   a. 如果你的系统中有一个文件名为 /root/mybackup 的文件，这个文件原本是备份系统的数据，但扩展名不小心写错了，请将这个文件修改成正确的扩展名（例如 /root/mybackup.txt 之类的），并将该文件在 /srv/testing/ 目录中解开。

   b. 需要备份的目录有/etc、/home、/var/spool/mail/、/var/spool/cron/、/var/spool/at/、/var/lib/，请编写一个名为 /root/backup_system.sh 的脚本来进行备份的工作。脚本内容应该有：

   - 第一行一定要声明要使用的 shell。
   - 自动判断 /backups 目录是否存在，若不存在则用 mkdir 创建，若存在则不进行任何操作。
   - 设计一个名为 source 的变量，变量内容以空格隔开所需备份的目录。
   - 设计一个名为 target 的变量，该变量为 tar 所创建的文件，文件名的命名规则为 /backups/mysystem_20xx_xx_xx.tar.gz，其中 20xx_xx_xx 为年、月、日的数字，该数字根据实际备份当天的日期从 date 命令获得。
   - 开始使用 tar 命令来备份。
   - 注意，编写完毕之后，一定要立刻执行一次该脚本。确认实际创建了 /backups 以及相关的备份数据。

5. 使用网络校时（chronyd）的方式连接到 NTP 服务器，主动更新系统时间。（国内不少大学都有 NTP 服务器，例如，北京大学的 NTP 服务器为 s1c.time.edu.cn，清华大学的 NTP 服务器为 s1b.time.edu.cn）。
6. 例行作业调度的设置：
   a. 假如我们的系统将在下个月的 20 号 08:00 进行关机的年度维护工作，请以“单次”作业调度来设计这个关机的操作（poweroff）。
   b. 让系统每天3:00am时执行一次全系统的更新。相关设置请写入 /etc/crontab 中。（可以先查询下一章有关这个命令的用法。）
   c. 使用 gooduser 账号，在每天 15:30 时执行“/bin/echo 'It is tea time'”的例行任务。需要使用 gooduser 登录时，该账号的密码为 mypassword。

第 12 章

软件管理与安装及日志文件初探

很多时候，我们都需要进行软件的安装与升级，尤其是在信息安全方面，将软件保持在越新的状态，就越能解决“零时攻击”的问题。Linux 提供了快速的软件在线安装/升级机制，系统管理员在有网络连接的情况下，很容易进行软件的管理。另外，查阅日志文件也是系统管理员很重要的工作项目之一。

12.1 Linux 本机软件管理 rpm

目前主流 Linux 发行版使用的软件管理机制大概为表12.1所示的两种。

表 12.1 主流 Linux 发行版使用的软件管理机制

Linux 发行版	软件管理机制	使用的命令	在线升级机制（命令）
Red Hat/Fedora	RPM	rpm，rpmbuild	YUM (yum)
Debian/Ubuntu	DPKG	dpkg	APT (apt-get)

CentOS 为 Red Hat 的一支，因此也是使用 RPM 的软件管理机制。

12.1.1 RPM 管理器简介

RPM的全名是RedHat Package Manager。顾名思义，当初这个软件管理的机制是由Red Hat这家公司开发出来的。RPM是以一种数据库记录的方式，将我们所需要的软件安装到Linux系统的一套管理机制。

它最大的特点就是事先将我们要安装的软件编译过，并且打包成为 RPM 机制的软件包文件，通过打包好的软件中预设的数据库记录，记录这个软件在安装的时候必须具备的相关从属软件。当在我们的 Linux 主机安装时，RPM 会先依照软件中的信息来查询 Linux 主机的相关从属软件是否满足，若满足则予以安装，若不满足则不安装。那么安装的时候就将该软件的信息整个写入 RPM 的数据库中，以便未来的查询、验证与卸载。这样做的优点是：

- 由于已经编译完成并且打包完毕，因此在软件传输与安装上很方便（不需要再重新编译）。
- 由于软件的信息都已经记录在 Linux 主机的数据库上，因此很方便对 Linux 系统进行查询、升级与卸载。

如果用户想要自行修改RPM内的软件参数，就需要通过含有源代码的SRPM来处理。

RPM 的软件命名方式

一般来说，RPM 软件的命名有一定的规则。下面以 rp-pppoe-3.11-5.el7.x86_64.rpm 来说明：

rp-pppoe -	**3.11 -**	**5**	**.el7.x86_64**	**.rpm**
软件名称	软件的版本信息	发布的次数	适合的硬件平台	扩展名

除了后面适合的硬件平台与扩展名外，主要是以“-”来隔开各个部分，让我们可以很清楚地了解到该软件的名称、版本信息、发布次数以及运行的硬件平台，较为特殊的是“适合的硬件平台”这项。

RPM 可以适用于不同的操作平台上，但是不同的平台，其设置的参数还是有所差异的。并且，我们可以对比较高端的 CPU 进行优化参数的设置，这样才能够使用高端 CPU 所带来的硬件加速功能。所以就有所谓的 i386、i586、i686、x86_64 与 noarch 等文件名出现。

RPM 的优点

由于 RPM 是通过预先编译并打包成为 RPM 文件格式后再加以安装的一种方式，并且能够进行数据库的记载，因此 RPM 有以下优点：

- RPM 内含已经编译过的程序与配置文件等内容，可以让用户免除重新编译的困扰。
- RPM 在被安装之前，会先检查系统的硬盘容量、操作系统版本等，可避免文件被错误安装。

- RPM 文件本身提供了软件版本信息、相关从属软件名称、软件用途说明、软件所含文件等信息，便于用户了解软件。
- RPM 管理的方式是使用数据库记录 RPM 文件的相关参数，这样便于升级、卸载、查询与验证。

不过，由于软件彼此之间可能会有相关性的问题，因此 RPM 有所谓的“软件相关性”的情况，即某些底层软件没有安装时，上层软件安装会失败。

RPM 从属相关的克服方式：YUM 在线升级

RPM 已经内置了软件相关的情况，因而有 YUM用于主动分析 RPM 软件的从属相关性，并制成软件列表形式。当系统管理员想要安装某个软件时，YUM 机制即可立即根据这个软件列表来了解底层软件是否已经安装了，若未安装则开始解决相关从属问题，将所有需要的软件一口气安装完毕。

以 CentOS 为例，CentOS 先将解包的软件放置到 YUM 服务器中；然后分析这些软件的相关性问题，将软件内的记录信息写下来（header）。随后，将这些信息分析后记录成软件相关性的列表。这些列表信息与软件所在的本机或网络的位置被称为“容器”“软件仓库”或“软件库”（repository）。当客户端有软件安装的需求时，客户端主机会主动从网络上的 YUM 服务器的软件库网址下载列表，然后通过软件列表的信息与本机 RPM 数据库已存在的软件信息相比较，就能够一口气安装所有需要的具有相关性的软件了。

1. 目前主流 Linux 发行版大概使用哪两类的软件安装机制？
2. Red Hat 系统使用的在线升级机制是什么？
3. 什么是软件的相关性问题？

12.1.2　RPM 软件管理器：rpm

由于有了 YUM 这个在线升级机制，因此当前很少会用 rpm 来进行安装、升级，用户可以略过这方面的学习。但是 rpm 有本机软件查询以及文件验证的功能，对于快速检查相当有用。

RPM 查询 (query)

RPM 在查询的时候，其实查询的是在 /var/lib/rpm/ 这个目录下的数据库文件。常见的查询选项如下：

```
[root@localhost ~]# rpm -qa                              <==已安装软件
[root@localhost ~]# rpm -q[licdR] 已安装的软件名称         <==已安装软件
[root@localhost ~]# rpm -qf 存在于系统上的某个文件          <==已安装软件
[root@localhost ~]# rpm -qp[licdR] 未安装的某个文件        <==查阅 RPM 文件
```

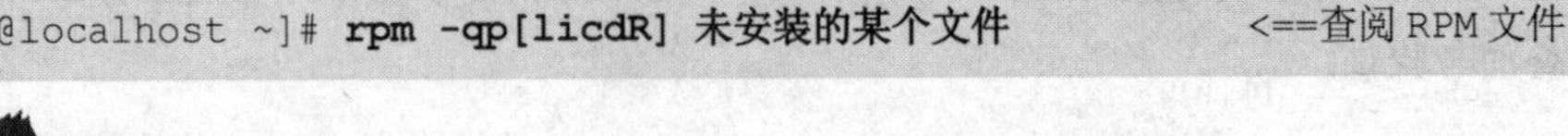

1. 找出你的 Linux 是否安装了 logrotate 这个软件。
2. 列出上题中属于该软件的所有目录与文件。
3. 列出 logrotate 这个软件的相关说明信息。
4. 找出 /bin/sh 是哪个软件提供的。
5. 如果误删了某个重要文件，例如 /etc/crontab，偏偏又不知道它属于哪一个软件，该怎么办？

RPM 验证（Verify）

验证（Verify）的功能主要在于给系统管理员提供一个有效的管理机制，其作用的方式是“使用 /var/lib/rpm 下的数据库内容来对比当前 Linux 系统环境下的所有软件文件”，也就是说，当我们有数据或信息不小心遗失，或者是因为我们误删了某个软件的文件，或者是不小心修改了某一个软件的文件内容，遇到这些情况，用下面的简单方法来验证一下原来的文件系统即可。

```
[root@localhost ~]# rpm -Va
[root@localhost ~]# rpm -V  已安装软件对应的软件名称
[root@localhost ~]# rpm -Vp 某个 RPM 文件的文件名
[root@localhost ~]# rpm -Vf 在系统上的某个文件
```

若有文件的某些内容被修改，则会出现下列字样：

- S: (file Size differs) 文件的容量大小不同了，是否被改变。
- M: (Mode differs) 文件的类型或文件的属性（rwx）不同，是否被改变，可执行等参数是否已被改变。
- 5: (MD5 sum differs) MD5 这一种指纹码的内容已经不同了。
- D: (Device major/minor number mis-match) 设备的主/次比编号不匹配，是否已经改变了。
- L: (readLink(2) path mis-match) Link 路径已被改变。
- U: (User ownership differs) 文件的所属人已被改变。
- G: (Group ownership differs) 文件的所属群组已被改变。
- T: (mTime differs) 文件的创建时间已被改变。

- P: (caPabilities differ) 功能已经被改变。

1. 列出 Linux 内的 logrotate 软件是否被更改过。
2. 查询一下 /etc/crontab 是否被更改过。
3. 定期在星期天 2:00 进行一次全系统的软件验证，并将验证结果更新到 /root/rpmv.txt 文件中。

RPM 数字签名（Signature）

就像自己的签名一样，软件开发商所推出的软件也会有一个厂商自己的签章系统，只是这个签章被数字化了。厂商可以用数字签名系统产生一个专属于该软件的数字签名，并将该数字签名的公钥（public key）公开。因此，当我们要安装一个 RPM 文件时：

- 首先我们必须安装原软件开发商公开的公钥文件。
- 实际安装原软件开发商的 RPM 软件时，rpm 命令会去读取 RPM 文件的签名信息，并与本机系统内的签名信息对比。
- 若签名相同则予以安装，若找不到相关的签名信息，则给予警示信息并停止安装。

CentOS 使用的数字签名系统为 GNU 计划中的 GnuPG（GNU Privacy Guard，GPG）。GPG 可以通过哈希运算，算出独一无二的专属密钥系统或者是数字签名系统。根据上面的说明，我们知道首先要安装原软件开发商公开的 GPG 数字签名的公钥文件。CentOS 的数字签名位于 /etc/pki/rpm-gpg/RPM-GPG-KEY-CentOS-7，而安装与找到密钥的方式如下：

```
[root@localhost ~]# rpm --import /etc/pki/rpm-gpg/RPM-GPG-KEY-CentOS-7
[root@localhost ~]# rpm -qa | grep pubkey
gpg-pubkey-f4a80eb5-53a7ff4b

[root@localhost ~]# rpm -qi gpg-pubkey-f4a80eb5-53a7ff4b
```

RPM 数据库重建

有时正在安装软件时发生了停电或者某些突发情况，这可能会直接/间接地造成 /var/lib/rpm 内的 RPM 数据库错乱。此时可以通过下面的方式来重建数据库：

```
[root@localhost ~]# rpm --rebuilddb   <==重建数据库
```

12.2 Linux 在线安装/升级机制：yum

如果 CentOS 可以连上因特网（Internet），就可以通过 CentOS 官网与相关镜像网站来获取原版官网的软件，随后完成各项在线安装/升级的任务，无须使用原版光盘。

12.2.1 使用 yum 进行查询、安装、升级与卸载操作

yum 是前台使用的软件，其实后端的 Linux 还是使用 rpm 来进行软件管理的任务。yum 常见的用法如下：

查询功能：yum [list|info|search|provides|whatprovides] 参数

如果想要使用 yum 来查询 Linux发行原版所提供的软件，或已知某软件的名称，想知道该软件的功能，则可以直接使用 yum 命令搭配参数。例如，要找出原版的 raid 作为关键字的软件名称时，如下操作：

```
[root@localhost ~]# yum search raid
Loaded plugins: fastestmirror, langpacks
Repodata is over 2 weeks old. Install yum-cron? Or run: yum makecache fast
Loading mirror speeds from cached hostfile  <==下载软件列表
 * base: mirrors.tuna.tsinghua.edu.cn     <==自动找到的最佳镜像网站
 * extras: mirrors.tuna.tsinghua.edu.cn
 * updates: mirrors.tuna.tsinghua.edu.cn
======================= N/S matched: raid ========================
dmraid.i686 : dmraid (Device-mapper RAID tool and library)
dmraid.x86_64 : dmraid (Device-mapper RAID tool and library)
dmraid-devel.x86_64 : Development libraries and headers for dmraid.
dmraid-events-logwatch.x86_64 : dmraid logwatch-based email reporting
libstoragemgmt-megaraid-plugin.noarch : Files for LSI MegaRAID support for
libstoragemgmt
dmraid-events.x86_64 : dmevent_tool (Device-mapper event tool) and DSO
iprutils.x86_64 : Utilities for the IBM Power Linux RAID adapters
mdadm.x86_64 : The mdadm program controls Linux md devices (software RAID arrays)

  Name and summary matches only, use "search all" for everything.
```

yum 进行软件安装与升级的操作相当简单，通过镜像或下载服务器的软件列表后，与本机的 rpm 数据库进行对比，若发现在服务器上存在而本机不存在的软件，则可以进行安装；若发现服务器的软件版本较新而本机软件较旧，则可以进行升级。另外，yum 也会自

动比较联网的速度，找到最近的官网镜像网站来完成文件下载的任务。如果想要了解上述 dmraid 软件的说明，可如下操作：

```
[root@localhost ~]# yum info dmraid
Installed Packages
Name              : dmraid
Arch              : x86_64
Version           : 1.0.0.rc16
Release           : 26.el7
Size              : 341 k
Repo              : installed
From repo         : anaconda
Summary           : dmraid (Device-mapper RAID tool and library)
URL               : http://people.redhat.com/heinzm/sw/dmraid
License           : GPLv2+
Description       : DMRAID supports RAID device discovery, RAID set activation,
creation,
                  : removal, rebuild and display of properties for ATARAID/DDF1
metadata on
                  : Linux >= 2.4 using device-mapper.
```

其实就是 rpm -qi dmraid 的内容展现。如果想要知道服务器上的所有软件列表，就可以使用“yum list”来查阅。这与 rpm -qa 有点类似，不过 rpm -qa 只会列出本机上的软件，而 yum list 可以列出服务器上的所有软件。

从前一小节中，我们知道使用“rpm -qf /local/file/name”命令可以通过文件来找出原来的软件名称，那么 yum 的相关功能如何实现呢？举例来说，哪一个软件提供了 /etc/passwd 呢？可如下操作：

```
[root@localhost ~]# yum provides "*/passwd"
setup-2.8.71-6.el7.noarch : A set of system configuration and setup files
Repo        : @anaconda
Matched from:
Filename    : /etc/passwd
```

使用 yum 完成如下任务，不要使用 rpm。

1. 哪一个软件提供了 ifconfig 命令？
2. 显示并查阅该软件的描述（Description），尝试了解该软件的任务。

3. 列出所有以 qemu 为开头的软件。
4. qemu-kvm 软件的功能是什么？

安装/升级功能：yum [install|update] 软件

安装与升级直接选用 install/update 即可。

基本的查询与安装任务

1. 用 rpm 在本机查询是否安装了 pam-devel 这个软件。
2. 用 yum 查询是否有 pam-devel 这个软件。
3. 用 yum 在线安装这个 pam-devel 软件。
4. 安装完毕后，通过 rpm 查询 pam-devel 的所属文件有哪些。

基本的升级任务

1. 先使用 yum check-update 命令尝试分析当前服务器上有比本机 Linux 还要新的软件。
2. 随意选择一个软件（例如 sudo）来进行单个软件的升级。
3. 进行一次全系统的升级。
4. 如果需要每天凌晨 3 点自动在系统后台进行全系统的升级，该如何做呢？同时需注意到 yum 是否需要加上特别的参数。

基本的卸载任务

1. 将刚安装的 pam-devel 卸载掉。（自行使用 man yum 命令查询卸载的选项。）
2. 在全系统安装完毕后，是否需要重新启动？为什么？

12.2.2　yum 的配置文件

yum 是按照配置文件中的设置找到安装/升级服务器的，因为经常有第三方的合作厂商推出 yum 兼容的安装服务器，所以我们就非常有必要了解与设置 yum 配置文件了。

默认的 CentOS 7 配置文件为/etc/yum.repos.d/*.repo，扩展名必须为 .repo 才行。默认的 CentOS 配置文件内容如下：

```
[root@localhost ~]# cat /etc/yum.repos.d/CentOS-Base.repo
[base]
name=CentOS-$releasever - Base
mirrorlist=http://mirrorlist.centos.org/?release=$releasever&arch=$basearch&r
epo=os&infra=$infra
#baseurl=http://mirror.centos.org/centos/$releasever/os/$basearch/
gpgcheck=1
gpgkey=file:///etc/pki/rpm-gpg/RPM-GPG-KEY-CentOS-7
```

相关的设置信息说明如下：

- [base]：代表软件库的名字。中括号一定要有，里面的名称尽量取与软件有关的关键字。此外，不能有两个相同的软件库名称，否则 yum 命令会误判。
- name：与[]类似，只用于显示完整的名称，通常设置与[]内的文字内容相同即可。
- mirrorlist=：使用 CentOS 官网记载的镜像网站，通过 yum 主动分析最靠近本机的服务器。
- baseurl=：与 mirrorlist 不同，baseurl 为自行指定的 yum 服务器，第三方协作的软件需要这个设置，系统管理员自己设置的 yum 服务器也通常使用 baseurl 来指定服务器的来源。
- enabled=：是否启动这个软件库，默认为启动。若只想要设置好这个软件库，而平时不想使用时，可将这项设置为 enabled=0。
- gpgcheck=：指定是否需要查看 RPM 文件内的数字签名。
- gpgkey=：若指定需要数字签名（gpgcheck=1），则需要在此填写数字签名的文件名。

1. 由于 mirrorlist 需要一段时间去测试最快的服务器，并且偶尔会测试错误，因此请自行手动找到最近的服务器，将 mirrorlist 修改成 baseurl 的方式来设置好[base]、[updates]、[extras] 三个软件库的内容。
2. 由于修改过 yum 配置文件，因此为了避免列表缓存中会有重复或者是其他问题，请使用 yum clean all 命令清除系统缓存中所有的列表信息。

3. 再次使用 yum update 命令测试一下是否正确地下载了列表信息。

若要列出所有的软件库，则可使用“yum repolist all”命令进行处理。

Red Hat 提供了 EPEL 的计划，由许多自愿者提供了很多用于 RHEL/CentOS的软件包，供用户使用。但是，这些软件并非由官网提供，因此其软件库并不在默认的配置文件中，请按照下面的方式来实现对 EPEL 软件的支持：

1. 先上网查询 EPEL，得到如下网页：https://dl.fedoraproject.org/pub/epel/7/x86_64/。
2. 在 /etc/yum.repos.d/ 添加一个名为 epel.repo 的文件，内容填写好 [epel]、name、baseurl、gpgcheck = 0、enabled=0 这五项即可。
3. 使用 yum repolist all 命令列出系统上所有的软件库，并查看 epel 是否在其中。
4. 手动使用这个软件库时，在命令行加上 yum --enablerepo epel 之后，填写需要的操作。例如，列出 (list) netcdf 这个软件。
5. 需要安装 netcdf 软件时，该如何下达命令呢？

12.2.3 yum 的软件群组功能

除了单个的软件之外，许多大型项目中的各个软件会集合成为一个“软件群组”。举例来说，开发者工具经常需要编译程序、环境检查确认模块等，这些工具则可以整合成为一个软件群组。yum 提供了许多软件群组让系统管理员可以快速地安装好并设置所需的环境。下面以开发工具为例来说明：

```
[root@localhost ~]# LANG=C yum grouplist
Loaded plugins: fastestmirror, langpacks
There is no installed groups file.
Maybe run: yum groups mark convert (see man yum)
Loading mirror speeds from cached hostfile
 * base: mirrors.tuna.tsinghua.edu.cn
 * extras: mirrors.tuna.tsinghua.edu.cn
 * updates: mirrors.tuna.tsinghua.edu.cn
Available Environment Groups:  <==还可以安装的操作界面
   Minimal Install
   Compute Node
   Infrastructure Server
   File and Print Server
   Basic Web Server
```

```
   Virtualization Host
   Server with GUI
   GNOME Desktop
   KDE Plasma Workspaces
   Development and Creative Workstation
Available Groups:             <==其他的软件群组！
   Compatibility Libraries
   Console Internet Tools
   Development Tools          <==开发工具！
   Graphical Administration Tools
   Legacy UNIX Compatibility
   Scientific Support
   Security Tools
   Smart Card Support
   System Administration Tools
   System Management
Done

[root@localhost ~]# yum groupinstall "Development Tools"
```

12.3 Linux 日志文件初探

系统的日志文件管理相当重要，因为各种系统活动的记录均会记载到日志文件中。尤其是系统有信息安全等问题时，日志文件更是查阅相关信息的重要依据。

12.3.1 CentOS 7 日志文件简易说明

各个 Linux 发行版所使用的日志文件记录位置大多位于 /var/log，但文件则不见得相同。CentOS 7 常见的文件与相关内容对应如下：

- /var/log/cron：记录由 crond 这个服务所产生的各项信息，包括用户 crontab 的结果。
- /var/log/dmesg：记录系统在启动的时候内核检测过程所产生的各项信息。
- /var/log/lastlog：记录系统上面所有的账号最近一次登录系统时的相关信息。
- /var/log/maillog：记录邮件往来的信息，包括由 postfix、devecot 服务所产生的系统信息。
- /var/log/messages：系统发生的错误信息（或者是重要的信息）几乎都会记录在这个文件中，如果系统发生了莫名的错误，这个文件是一定要查阅的日志文件之一。
- /var/log/secure：只要牵涉到"需要输入账号和密码"的软件，当登录时（不管登录正确或错误）就都会被记录在此文件中。

日志文件所需相关服务（daemon）与程序

由于 CentOS 7 已经改为 systemd 管理系统，systemd 提供了 systemd-journald 这个服务来管理日志文件的记载，不过还是保留旧有的 rsyslog 服务。然而，记载的数据如果过于庞大，那么记载的文件本身负荷会比较高，因此还需要一个轮替日志文件的功能，那就是 logroate。

- systemd-journald.service：最主要的信息接收者，由 systemd 提供。
- rsyslog.service：系统与网络等服务的日志信息。
- logrotate：主要是实现日志文件的轮替功能。

1. 检查一下上述的三个数据中哪几个是服务、哪几个是执行文件？
2. 检查服务项目有没有启动，执行文件又是如何执行的。

日志文件内容的一般格式

一般来说，系统产生的信息经过记录下来，其中每条信息均会记录下面的几个重要内容：

- 事件发生的日期与时间。
- 发生此事件的主机名。
- 启动此事件的服务名称（如 systemd、CROND 等）或命令与函数名称（如 su、login 等）。
- 该信息的实际内容。

举例来说，假设读者刚刚使用 student 的身份切换为 root，那么记载日志信息的 /var/log/secure 内容可能就会出现如下信息：

```
[root@localhost ~]# cat /var/log/secure
.......
May 17 09:43:16 www   sudo: student : TTY=pts/0 ; PWD=/home/student ; USER=root ;
COMMAND=/bin/su -
May 17 09:43:16 www   su: pam_unix(su-l:session): session opened for user root by
student(uid=0)
|---日期时间--|-主机-|命令|详细信息
```

因为用户使用了 sudo su - 这串命令，因此上述内容中有 sudo 与 su 两者的记录。根据这个输出内容，系统管理员可以很轻松地查询到正确的日期与时间，以及还有哪位用户操作了什么命令等。由于 /var/log 内的信息大多含有与系统信息安全相关的记载，因此大多只有 root 具有查询的权限。

尝试说明下面的信息中系统出了什么问题。

```
May 18 09:57:58 www sudo: pam_unix(sudo:auth): conversation failed
May 18 09:57:58 www sudo: pam_unix(sudo:auth): auth could not identify
password for [student]
May 18 09:58:02 www sudo: student : TTY=pts/0 ; PWD=/home/student ;
USER=root ; COMMAND=/bin/su -
May 18 09:58:02 www su: pam_unix(su-l:session): session opened for user
root by student(uid=0)
```

12.3.2　rsyslog 的设置与运行

CentOS 5 以前使用 syslogd 服务，在 CentOS 6 以后就使用 rsyslogd 服务了。这个服务的配置文件在 /etc/rsyslog.conf，设置内容主要是“什么服务；什么等级的信息；需要被记录在哪里（设备或文件）”，格式如下：

```
服务名称[.=!]信息等级          信息记录的文件、设备或主机
mail.info                     /var/log/maillog_info
```

服务名称

rsyslogd 主要还是通过 Linux 内核提供的 syslog 相关规范来设置信息的分类，Linux 的 syslog 本身规范并定义了一些服务信息，我们可以通过这些服务来存储系统的信息。Linux 内核的 syslog 可以识别的服务类型主要有表12.2中列出的这些。（可使用 man 3 syslog 命令来查询相关的信息，或查询 syslog.h 这个文件来了解相关的信息。）

表 12.2　syslog 可以识别的服务类型

相对序号	服务类型	说明
0	kern(kernel)	就是内核（kernel）产生的信息，大多是硬件检测以及内核功能的启用
1	user	在用户层级所产生的信息
2	mail	只要与邮件收发有关的信息记录都属于这个
3	daemon	主要是系统的服务所产生的信息，例如 systemd 就是这个有关的信息
4	auth	主要与认证/授权有关的机制，例如 login、ssh、su 等需要账号/密码的服务
5	syslog	由 syslog 相关协议产生的信息，就是 rsyslogd 本身产生的信息
6	lpr	是与打印相关的信息

（续表）

相对序号	服务类型	说明
7	news	与新闻组服务器有关的信息
8	uucp	全名为 Unix to Unix Copy Protocol，用于 unix 系统间进程数据的交换
9	cron	就是例行性作业调度 cron/at 等产生信息记录的地方
10	authpriv	与 auth 类似，但记录较多账号的私人信息，包括 pam 模块的运行等
11	ftp	与 FTP 通信协议有关的信息输出
16~23	local0 ~ local7	保留给本机用户使用的一些日志文件信息，较常与终端互动

开发服务软件的程序开发者，调用了 Linux 系统内的 syslog 函数，就可以将信息加以定义了！下面以图12.1为例。

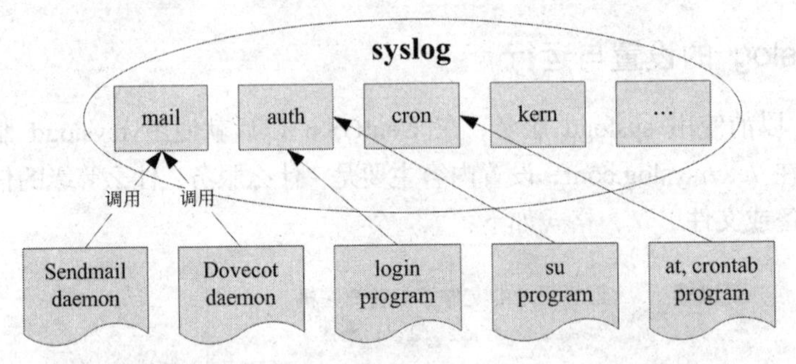

图 12.1　syslog 所制订的服务名称与软件调用的方式

信息等级

同一个服务所产生的信息也是有差别的，启动时仅通知系统的普通信息（information），有出现还不至于影响到正常运行的警告信息（warn），还有系统硬件发生严重错误时所产生的出错信息（error等）……信息到底有多少种严重的等级呢？基本上，Linux 内核的 syslog 将信息分为八个主要的等级，根据 syslog.h 的定义，信息名称与等级数值的对应如表12.3所示。

表 12.3　信息等级

等级数值	等级名称	说明
7	debug	用来 debug（调试程序）时产生的信息或数据
6	info	只是一些基本的信息说明而已
5	notice	虽然是正常信息，但相对于 info 等级而言，还是需要被注意到的一些信息
4	warning (warn)	警告的信息，可能有问题，但是还不至于影响到某个守护程序（daemon）运行的信息；基本上，info、notice、warn 这三种信息都是在通告一些基本信息而已，应该还不至于造成一些系统运行的困扰

（续表）

等级数值	等级名称	说明
3	err (error)	一些重大错误的报错信息，例如配置文件的某些设置值造成了该服务器无法启动的信息说明，这类信息通常通过 err 等级进行报错，以便用户可以了解到该服务无法启动的问题
2	crit	比 error 还要严重的报错信息，这个 crit 是 critical（关键的）的缩写，表示这个错误已经很严重了
1	alert	警报信息，次高等级，比 crit 还要严重
0	emerg (panic)	“疼痛”等级的报错信息，意指系统已经到了几乎要宕机的状态，很严重的错误了。通常只有硬件出问题，而导致整个内核无法顺利运行，才会出现这个等级的报错信息

特别留意一下在信息等级之前还有 [.=!] 的连接符号，它代表的意思是：

- .：表示“比后面还要严重的等级(含该等级)都被记录下来”的意思。例如，mail.info 表示只要是 mail 的信息，而且该信息等级比 info 严重（含 info 本身），就会被记录下来。
- .=: 表示所需要的等级就是后面接的等级，其他的不要。
- .!: 表示不等于，即除了该等级外的其他等级都记录。

CentOS 7 默认的 rsyslog.conf 内容

默认的 rsyslog.conf 内容如下：

```
[root@localhost ~]# grep -v '#' /etc/rsyslog.conf | grep -v '^$'
$WorkDirectory /var/lib/rsyslog
$ActionFileDefaultTemplate RSYSLOG_TraditionalFileFormat
$IncludeConfig /etc/rsyslog.d/*.conf
$OmitLocalLogging on
$IMJournalStateFile imjournal.state
*.info;mail.none;authpriv.none;cron.none
   /var/log/messages
authpriv.*                                      /var/log/secure
mail.*                                          -/var/log/maillog
cron.*                                          /var/log/cron
*.emerg                                         :omusrmsg:*
uucp,news.crit                                  /var/log/spooler
local7.*                                        /var/log/boot.log
```

上面的前 5 行主要用于 rsyslog 环境运行的设置，后面 7 行才是有关信息等级记录的设置。该 7 行的设置项为：

1. *.info;mail.none;authpriv.none;cron.none：由于 mail、authpriv、cron 等类型产生的信息较多，且已经写入下面的几个文件中，因此在 /var/log/messages 中就不记录这些项了。除此之外的其他信息都写入 /var/log/messages 中。
2. authpriv.*：认证方面的信息均写入 /var/log/secure 文件。
3. mail.*：邮件方面的信息均写入 /var/log/maillog 文件。
4. cron.*：例行性作业调度的信息均写入 /var/log/cron 文件。
5. *.emerg：当产生最严重的错误等级时，将该等级的信息以 wall 的方式广播给所有在系统登录的账号。
6. uucp,news.crit：当新闻组方面的信息有严重错误时就写入 /var/log/spooler 文件中。
7. local7.*：将本机启动时应该显示到屏幕的信息写入 /var/log/boot.log 文件中。

至于 mail.* 后面的 -/var/log/maillog 为何多了减号，这是因为邮件所产生的信息比较多，所以我们希望邮件产生的信息先存储在速度较快的缓存中（buffer），等到数据量够大了再一次性地将所有数据都写入外存储器（如硬盘）中，这样将有助于提高日志文件的存取性能。只不过由于信息是暂存在缓存中的，因此若系统非正常关机就会导致日志信息未写入日志文件中，可能会造成部分信息的遗失。

设计一个名为 /var/log/admin.log 的日志文件，将系统的所有日志信息都写入这个文件。

日志文件服务器的设置

假设学校机房有 10 台服务器，若每台服务器的日志信息都需要系统管理员分别登录每个系统来存取，则会耗费大量的人力。此时可以指定机房内某台 Linux 成为日志服务器，假设为 A 服务器，再将其他服务器的日志信息转到 A 服务器，则系统管理员只需分析 A 服务器，即可了解学校机房内所有服务器的日志信息了，如图12.2所示。

服务器（Server）端的设置只需要让 rsyslogd 启用端口（port）514 即可。不过有两种启用的方式，分别是启用 TCP 与 UDP 两种数据包格式。假设 Server/Client 都在内部网络，因此我们使用速度较快的 UDP 数据包格式。

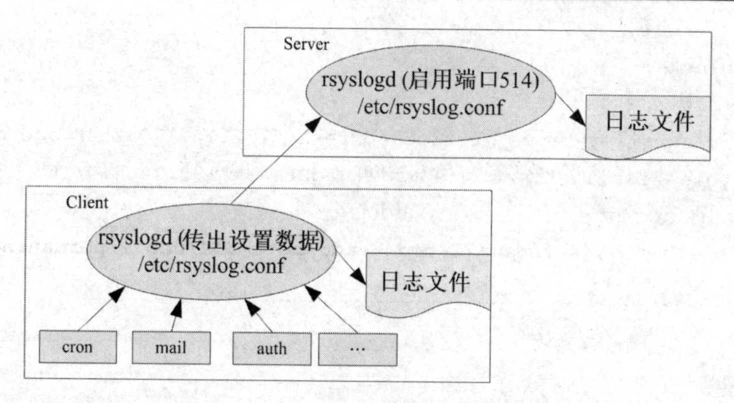

图 12.2　日志文件服务器的结构示意图

将 Linux 设置成为日志服务器：

1. 先设置 rsyslog.conf，启动端口 514 用于 UDP 数据包：

```
[root@localhost ~]# vim /etc/rsyslog.conf
$ModLoad imudp              <==大概在 15, 16 行，将这两个设置注释掉
$UDPServerRun 514
```

2. 重新启动服务，并且查看端口是否正确启用了。

```
[root@localhost ~]# systemctl restart rsyslog
[root@localhost ~]# netstat -tlunp | grep rsyslog
udp        0      0 0.0.0.0:514          0.0.0.0:*          6701/rsyslogd
udp6       0      0 :::514                    :::*          6701/rsyslogd
```

3. 在防火墙设置中把端口 514 解开（放行）。

```
[root@localhost ~]# firewall-cmd --add-port=514/udp
[root@localhost ~]# firewall-cmd --list-all
public (default, active)
  interfaces: eth0
  sources:
  services: ftp http https tftp
  ports: 514/udp
  masquerade: no
  forward-ports:
```

```
  icmp-blocks:
  rich rules:
        rule family="ipv4" source address="172.16.100.254" accept
        rule  family="ipv4"  source  address="172.16.0.0/16"  service
name="ssh" accept
[root@localhost ~]# firewall-cmd --add-port=514/udp --permanent
```

让两两学生组队，各自查询对方的IP后，将自己的信息复制一份到对方的rsyslog中。

1. 先设置 rsyslog.conf 的内容，加入下面这行：

```
[root@localhost ~]# vim /etc/rsyslog.conf
*.*  @172.16.50.100:514
```

2. 重新启动 rsyslog.conf，再请对方查看一下自己的 /var/log/messages 是否收集到了对方的日志信息。

```
[root@localhost ~]# systemctl restart rsyslog
```

12.3.3 systemd-journald.service 简介

rsyslog 只是一个服务，因此许多系统开机启动过程中产生的信息都发生在启动 rsyslog 之前，因此内核需要额外分出一些服务来记载信息，稍显烦琐。现在系统使用 systemd 来管理，systemd 提供了systemd-journald 来协助记载日志，因此在系统开机启动过程中的所有信息，包括启动服务、服务启动失败的情况等，都可以直接被记录到 systemd-journald 中。

由于 systemd-journald 是使用于内存的日志文件记录方式，因此系统重新启动过后，系统开机启动前的日志文件信息就不会被记载了。为此，还是建议在CentOS 7中启动 rsyslogd 来协助分类记录！也就是说，systemd-journald 用来管理与查询本次开机后的日志信息，而 rsyslogd 可以用来记录以前及现在的所有日志信息到磁盘文件中，方便未来进行查询。

使用 journalctl 列出日志文件

systemd-journald 服务所产生的任何信息都可以通过 journalctl 命令调出来：

```
[root@localhost ~]# journalctl [-nrpf] [--since TIME] [--until TIME] _optional
```

注意，TIME 可以用英文来表示（yesterday，today等），或者是详细的年月日（2016-05-18 00:00:00）等。至于常见的 _optional，则有以下几种：

- _SYSTEMD_UNIT=unit.service：只输出 unit.service 的信息。
- _COMM=bash：只输出与 bash 有关的信息。
- _PID=pid：只输出 PID 号码的信息。
- _UID=uid：只输出 UID 为 uid 的信息。
- SYSLOG_FACILITY=[0-23]：使用 syslog.h 设定的服务相对序号来调出正确的日志信息。

1. 不加任何参数与选项，列出所有的日志信息。
2. 先用 date 找出日期格式YYYY-MM-DD 的日期，并以该日期的信息显示日志，以及只有今天和只有昨天的日志信息。
3. 只找出 crond.service 的信息，同时只列出最新的 10 条信息即可。
4. 找出有关 su、login 执行后的日志文件，只列出最新的 10 条日志信息即可。

12.3.4 通过 logwatch 分析日志文件

如果系统能够自动分析日志文件，之后制作成类似报表的信息提供给系统管理员，那么系统管理员的工作就会更加轻松。CentOS 提供了 logwatch 这个分析软件给系统管理员使用，系统管理员只需安装此款软件，系统即可将 logwatch 作为系统的例程，未来系统管理员直接查看 mail 即可。

1. 使用 rpm 命令检查是否已经安装了 logwatch。
2. 使用 yum 立刻安装 logwatch 这款软件。
3. 使用 rpm -ql 命令来查询 logwatch 的所有文件，并找出与cron有关的配置文件。
4. 找到上述文件后查看其内容，并按照执行的方法“立刻”执行一遍。
5. 使用 root 的身份进入 mail 来查询输出的信息。

12.4 课后操作练习

先使用 root 的身份登录系统，再完成如下实践任务。直接在系统上面操作，操作成功即可。

1. 回答下列问题，并将答案写在 /root/ans12.txt 文件内：
   a. 请查出 /etc/sudoers 这个文件属于哪一个软件。先写下查询的命令，再写下查询的结果。
   b. 在上面查到的这个软件中，该软件内有哪些文件被修改过？先写下查询的命令，写下查询的结果。
   c. （从本题以后，请完成网络设置后再继续实践与回答下列问题）在上面查到的软件中，如果因为有问题需要重新安装，那么可以使用怎么样的命令直接在线重新安装？请写下安装的命令。
   d. 有一个文件为 misc_conv.3.gz，这个文件属于哪个软件？先写下查询的命令，再写下查询的结果。
   e. root曾经在某个时段使用sudo 执行过“cat /etc/shadow”命令，请根据日志文件的查询结果将查询到的日志信息转存到这个文件的这个段落中来，再说明root执行的时间点是什么时候（日/月/时/分）。
2. 系统的基本设置——网络的设置部分。
   a. 由于我们的系统是经过克隆出来的，所有的设备恐怕都显得“很奇怪”。因此，请先将系统中的 eth0 这个网络连接删除。
   b. 请依据下面的说明，重新创建 eth0 这个网络连接：
      - 使用的网卡为 eth0 这块网卡。
      - 需要启动系统就自动启动这个网络连接。
      - 网络参数的设置方式为手动设置，不要使用自动获得。
      - IP address 为192.168.251.XXX/24 （XXX为上课时老师给予的IP号码）。
      - Gateway 为192.168.251.250。
      - DNS server IP根据老师课后说明来设置（若无规定，则以168.95.1.1及8.8.8.8 这两个为准）。
      - 主机名：设置为 stdXXX.book.vbird（XXX 为上课时老师给予的号码）。

   设置完毕后，一定要启用这个网络连接。

3. 使用网络安装相关软件。

   a. 以学校的 FTP 或 http 为主，设置好你的 CentOS server 的 YUM 配置文件。
   b. 使用yum这个命令的相关功能，找到有关“epel”关键字的软件，并且安装该软件。
   c. 设置每天凌晨 3 点自动在系统后台进行全系统的升级。
   d. 这台主机需要有一个用于科学计算的编程软件 netcdf-fortran，请安装这套软件。
   e. 这台主机需要作为未来开发软件之用，因此需要安装一个开发用的软件群组，请安装它。

4. 日志文件的处理。

   a. 通过相关操作，让你的全部日志信息（info 以上等）写入 /var/log/full.log 文件中。
   b. 让所有的日志信息在进行 log rotate 时必须进行压缩。
   c. 安装 logwatch，以便用于未来日志文件的查询。

第13章

服务管理与系统启动流程管理

之前的课程介绍过进程（process）与程序（program）的差别，也谈过 PID 信息的查看，以及包括 job control 等与进程相关的信息。本章将继续介绍进程管理所需要具备的信号信息。另外，系统管理员是需要管理服务的，而每个服务都是需要被启动的进程。本章最后还会介绍系统开机启动流程到底是如何运行的。

13.1 服务管理

服务就是一个被启动的进程，这个进程可以常驻于内存中提供网络连接、例行作业调度等。

13.1.1 通过 kill 命令与信号来管理进程

一个程序被触发之后会变成在内存中一个活动的单位，这个活动单位就是进程（process）。之前的章节介绍过 PID 与进程的查看，本小节将继续介绍 PID 在管理方面的功能。

系统管理员可以通过给某进程发送一个信号（signal）来告知该进程要它做什么。主要的进程信号可以使用 kill -l 或 man 7 signal 来查询，表13.1列出了较常见的信号代号与对应含义。

表 13.1　常见的进程信息

代号	名称	含义
1	SIGHUP	启动被终止的进程，可让该 PID 重新读取自己的配置文件，类似重新启动
2	SIGINT	相当于用键盘输入【Ctrl】+【C】组合键来中断一个进程的执行
9	SIGKILL	表示强制中断一个进程的执行，如果该进程执行到一半，那么尚未完成的部分可能会有“半产品”产生，类似 vim 会有 .filename.swp 保留下来
15	SIGTERM	以正常结束进程的方式来终止该进程。由于是正常的终止，因此后续的操作会完成。不过，如果该进程已经发生问题而无法使用正常的方法终止时，输入这个信号也是没有用的
19	SIGSTOP	相当于用键盘输入【Ctrl】+【Z】组合键来暂停一个进程的执行

至于信号（signal）的传输，则是通过 kill 这个命令。举例来说，若系统管理员想直接让前一章介绍的 rsyslogd 进程重读配置文件，而不是通过服务管理的正常机制时，可以尝试如下的操作方式：

```
[root@localhost ~]# pstree -p | grep rsyslog
        |-rsyslogd(6701)-+-{rsyslogd}(6708)
        |                |-{rsyslogd}(6709)
        |                `-{rsyslogd}(6710)

[root@localhost ~]# kill -1 6701
[root@localhost ~]# tail /var/log/messages
......
May 24 14:57:37 www rsyslogd: [origin software="rsyslogd" swVersion="7.4.7"
   x-pid="6701" x-info="http://www.rsyslog.com"] rsyslogd was HUPed
```

我们可以发现在日志文件出现了 rsyslogd 被要求重新读取配置文件的记录（HUPed）。除了 PID 之外，系统管理员也可以给命令发信号（signal），直接通过 killall 命令即可。例如：

```
[root@localhost ~]# killall -1 rsyslogd
```

1. 使用ps命令列出系统全部进程的“pid，nice值，pri值，command”信息。
2. 找出系统内进程为 sshd 的 PID。
3. 给上述的PID发送信号1（signal 1）的方式是什么？

4. 查看一下/var/log/secure的内容是否正确地记录了相关进程操作的日志？
5. 如何将系统上所有运行的 bash 进程全部剔除？

13.1.2 systemd 简介

在 CentOS 7.x 版以后，Red Hat 系列的发行版放弃了沿用多年的 System V 开机启动服务的流程，改用 systemd 这个启动服务管理机制。采用 systemd 的原因如下：

- 并行处理所有服务，加速系统开机启动的流程。
- “按需响应”（on-demand）的启动方式（因为 systemd 为单个进程且常驻于内存中）。
- 服务相关性的自检。
- 按 daemon（守护进程）的功能分类。
- 将多个 daemon 集合成为一个群组。

但是 systemd 也有许多存在的问题：

- 全部的 systemd 都用 systemctl 这个管理程序来管理，而 systemctl 支持的语法有限制，不可自定义参数。
- 如果某个服务启动是由系统管理员自己手动启动的，而不是使用 systemctl 来启动的，那么 systemd 将无法检测到该服务。
- 在 systemd 启动过程中，无法让系统管理员通过标准输入（standard input）来输入信息。因此，自行编写 systemd 的启动设置时，必须取消互动机制。

systemd 的配置文件存放的目录

基本上，systemd 将过去所谓的 daemon 执行脚本称为一个服务单元（unit），而每种服务单元依据功能来区分时，就分为不同的类型（type）。基本的类型包括系统服务、数据监听与交换的套接文件服务（socket）、存储系统状态的快照类型、提供不同执行等级的类似操作环境（target）等。而配置文件都存放在如下目录中：

- /usr/lib/systemd/system/：每个服务最主要的启动脚本设置。
- /run/systemd/system/：系统执行过程中所产生的服务脚本，这些脚本的优先级要比 /usr/lib/systemd/system/ 高。
- /etc/systemd/system/：系统管理员根据主机系统的需求所创建的执行脚本，执行优先级又比 /run/systemd/system/ 高。

也就是说，系统开机启动时会不会执行某些服务其实是看 /etc/systemd/system/ 目录下的设置，所以该目录下就是一大堆链接文件。而实际执行的 systemd 启动脚本配置文件都存放在 /usr/lib/systemd/system/ 目录下。

systemd 的服务单元类型说明

/usr/lib/systemd/system/ 目录中的文件主要使用扩展名来进行分类，下面试着找出与 cron、multi-user 这些服务相关的文件：

```
[root@localhost ~]# ll /usr/lib/systemd/system/ | grep -E '(multi|cron)'
-rw-r--r--. 1 root root  284  7月 27  2015 crond.service
-rw-r--r--. 1 root root  597 11月 20  2015 multipathd.service
-rw-r--r--. 1 root root  492 11月 20  2015 multi-user.target
drwxr-xr-x. 2 root root 4096  2月 18 02:56 multi-user.target.wants
lrwxrwxrwx. 1 root root   17  2月 18 02:55 runlevel2.target -> multi-user.target
lrwxrwxrwx. 1 root root   17  2月 18 02:55 runlevel3.target -> multi-user.target
lrwxrwxrwx. 1 root root   17  2月 18 02:55 runlevel4.target -> multi-user.target
```

从上面的显示结果我们可知 crond 其实是系统服务（service），而 multi-user 则是执行环境相关的类型（target type）。根据这些扩展名的类型，几种比较常见的 systemd 服务类型如表13.2所示。

表 13.2　常见的 systemd 服务类型

扩展名	主要服务功能
.service	普通服务单元（service unit）：主要是系统服务，包括服务器本身所需要的本地服务以及网络服务，常被使用到的服务大多是这种类型
.socket	内部进程数据交换的套接服务单元（socket unit）：这种类型的服务通常是监控信息传递的套接文件，当有通过此套接文件传递信息来请求连接服务时，就根据当时的状态将该用户的请求传送到对应的服务进程（daemon），若该服务进程尚未启动，则启动该服务进程后再传送给发送请求的用户 套接类型的服务一般较少用到，在系统开机启动时通常会稍微延迟一点启动的时间。这类服务一般用于本地服务，例如我们的图形用户界面中的很多软件，都是通过套接服务来进行本机进程的数据交换操作的
.target	执行环境单元(target unit)类型：其实是一组单元的集合，例如上面范例中的 multi-user.target 就是一组服务的集合。也就是说，选择执行 multi-user.target 就是执行一组其他 .service 或 .socket 之类的服务

在这类服务中，以 .service 的系统服务类型最为常见。

1. 通过 ps 找出 systemd 这个执行文件的完整路径。
2. 上述命令是由哪一个软件所提供的？
3. 该软件提供的全部文件如何查询？

13.1.3 systemctl 管理服务的启动与关闭

一般来说,服务的启动有两个阶段,一个是“系统开机启动的时候要不要启动这个服务”,一个是“现在要不要启动这个服务”。这两个阶段都可以使用 systemctl 命令来管理。systemctl 的基本语法为:

```
[root@localhost ~]# systemctl [command] [unit]
```

其中所谓的 command 主要有:

- start: 立刻启动后面接的 unit(服务单元)。
- stop: 立刻关闭后面接的 unit。
- restart: 立刻重新启动后面接的 unit,即先执行 stop 再执行 start。
- reload: 在不关闭后面接的 unit 的情况下,重新加载配置文件,让设置生效。
- enable: 设置下次开机时后面接的 unit 会被启动。
- disable: 设置下次开机时后面接的 unit 不会被启动。
- status: 当前后面接的这个 unit 的状态,会列出它是否正在执行、系统开机启动默认是否启动以及登录信息等。

1. 查询系统有没有chronyd这个命令。
2. 使用rpm查询该命令属于哪个软件。
3. 使用rpm查询该软件的功能是什么。
4. 查看 chronyd 服务当前是启动的还是关闭的。系统开机启动时会不会启动这个服务?
5. 将chronyd关闭,且下次系统开机启动时还是关闭的。
6. 再次查看chronyd这个服务。
7. 查看日志文件有没有记录chronyd这个服务的相关信息。

13.1.4 systemctl 列出系统服务

在默认的情况下,systemctl 可以列出当前系统已经启动的服务,如下所示:

```
[root@localhost ~]# systemctl
UNIT                               LOAD   ACTIVE SUB       DESCRIPTION
.......
chronyd.service                    loaded active running   NTP client/server
```

```
crond.service                   loaded active running   Command Scheduler
swap.target                     loaded active active    Swap
sysinit.target                  loaded active active    System Initialization
timers.target                   loaded active active    Timers
systemd-tmpfiles-clean.timer    loaded active waiting   Daily Cleanup of
Temporary Directories

LOAD   = Reflects whether the unit definition was properly loaded.
ACTIVE = The high-level unit activation state, i.e. generalization of SUB.
SUB    = The low-level unit activation state, values depend on unit type.

153 loaded units listed. Pass --all to see loaded but inactive units, too.
To show all installed unit files use 'systemctl list-unit-files'.
```

其中，LOAD/ACTIVE/DESCRIPTION 等的含义为：

- UNIT：服务的名称，包括各个 unit 的类型（看扩展名）。
- LOAD：系统开机启动时是否会被加载，默认 systemctl 显示的是有加载的服务项。
- ACTIVE：当前的状态，需与后续的 SUB 搭配，就是我们用 systemctl status 查看时处于活动（active）的服务。
- DESCRIPTION：服务的详细描述。

如上面范例所示， chronyd 为 service 类型，下次系统开机启动时会加载（load），而现在的状态是处于运行中（active running）。最下面两行显示共有 153 个服务单元（unit）被列出来，如果想要列出系统上还没有被列出的服务，可以加上 --all 来继续查看。此外，我们也可以按照服务类型来查看：

```
[root@localhost ~]# systemctl list-units --type=service --all
```

如果想要查看更详细的每个启动服务的信息，可使用下面的命令：

```
[root@localhost ~]# systemctl list-unit-files
UNIT FILE                                   STATE
proc-sys-fs-binfmt_misc.automount           static
dev-hugepages.mount                         static
......
mdadm-last-resort@.timer                    static
systemd-readahead-done.timer                static
systemd-tmpfiles-clean.timer                static
unbound-anchor.timer                        disabled

368 unit files listed.
```

1. 找出系统中以 ksm 开头的所有服务，并查看其状态。
2. 将该服务设置为“开机不启动”且“当前立刻关闭”。

13.1.5 systemctl 获取与切换默认操作界面

Linux 默认的操作界面既可以是纯文本，也可以是文字加上图形用户界面。早期的 systemV 系统的文本用户界面为 runlevel 3，而图形用户界面为 runlevel 5。systemd 提供了多种操作界面，主要是通过“target”这种服务单元来设定。我们可以使用如下命令来查看所有的执行环境（target）：

```
[root@localhost ~]# systemctl list-units --type=target --all
```

在 CentOS 7 中常见的操作界面（对应执行环境服务单元，即target unit）有下面几种：

- multi-user.target：纯文本模式。
- graphical.target：文字加上图形用户界面，其实就是 multi-user.target 再加图形用户界面。
- rescue.target：在无法使用 root 身份登录的情况下，systemd 在系统开机启动时会多加一个额外的暂时系统，与我们原来的系统无关。这时我们可以获取 root 的权限来维护和救援的系统。
- emergency.target：紧急处理系统的错误，还是需要使用 root 身份来登录，在无法使用 rescue.target 时，可以尝试使用这种模式。
- shutdown.target：关机的流程。
- getty.target：可以设置我们的系统需要几个 tty，如果想要减少 tty 服务的数量，可以修改这个服务的配置文件。

在上述的操作模式中，默认的是 multi-user 与 graphical 这两种。其实这些模式彼此之间还是有相关性的，我们可以使用如下方式来查看在 graphical 执行前有哪些执行环境相关的服务（target）需要被执行：

```
[root@localhost ~]# systemctl list-dependencies graphical.target
graphical.target
● ├─.......
● └─multi-user.target
●   ├─.......
●   ├─basic.target
●   │ ├─.......
●   │ ├─sockets.target
```

```
•   │ │ └─.......
•   │ ├─sysinit.target
•   │ │ ├─.......
•   │ │ ├─local-fs.target
•   │ │ │ └─.......
•   │ │ └─swap.target
•   │ │   └─.......
•   │ └─timers.target
•   │   └─.......
•   ├─getty.target
•   │ └─.......
•   ├─nfs-client.target
•   │ └─.......
•   └─remote-fs.target
•     └─nfs-client.target
•       └─.......
```

上述的输出已经精简过了，只保留了 unit=target 项，从中我们还是可以发现：在执行 graphical 之前，还得需要其他的 target 服务才行。若要获取当前的操作界面，可以使用如下命令：

```
[root@localhost ~]# systemctl get-default
graphical.target
```

若需要设置默认的操作界面，例如将原来的图形用户界面改为文本用户界面时，可以使用如下命令：

```
[root@localhost ~]# systemctl set-default multi-user.target
Removed symlink /etc/systemd/system/default.target.
Created symlink from /etc/systemd/system/default.target to
      /usr/lib/systemd/system/multi-user.target.
[root@localhost ~]# systemctl get-default
multi-user.target
```

如此即可将文本用户界面设置为默认的操作环境。上述的方式是系统开机启动时设置的默认操作环境界面，若需要实时将图形用户界面改为文本用户界面，可以使用如下方式来切换：

```
[root@localhost ~]# systemctl isolate multi-user.target
```

1. 使用 netstat -tlunp 命令查看一下系统的网络监听端口。
2. 在本机当前的状态下，将操作界面模式更改为 rescue.target 这个救援模式。
3. 使用 netstat -tlunp 命令查看一下系统的网络监听端口是否变少了。
4. 将当前操作界面改为原来的操作界面。

13.1.6 网络服务管理初探

如果是网络服务，一般都会在 TCP 或 UDP 的数据包端口上启动监听服务。获取当前监听的端口可以使用如下命令：

```
[root@localhost ~]# netstat -tlunp
Active Internet connections (only servers)
Proto Recv-Q Send-Q Local Address      Foreign Address  State   PID/Program name
tcp        0      0 192.168.122.1:53  0.0.0.0:*        LISTEN  1452/dnsmasq
tcp        0      0 0.0.0.0:22        0.0.0.0:*        LISTEN  29941/sshd
tcp        0      0 127.0.0.1:631     0.0.0.0:*        LISTEN  29938/cupsd
tcp        0      0 127.0.0.1:25      0.0.0.0:*        LISTEN  30092/master
tcp6       0      0 :::22             :::*             LISTEN  29941/sshd
tcp6       0      0 ::1:631           :::*             LISTEN  29938/cupsd
tcp6       0      0 ::1:25            :::*             LISTEN  30092/master
udp        0      0 0.0.0.0:53273     0.0.0.0:*                29287/avahi-
udp        0      0 192.168.122.1:53  0.0.0.0:*                1452/dnsmasq
udp        0      0 0.0.0.0:67        0.0.0.0:*                1452/dnsmasq
udp        0      0 0.0.0.0:5353      0.0.0.0:*                29287/avahi-
udp        0      0 0.0.0.0:514       0.0.0.0:*                29256/rsyslogd
udp6       0      0  :::514           :::*                     29256/rsyslogd
```

重点在 Local Address 那一列，列显示出该服务是启动在本机的哪一个 IP 接口的哪一个端口上，这样系统管理员就可以了解启动该端口的服务是哪一个。若不需要该网络服务，则可以将该进程关闭。就上面的输出表格而言，如果需要关闭 avahi-daemon 和 cupsd ，可以使用如下方式来获取服务名称：

```
[root@localhost ~]# systemctl list-unit-files | grep -E '(avahi|cups)'
cups.path                     enabled
avahi-daemon.service          enabled
cups-browsed.service          disabled
cups.service                  enabled
```

```
avahi-daemon.socket          enabled
cups.socket                  enabled
```

接着使用如下方式将“当前”启动或“默认”启动的服务都关闭：

```
[root@localhost ~]# systemctl stop avahi-daemon.service avahi-daemon.socket
[root@localhost ~]# systemctl stop cups.path cups.service cups.socket
[root@localhost ~]# systemctl disable avahi-daemon.service avahi-daemon.socket
[root@localhost ~]# systemctl disable cups.path cups.service cups.socket
[root@localhost ~]# netstat -tlunp
```

我们会发现 avahi-daemon 和 cupsd 的服务被关闭了。若需要启动某个网络服务，则需要知道该服务是由哪一个软件所启动的，需要先安装这个软件后才可以启动服务。

1. WWW网络服务是由 httpd 这个软件所提供的，请先安装该软件。
2. 查询是否有 httpd 的服务存在。
3. 启动httpd服务，同时设置成默认启动该服务。
4. 查询是否顺利启动端口 80（port 80）。
5. 使用浏览器查询本机的 WWW 服务是否正确启动了。
6. 在防火墙中放行端口 80。

13.2　系统开机启动流程的管理

系统如果出错了，可能需要进入救援模式才能够处理相关的任务。如何进入救援模式呢？这就需要分析系统开机启动的流程了。

13.2.1　Linux 系统在 systemd 下的开机启动流程

一般正常的情况下，Linux 的开机启动流程如下：

1. 加载 BIOS 的硬件信息并进行自我测试，并根据设置获取第一个可引导的设备。
2. 读取并执行第一个引导设备内 MBR 的 boot Loader（grub2、spfdisk 等程序）。
3. 根据 boot loader 的设置加载系统内核（kernel），内核会开始检测硬件并加载驱动程序。

- 加载内核文件（kernel file）与 initramfs 文件并在内存中解压缩。
- initramfs 会在内存中仿真出系统根目录，并提供内核（kernel）相关的驱动程序模块。
- 内核设备驱动程序完整地驱动硬件。

4. 在硬件驱动成功后，内核会主动调用 systemd 程序，并以 default.target 流程开机启动。

- systemd 执行 sysinit.target 初始化系统以及执行 basic.target 准备好操作系统。
- systemd 启动 multi-user.target 下的本机与服务器服务。
- systemd 执行 multi-user.target 下的 /etc/rc.d/rc.local 文件。
- systemd 执行 multi-user.target 下的 getty.target 及登录服务。
- systemd 执行 graphical 需要的服务。

在内核文件驱动系统完成后，接下来就是 systemd 的任务，也就是前一小节所探讨的内容。内核文件在哪里，以及如何设置不同的内核文件来开机启动呢？这就是系统开机启动管理程序的任务了。

1. 使用 systemctl list-units --all 功能找出 local 关键字。
2. 使用 systemctl list-unit-files 功能找出 local 关键字。
3. 使用 systemctl show xxx.service 功能找出上述软件的执行文件。
4. 查阅 /etc/rc.d/rc.local 的权限，同时加上 x 的权限。
5. 重载 systemd，让上述修订生效。
6. 使用systemctl list-units --all功能找出local关键字是否在运行中（active）。

13.2.2 内核与内核模块

系统的内核大多存放于 /boot/vmlinuz* 开头的文件中，而 initramfs 则存放于 /boot/initramfs*。至于内核的模块，则存放在 /lib/modules/$(uname -r)/ 目录中。

当前系统中已经加载的模块可以使用下面的命令来查看：

```
[root@localhost ~]# lsmod
[root@localhost ~]# lsmod | grep xfs
```

找到名为 xfs 的模块后，若想了解该模块的功能，可以使用如下命令来查询：

```
[root@localhost ~]# modinfo xfs
filename:       /lib/modules/3.10.0-327.el7.x86_64/kernel/fs/xfs/xfs.ko
license:        GPL
description:    SGI XFS with ACLs, security attributes, no debug enabled
author:         Silicon Graphics, Inc.
alias:          fs-xfs
rhelversion:    7.2
srcversion:     978077FBDF054363971A9EE
depends:        libcrc32c
intree:         Y
vermagic:       3.10.0-327.el7.x86_64 SMP mod_unload modversions
signer:         CentOS Linux kernel signing key
sig_key:        79:AD:88:6A:11:3C:A0:22:35:26:33:6C:0F:82:5B:8A:94:29:6A:B3
sig_hashalgo:   sha256
```

若想要加载某个模块，可使用 modprobe 来加载，卸载则使用 modprobe -r。

1. 在内核模块的目录下，使用 find 找出系统有没有 fat 关键字的模块。
2. 是否已经加载了fat相关的模块？若无，则加载该模块，再次检查是否加载成功。
3. 检查有无cifs模块，若无，则加载，并查询该模块的功能是什么。
4. 卸载 cifs 模块。
5. 在内核模块的目录下，有没有 ntfs 的关键字？
6. 在 yum 的使用上，启用 epel 软件库，查找 ntfs 这个关键字软件。
7. 尝试安装上述找到的软件。

使用 /etc/sysctl.conf 设置内核参数

在某些情况下，我们需要更改内核参数，而默认的内核参数存放于 /proc/sys/ 目录中。一般不建议用户直接使用手动修改方式更改 /proc 内的文件（因为下次系统开机启动不会继续生效），应通过 /etc/sysctl.conf 文件来修改。举例而言，若我们的服务器不想去响应 ping 命令的数据包，则可以如下操作：

```
[root@localhost ~]# ping -c 2 localhost
PING localhost (127.0.0.1) 56(84) bytes of data.
64 bytes from localhost (127.0.0.1): icmp_seq=1 ttl=64 time=0.050 ms
64 bytes from localhost (127.0.0.1): icmp_seq=2 ttl=64 time=0.049 ms

--- localhost ping statistics ---
2 packets transmitted, 2 received, 0% packet loss, time 1000ms
```

```
rtt min/avg/max/mdev = 0.049/0.049/0.050/0.007 ms

[root@localhost ~]# echo 1 > /proc/sys/net/ipv4/icmp_echo_ignore_all
[root@localhost ~]# ping -c 2 localhost
PING localhost (127.0.0.1) 56(84) bytes of data.
--- localhost ping statistics ---
2 packets transmitted, 0 received, 100% packet loss, time 999ms

[root@localhost ~]# echo 0 > /proc/sys/net/ipv4/icmp_echo_ignore_all
```

我们可以发现 icmp 确实不会响应 ping 命令的请求了。若这个设置值一定要每次系统开机启动后都生效，则可以写入 sysctl.conf 文件中，操作如下：

```
[root@localhost ~]# vim /etc/sysctl.conf
net.ipv4.icmp_echo_ignore_all = 1

[root@localhost ~]# sysctl -p
[root@localhost ~]# cat /proc/sys/net/ipv4/icmp_echo_ignore_all
1
```

这样就可以每次都生效了。不过，这个功能对于内部环境的测试还是很重要的，因此如果没有特别的需要，还是要修改回原来的设置。

1. 将 icmp_echo_ignore_all 改为默认不启动（0）。
2. 让系统默认启动 IP 转发（IP forward）的功能。

13.2.3　grub2 配置文件初探

内核的加载与设置是由系统开机启动管理程序来处理的，而 CentOS 7 默认的系统开机启动管理程序为 grub2 这一个软件。该软件的优点包括：

- 可以识别与支持较多的文件系统，并且可以使用 grub2 的主程序直接在文件系统中搜索内核文件。
- 系统开机启动的时候，可以“自行编辑与修改系统开机启动设置项”，类似 bash 的命令模式。
- 可以动态搜索配置文件，而不需要在修改配置文件后重新安装 grub2。即我们只要修改完 /boot/grub2/grub.cfg 中的设置后，下次系统开机启动就生效了。

磁盘在 grub2 内的代号定义

系统开机启动时，数据要从磁盘读出，因此磁盘、分区的代号信息要先区分好才行。grub2 对磁盘的代号定义如下：

```
(hd0,1)             # 一般的默认语法，由 grub2 自动判断分区格式
(hd0,msdos1)        # 此磁盘的分区为传统的 MBR 模式
(hd0,gpt1)          # 此磁盘的分区为 GPT 模式
```

- 硬盘代号用小括号“( )”括起来。
- 硬盘以 hd 表示，后面会接一组数字。
- 以“搜索顺序”作为硬盘的编号。（这个重要！）
- 第一个搜索到的硬盘为 0 号，第二个为 1 号，以此类推。
- 每块硬盘的第一个分区代号为 1，按序类推。

整个硬盘代号如表13.3所示。

表 13.3　整个硬盘代号

硬盘搜索顺序	在 grub2 中的代号
第一块（MBR）	(hd0) (hd0,msdos1) (hd0,msdos2) (hd0,msdos3)...
第二块（GPT）	(hd1) (hd1,gpt1) (hd1,gpt2) (hd1,gpt3)...
第三块	(hd2) (hd2,1) (hd2,2) (hd2,3)...

/boot/grub2/grub.cfg 配置文件的理解

基本上，系统开机启动时 grub2 会去读取的配置文件就是 grub.cfg，但是这个文件是由系统程序创建的，不建议手动修改。下面我们先查看一下该文件内容，不要修改：

```
[root@localhost ~]# cat /boot/grub2/grub.cfg
### BEGIN /etc/grub.d/00_header ###
set pager=1

if [ -s $prefix/grubenv ]; then
   load_env
fi
.......
if [ x$feature_timeout_style = xy ] ; then
   set timeout_style=menu
   set timeout=5
# Fallback normal timeout code in case the timeout_style feature is
# unavailable.
else
```

```
   set timeout=5
fi
### END /etc/grub.d/00_header ###

### BEGIN /etc/grub.d/00_tuned ###
set tuned_params=""
### END /etc/grub.d/00_tuned ###

### BEGIN /etc/grub.d/01_users ###
if [ -f ${prefix}/user.cfg ]; then
   source ${prefix}/user.cfg
if [ -n ${GRUB2_PASSWORD} ]; then
      set superusers="root"
      export superusers
password_pbkdf2 root ${GRUB2_PASSWORD}
   fi
fi
### END /etc/grub.d/01_users ###

### BEGIN /etc/grub.d/10_linux ###
menuentry 'CentOS Linux (3.10.0-327.el7.x86_64) 7 (Core)' --class centos --class
gnu-linux --class gnu --class os --unrestricted $menuentry_id_option
  'gnulinux-3.10.0-327.el7.x86_64-advanced-fb871e94-6242-48c9-82ee-3c2df02a070e' {
      load_video
      set gfxpayload=keep
      insmod gzio
      insmod part_gpt
      insmod xfs
      set root='hd0,gpt2'
      if [ x$feature_platform_search_hint = xy ]; then
         search --no-floppy --fs-uuid --set=root --hint='hd0,gpt2'  .....
      else
         search --no-floppy --fs-uuid --set=root a026bf1c-3028-4962-88e3-
cd92c6a2a877
      fi
      linux16 /vmlinuz-3.10.0-327.el7.x86_64 root=/dev/mapper/centos-root ro
         rd.lvm.lv=centos/root rd.lvm.lv=centos/swap rhgb quiet LANG=en_US.UTF-8
      initrd16 /initramfs-3.10.0-327.el7.x86_64.img
}
......
### END /etc/grub.d/10_linux ###
......

### BEGIN /etc/grub.d/40_custom ###
# This file provides an easy way to add custom menu entries.  Simply type the
```

```
# menu entries you want to add after this comment.  Be careful not to change
# the 'exec tail' line above.
### END /etc/grub.d/40_custom ###
```

上面 menuentry 接续的就是选项的标题与实际的内容了。而该内容比较重要的项有：

- set root='hd0,gpt2'：这个 root 是指定 grub2 配置文件所在的那个设备。如果我们执行 df 这个命令，就会发现 /boot 这个目录挂载于 /dev/sda2 这个设备，因此设置信息就是在 /dev/sda2，即 grub2 的 (hd0,2)。因为我们用的是 gpt 的分区格式，所以系统就用 (hd0,gpt2) 来显示。
- linux16 /vmlinuz-3.10.0-327.el7.x86_64 root=/dev/mapper/centos-root ....：这一行指的是内核文件在哪里。因为我们的内核在/boot/vmlinuz.... 中，而 /boot 是在 /dev/sda2 设备上，因此文件的位置就为 (/dev/sda2)/vmlinuz-...，由于上一个 set root 已经指定了 (hd0,gpt2)，所以这里简写为 /vmlinuz-....。后面参数接的 root 就是 Linux 根目录所在的位置。
- initrd16 /initramfs-3.10.0-327.el7.x86_64.img：指的就是 initramfs 文件的位置，文件名与 linux16 相同。

13.2.4　grub2 配置文件的维护

基本上，我们可以在如下位置修改 grub2 配置文件：

- /etc/default/grub：主要是修改环境设置。
- /etc/grub.d/：可以设置其他选项。

主要环境设置的内容为：

```
[root@www ~]# cat /etc/default/grub
GRUB_TIMEOUT=5                          # 指定默认倒数读秒的秒数
GRUB_DEFAULT=saved                      # 指定默认由哪一个选项来进行系统开机启动
GRUB_DISABLE_SUBMENU=true               # 是否要隐藏此选项，通常还是隐藏起来
GRUB_TERMINAL_OUTPUT="console"          # 指定数据输出的终端格式，默认为文字终端
GRUB_CMDLINE_LINUX="rd.lvm.lv=centos/root rd.lvm.lv=centos/swap rhgb quiet"
                                        # 就是在 menuentry 括号内的 linux16 项后续的内核参数
GRUB_DISABLE_RECOVERY="true"            # 禁用救援选项
```

若修改了上述文件，则需要使用 grub2-mkconfig -o /boot/grub2/grub.cfg 来让修改生效。现在假设：

- 系统开机启动的菜单选项等待 40 秒。
- 默认用第一个选项来开机启动。

◆ 显示选项，不要隐藏。
◆ 内核外带“elevator=deadline”参数值。

要如何处理 grub.cfg 呢？基本上，我们要将 /etc/default/grub 的内容修改如下：

```
[root@localhost ~]# vim /etc/default/grub
GRUB_TIMEOUT=40
GRUB_DISTRIBUTOR="$(sed 's, release .*$,,g' /etc/system-release)"
GRUB_DEFAULT=0
GRUB_TIMEOUT_STYLE=menu
GRUB_DISABLE_SUBMENU=true
GRUB_TERMINAL_OUTPUT="console"
GRUB_CMDLINE_LINUX="rd.lvm.lv=centos/root rd.lvm.lv=centos/swap rhgb quiet
elevator=deadline"
GRUB_DISABLE_RECOVERY="true"
```

修改完毕之后，接着进行输出修改的工作：

```
[root@localhost ~]# grub2-mkconfig -o /boot/grub2/grub.cfg
Generating grub configuration file ...
Found linux image: /boot/vmlinuz-3.10.0-327.el7.x86_64
Found initrd image: /boot/initramfs-3.10.0-327.el7.x86_64.img
Found linux image: /boot/vmlinuz-0-rescue-741c73b552ed495d92a024bc7a9768cc
Found initrd image: /boot/initramfs-0-rescue-
741c73b552ed495d92a024bc7a9768cc.img
done
```

想要知道是否完整地修改成功了，可用 vim /boot/grub2/grub.cfg 查阅相关设置值。

构建菜单选项的脚本 /etc/grub.d/*

grub2-mkconfig 执行之后就会去分析 /etc/grub.d/* 中的文件，然后执行该文件来构建 grub.cfg。在 /etc/grub.d/ 目录下一般会有这些文件：

◆ 00_header：主要用于创建初始的显示项，包括需要加载的模块、屏幕终端的格式、倒数秒数、菜单选项是否需要隐藏等。大部分在 /etc/default/grub 中所设置的变量，都会在这个脚本中被用来重建 grub.cfg。
◆ 10_linux：根据分析 /boot 下文件的结果，尝试找到正确的 Linux 内核并读取这个内核需要的文件系统模块与参数等，在这个脚本运行后找到并设置到 grub.cfg 中。因为这个脚本会将所有在 /boot 下的每一个内核文件都对应到一个菜单选项，因此内核文件数量越多，系统开机启动的选项就越多。如果我们不想让旧的内核出现在菜单选项上，删除旧内核即可。

- 30_os-prober：这个脚本默认会到系统上找其他分区中可能含有的操作系统，然后将该操作系统加到菜单选项中。如果我们不想让其他的操作系统被检测到并拿来作为系统开机启动的选项，在/etc/default/grub 中加上 "GRUB_DISABLE_OS_PROBER=true" 即可。
- 40_custom：如果我们还有其他想要自己手动加上去的菜单选项，或者是其他的需求，那么建议在这里补充即可。

所以，一般而言，我们会改动的就是 40_custom 这个文件。这个文件的内容大多是系统管理员自己想要加进来的菜单选项。好了，问题来了，我们知道 menuentry 就是一个菜单选项，那后续的项有哪些呢？简单地说，就是这个 menuentry 有几种常见的设置呢？也就是 menuentry 的功能。常见的有如下两种：

- 直接指定内核开机启动

  如果是 Linux 的内核要直接被用来开机启动，那么我们应该要通过 grub2-mkconfig 去读取 10_linux 这个脚本直接制作，因此这个部分我们不太需要费心记忆。因为在 grub.cfg 中就已经是系统能够读取的正确的内核开机启动菜单选项了。不过，如果我们有比较特别的参数需求呢？这时候我们可以这样做：先到 grub.cfg 中获取我们要制作的那个内核的菜单选项，然后将它复制到 40_custom 当中；再到 40_custom 中根据我们的需求修改即可。

  这么说或许读者觉得很烦琐，下面我们就来做一个实际练习。

如果我们想要使用原有的第一个 menuentry，只是要增加一个菜单选项，该选项可以强制 systemd 使用 graphical.target 来启动 Linux 系统，让该选项一定可以使用图形用户界面而不用理会 default.target 的链接，该如何设计？

答

在内核外带参数中，有一个"systemd.unit=???"的外带参数可以指定特定的 target 开机启动！因此我们先到 grub.cfg 中去复制第一个 menuentry，然后进行如下设置：

```
[root@study ~]# vim /etc/grub.d/40_custom
menuentry 'My graphical CentOS, with Linux 3.10.0-229.el7.x86_64'
--class rhel fedora --class gnu-linux --class gnu --class os
--unrestricted --id 'mygraphical' {
        load_video
        set gfxpayload=keep
        insmod gzio
```

```
    insmod part_gpt
    insmod xfs
    set root='hd0,gpt2'
    if [ x$feature_platform_search_hint = xy ]; then
      search --no-floppy --fs-uuid --set=root --hint='hd0,gpt2'
94ac5f77-...
    else
      search --no-floppy --fs-uuid --set=root
94ac5f77-cb8a-495e-a65b-...
    fi
    linux16 /vmlinuz-3.10.0-229.el7.x86_64
root=/dev/mapper/centos-root ro
            rd.lvm.lv=centos/root rd.lvm.lv=centos/swap
crashkernel=auto
            rhgb quiet elevator=deadline
systemd.unit=graphical.target
    initrd16 /initramfs-3.10.0-229.el7.x86_64.img
}
# 请注意，上面的信息都是从 grub.cfg 中复制过来的，增加的项只有粗体部分而已。
# 同时考虑屏幕显示的画面宽度，该项稍微被变动过，请根据实际运行环境设置！

[root@study ~]# grub2-mkconfig -o /boot/grub2/grub.cfg
```

当我们再次重新启动系统（reboot，或称为重新引导）时，系统就会多出一个菜单选项供我们选择了！在选择该选项后，系统就可以直接进入图形用户界面（如果安装好了相关的 X window 软件时），而不必考虑 default.target 的设置了。

- 通过 chainloader 的方式移交加载程序控制权

  所谓的 chainloader（系统开机启动管理程序的链式加载程序）就是将控制权交给下一个启动加载程序（boot loader，或称为引导加载程序），所以 grub2 并不需要识别与找出内核文件，“它只是将启动的控制权交给下一个引导扇区（boot sector，或称为启动扇区）或 MBR 中的启动加载程序而已”，所以通常它也不需要去查验下一个启动加载程序的文件系统。

  一般来说，chainloader 的设置只要两个就够了，一个是默认要前往的引导扇区（boot sector）所在的分区代号，另一个则是设置 chainloader 在哪个分区的引导扇区（第一个扇区）上！假设我们的 Windows 分区在 /dev/sda1，且只有一块硬盘，那么让 grub 将控制权交给 Windows 的加载程序（loader）即可：

```
menuentry "Windows" {
        insmod chain                # 先加载 chainloader 的模块
        insmod ntfs                 # 建议加入 Windows 所在的文件系统模块
        set root=(hd0,1)            # 是在哪一个分区，最重要的项
        chainloader +1              # 到引导扇区读取加载程序
}
```

通过上面的设置，我们就可以让 grub2 交出控制权了。

假如我们的测试系统上使用的是 MBR 分区，并且出现如下信息：

```
[root@study ~]# fdisk -l /dev/sda
Device  Boot Start       End        Blocks   Id  System
/dev/sda1     2048       10487807   5242880  83  Linux
/dev/sda2  *  10487808   178259967  83886080  7  HPFS/NTFS/ exFAT
/dev/sda3     178259968  241174527  31457280 83  Linux
```

其中 /dev/sda2 使用的是 Windows 7 操作系统。现在我们需要增加两个开机启动选项，一个是用于启动 Windows 7 的开机选项，一个是回到 MBR 的默认环境，应该如何处理呢？

答

Windows 7 在 /dev/sda2，即“hd0,msdos2”这个位置，而 MBR 则是 hd0，不需要加上分区号，因此整个设置会变为如下方式：

```
[root@study ~]# vim /etc/grub.d/40_custom
menuentry 'Go to Windows 7' --id 'win7' {
        insmod chain
        insmod ntfs
        set root=(hd0,msdos2)
        chainloader +1
}
menuentry 'Go to MBR' --id 'mbr' {
        insmod chain
        set root=(hd0)
        chainloader +1
}
```

```
[root@study ~]# grub2-mkconfig -o /boot/grub2/grub.cfg
```

另外，如果每次都想让Windows变成默认的开机启动选项，那么在/etc/default/grub 中设置“GRUB_DEFAULT=win7”，然后再次执行 grub2-mkconfig即可。不要去算 menuentry 的顺序，通过 --id 内容来处理即可。

13.2.5 系统开机启动文件的救援问题

一般来说，如果是文件系统错误，或者是某些开机启动过程中的问题，我们可以在开机启动时进入 grub2 的交互界面，在 linux16 的字段，加入 rd.break 或者是 init=/bin/bash 等方式来处理。但是，如果是 grub2 本身就有问题，或者是内核错误，或者是 initramfs 出错，则无法通过上述的方式来处理了。

根据使用 CentOS 7 的实际经验，在升级内核时，偶尔会出现 initramfs 制作错误的情况而导致新内核无法顺利启动。此时，如果我们没有保留旧的内核，系统就无法正常启动了。

要处理这个问题，最常见的方法就是通过“原版光盘来启动系统，然后使用救援模式（rescue）来自动检测硬盘系统，再通过 chroot 命令，同时使用 dracut 来重建 initramfs”即可。

1. 调整 BIOS 切换到通过光盘来启动系统（或通过 USB 来启动系统），同时放入原版光盘，之后再开机启动。
2. 进入光盘安装模式后，选择“Troubleshooting”选项，再选择“Rescue a CentOS Linux system”选项。
   - 此时系统会自动检测硬盘，然后加载适当的模块，之后应该会找到我们的硬盘。
   - 当出现“1)Continue, 2)Read-only mount, 3)Skip to shell, 4)Quit(reboot)”时，按下【1】键即可。
   - 若一切顺利，光盘救援环境会提供“chroot /mnt/sysimage”命令，切换到原系统的手动模式。
3. 进入shell 环境后，输入“df”命令应该会看到原系统的数据全部都挂载在/mnt/sysimage 下，因此请使用“chroot /mnt/sysimage”命令进入原来的系统。
4. 使用下面的命令来找到 initramfs 的文件：

```
sh4.2# grep init /boot/grub2/grub.cfg
        initrd16 /initramfs-3.10.0-514.el7.x86_64.img
        initrd16 /initramfs-0-rescue-741c73b552ed495d92a024bc7a9768cc.img
```

上面那个 initramfs-3.10.0-514.el7.x86_64.img 就是稍候我们需要创建的文件。

5. 通过 dracut 命令来进行 initramfs 的重建，重建的方法也很简单。最重要的是获取内核的版本。从上面的查询来看，我们的内核版本应该是 3.10.0-514.el7.x86_64，所以重建的方式为：

```
sh4.2# dracut -v /boot/initramfs-3.10.0-514.el7.x86_64.img 3.10.0-514.el7.x86_64
sh4.2# touch /.autorelabel
sh4.2# exit
sh4.2# reboot
```

当然，我们也可以选择其他的内核来启动系统，不过我们这里使用默认内核即可。采用上面的操作，应该就可以救援我们的系统了。对于这个光盘救援的步骤，建议读者最好能够多操作几次，万一遇到问题，它可是我们的“救命符”。

13.3 课后操作练习

使用 root 的身份登录系统，完成如下实践任务。直接在系统上操作，操作成功即可。

1. 系统救援：
   - 假如在当前的系统上，由于某些缘故，initramfs 文件已经失效了，导致系统无法顺利开机启动。
   - 请进入系统救援的模式，并根据系统现有的内核版本，将 initramfs 重建。
   - 注意，重建时，应考虑 grub2 原来的配置文件，找到正确的文件，方可顺利成功启动系统。
   - 如果系统顺利开机启动成功，请记得设置好学号与 IP 信息。
2. 请回答下列问题，并将答案写在 /root/ans13.txt 文件中：
   a. 管理系统的进程时，通常是采用发送信号（signal）的方式。手动发送 Signal 的命令常见的有哪两个？
   b. 常见的信号有 1, 9, 15, 19，各代表什么意思？
   c. 在 CentOS 7 系统上，所有的 systemd 服务脚本（无论有没有启动）放在哪个目录内？
   d. 接上一题，但是系统“开机启动默认会加载”的脚本，又是放在哪个目录内呢？
   e. systemd 会将服务进行分类，主要分为 X.service、X.socket、X.target，请问这几个类型分别代表什么意思？

3. Systemd 的操作与内核功能：

a. 通过网络服务监听端口查看命令来查出系统启动了多少服务。无论如何，请将大多数服务都关闭，只剩下端口22（port 22）与端口25（port 25）两个。在后续有其他服务启动后，自然会增加端口，不过当前，只能有这两个端口的存在。
b. 让这台 Linux 主机默认以纯文本模式启动，即开机启动时，默认不会有图形界面。
c. 让系统默认启动 IP 转发（IP forward）的功能。
d. 系统开机启动之后，会自动发送一封电子邮件（email）给 root，说明系统开机启动了。命令可以是“echo "reboot new" | mail -s 'reboot message' root”。注意，这个操作必须是系统“开机启动完成后自动执行”，而不需要用户或管理员登录。

4. 默认服务的启动：

a. 根据服务启动口诀启动 WWW 服务。假设我们知道 WWW 的首页目录位于 /var/www/html/ 以及首页文件名为 index.html。请在 index.html 中用 vim 添加两行，分别是学号与姓名。
b. 根据服务启动口诀启动 FTP 服务。假设我们知道 FTP 的首页目录在 /var/ftp，我们要让 /etc/fstab给客户端提供下载网址 ftp://your.server.ip/pub/fstab，该如何复制 /etc/fstab 到正确的位置呢？

5. grub2 相关应用：

a. 修改开机启动时的默认值，让菜单选项等待 30 秒。
b. 在开机启动时，内核加入 noapic 和 noacpi 两个默认参数。
c. 增加一个菜单选项，选项名称为“Go go MBR”，通过 chainloader 的方式，让这个选项出现在开机启动时的选择画面中（但是，默认值还是正常的 Linux 开机启动选项）。
d. 以默认的正常 Linux 开机启动选项为模板，再创建一个名为“Graphical Linux”的菜单选项，这个菜单选项会强制进入图形界面，而不是默认的文本界面。（hint：systemd.unit=???）

第14章

高级文件系统管理

在基本的文件系统管理中，通常一个分区只能作为一个文件系统。但是，实际上我们可以通过 RAID 的技术以及 LVM 的技术将不同的分区/磁盘（partition/disk）整合成为一个大的文件系统，而这些文件系统还具有硬件容错的功能，对于关注存储设备物理安全的系统管理员来说，这些技术相当重要！

14.1 软件磁盘阵列

磁盘阵列（RAID）的主要目的是“加大容量”“磁盘容错”“提高性能”等方面，可以根据我们的需求来选择使用不同的磁盘阵列等级。

14.1.1 什么是 RAID

磁盘阵列的全名是“Redundant Arrays of Independent Disks，RAID”，意思就是“独立磁盘构成的具有冗余能力的阵列”，简称“磁盘阵列”。RAID其实就是通过一项技术（软件或硬件），将多个较小的磁盘整合成为一个较大的磁盘设备，同时它还具有数据保护的功能。RAID由于选择的等级（level）不同，可使整合后的磁盘具有不同的功能，常见的RAID等级有下面这几种：

- RAID 0（等量模式，stripe，性能最优）：两块以上的磁盘组成 RAID 0 时，当有 100MB 的数据要写入时，则会将该数据以固定的数据块（chunk）拆解后，分散写入两块磁盘中，因此每块磁盘只要负责 50MB 的容量读写而已。如果有 8 块磁盘组成时，则每块只需写入 12.5MB，速度会更快。这种磁盘阵列性能最优，且存储容量为所有磁盘的总和，但是不具容错功能。
- RAID 1（镜像模式，mirror，完整备份）：为 2 的倍数块磁盘所组成的磁盘阵列。若有两块磁盘组成 RAID 1 时，当有 100MB 的数据要写入时，每块均会写入 100MB，两块写入的数据一模一样（磁盘镜像），所以 RAID 1 被称为最完整备份的磁盘阵列等级。但因为每块磁盘均必须写入完整的数据，所以写入性能不会有明显的提升，不过读取的性能会有进步。同时容错能力最佳，但总体容量会少一半。
- RAID 1+0：这种模式至少需要 4 块磁盘组成，先两两组成 RAID 1，因此会有两组 RAID 1，再将两组 RAID 1 组成最后一组 RAID 0。图 14.1 所示为一个范例。

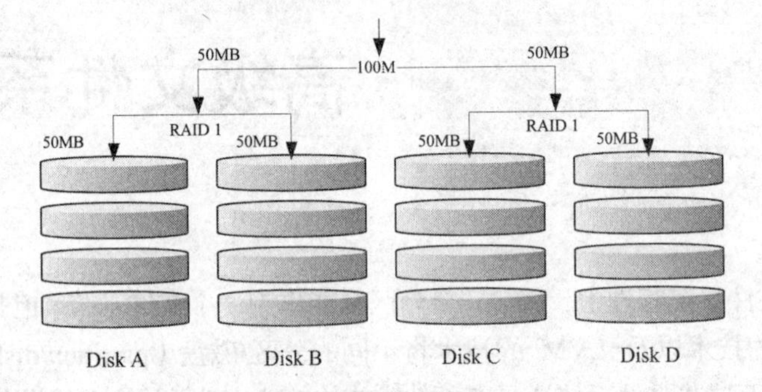

图 14.1　RAID 1+0 的磁盘写入示意图

因此性能会有所提升，同时具备容错，容量则会少一半。

- RAID 5，RAID 6（性能与数据备份的均衡考虑）：RAID 5 至少需要 3 块磁盘组成，在每一层的数据块（chunk）中选择一个进行备份，将备份的数据平均分散在每块磁盘上，因此任何一块磁盘损毁时，都能够重建出原来的磁盘数据，其原理如图 14.2 所示。

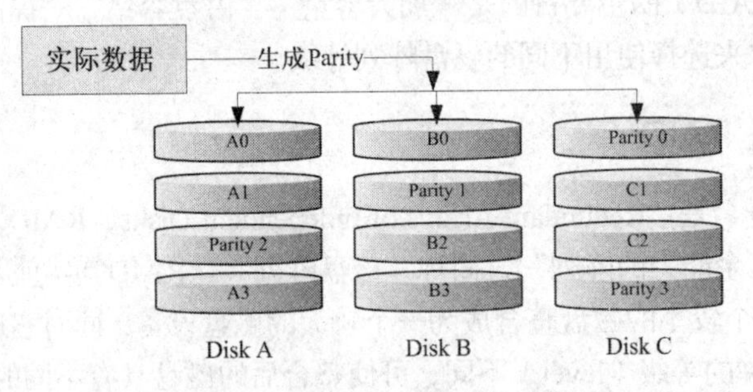

图 14.2　RAID 5 的磁盘写入示意图

因为有一块容量会用在备份上，所以总体容量相当于少了一块磁盘，而为了计算备份的奇偶校验位（parity），因此性能较难评估，原则上，性能比起单块磁盘还是会稍微提升，且具有容错功能，越多的磁盘组成RAID 5 阵列，比 RAID 1 要节省的容量就越多。不过，如果担心单块备份还是不太够，就有了 RAID 6，这个等级可以使用两个奇偶校验来备份，因此会占用两块磁盘容量。

尝试完成表14.1所示的表格。

表 14.1　例题表格

项目	RAID0	RAID1	RAID1+0	RAID5	RAID6
最少的磁盘数	2				
最大容错磁盘数（1）	无	n-1			
数据安全性（1）	完全没有				
理论写入性能（2）	n	1	n/2	<n-1	<n-2
理论读出性能（2）	n	n	n	<n-1	<n-2
可用容量（3）	n	1			
一般应用	强调性能但数据不重要的环境	数据与备份	服务器、云计算系统常用	数据与备份	数据与备份

按实现功能可把磁盘阵列分为：硬件 RAID 与软件 RAID。

- 硬件磁盘阵列：中高端硬件 RAID 有独立的 RAID 芯片，内含 CPU 运算功能，可以运算类似 RAID 5/6 的校验数据。RAID 越高端所具有的高速缓存（cache memory）越多，可以提高读/写的性能。由于是硬件磁盘阵列组成的“大容量磁盘”，因此 Linux 会将它视为一块独立的物理磁盘，文件名通常就是 /dev/sd[abcd..]。
- 软件磁盘阵列：由操作系统提供仿真，通过 CPU 与 mdadm 软件仿真出中高端磁盘阵列卡的功能，以达到磁盘阵列所需要的性能、容错、容量增大。因为是操作系统仿真的，因此文件名会是 /dev/md[0123..]。这种作法常见于 NAS 文件服务器环境中。

根据上述的内容，简易说明磁盘阵列对于服务器的重要性在哪些方面？

14.1.2　软件 RAID 的使用

软件 RAID 主要通过 mdadm 这个软件的协助来实现，因此需要先确认 mdadm 是否安装完备。mdadm 的命令相当简单，范例如下：

创建磁盘阵列

```
[root@localhost ~]# mdadm --create /dev/md[0-9] --auto=yes --level=[015] \
> --chunk=NK --raid-devices=N --spare-devices=N /dev/sdx

--create             : 创建 RAID 的选项
--auto=yes           : 创建后面接的软件磁盘阵列设备，即 /dev/md0, /dev/md1...
--level=[015]        : 设置这组磁盘阵列的等级。支持很多等级，不过建议用 0, 1, 5 即可
--chunk=Nk           : 确定该设备 chunk 的大小，也可当成 stripe, 一般是 64KB 或 512KB
--raid-devices=N     : 使用几个磁盘分区 (partition) 作为磁盘阵列的设备
--spare-devices=N    : 使用几个磁盘作为备用 (spare) 设备
```

现在使用上述操作，按下面的设置来创建磁盘阵列：

- 使用 4 个分区（partition）组成 RAID 5。
- 每个分区约为 300MB 大小，最好确定每个分区一样大。
- 把 1 个分区设置为备用磁盘（spare disk）。
- 这个备用磁盘的大小与其他 RAID 所需分区一样大。
- 数据块（chunk）设置为 256KB 即可。
- 将此 RAID 5 设备挂载到 /srv/raid 目录下。

需要特别注意的是，因为使用了磁盘阵列，所以在执行 mkfs 命令时，务必参考磁盘阵列优化的参数。以 mkfs.xfs 为例，请参考 su 以及 sw 参数的含义。在范例中，su 应为 256KB，而 sw 应该是 3（由4-1所得）。

查看磁盘阵列

磁盘阵列创建好之后，应该查看一下运行的状况。查看方式如下：

```
[root@localhost ~]# mdadm --detail
[root@localhost ~]# cat /proc/mdstat
```

需要注意是否有磁盘损毁或失效的状况。

磁盘阵列的救援功能

假设磁盘阵列有某块磁盘损毁或失效了，或磁盘使用寿命差不多到了，预计要整批换掉时，使用抽换的方式一块一块地替换，如此则不用重新创建磁盘阵列。

在这种情况下，系统管理员应该先将磁盘阵列设置为失效，然后将之抽离，换入新的硬盘即可。基本的命令如下所示：

```
[root@localhost ~]# mdadm --manage /dev/md[0-9] [--add 设备] [--remove 设备]
[--fail 设备]

--add          : 将后面的设备加入这个 md 中
--remove       : 将后面的设备从这个 md 中移除
--fail         : 将后面的设备设置成为失效的状态
```

1. 先查看刚创建的磁盘阵列是否运行正常，同时查看文件系统是否正常（/srv/raid 是否可擦写）。
2. 将某块运行中的磁盘（例如 /dev/sda7）设置为失效（--fail），再查看磁盘阵列与文件系统。
3. 将失效的磁盘移除（--remove）之后，假设处理完毕，再将新磁盘加入该磁盘阵列（--add），然后再次查看磁盘阵列与文件系统。

14.2　逻辑卷管理器

虽然 RAID 可以为文件系统增加容量，提升了性能，也添加了容错的机制，但是没有在现有的文件系统结构下直接增加容量的机制。此时，逻辑卷管理器（Logical Volume Manager，LVM）的辅助就可以弹性放大与缩小容量了。不过，LVM的主要作用是弹性地管理文件系统，而非性能与容错功能上。因此，若需要容错功能与提升性能，则可以将 LVM 运用于 RAID 设备。

14.2.1　LVM 的基础：PV、PE、VG、LV 的含义

LVM 的全名是 Logical Volume Manager，即逻辑卷管理器。LVM 的作法是将几个物理的分区或磁盘（partitions或disk）通过软件组合成为一块看起来是独立的大磁盘（VG），然后将这块大磁盘再经过分区成为可使用的逻辑卷（LV），最后就能够挂载使用了。

- 物理卷（Physical Volume，PV）：作为逻辑卷管理器最基本的物理卷，可以是分区，也可以是整块磁盘。

- 卷组（Volume Group，VG）：将许多的物理卷整合成为一个卷组（VG），这就是所谓的独立大磁盘。我们知道磁盘的最小存储单位为扇区（sector），当前主流扇区为 512B 或 4KB。而逻辑卷管理器也有最小存储单位，那就是物理区域(Physical Extent，PE)，所有的数据都是通过物理区域（PE）在卷组（VG）中进行交换的。
- 物理区域（Physical Extent，PE）：整个逻辑卷管理器最小的存储区块，系统的文件都是通过写入物理区域（PE）来处理的。简单地说，这个 PE 有点像文件系统里面的数据块（block）。物理区域（PE）默认采用的是以 2 的幂次方为容量的单位，且最小为 4MB 才行。
- 逻辑卷（Logical Volume，LV）：最终将卷组（VG）再分割出类似分区（partition）的逻辑卷即为可使用的设备了。逻辑卷（LV）是“通过分配数个物理区域（PE）所组成的设备”，因此逻辑卷（LV）的容量与物理区域（PE）的容量大小有关。

上述内容可使用图14.3来解释彼此间的关系。

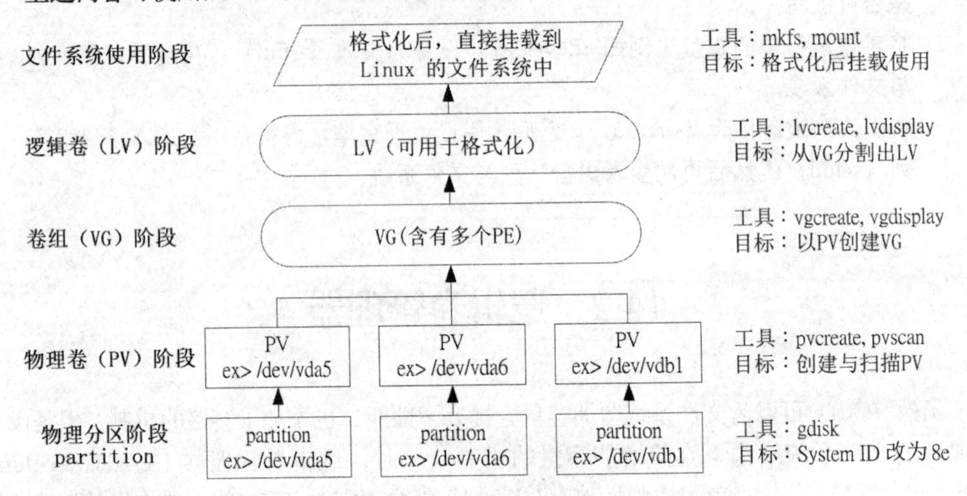

图 14.3　逻辑卷管理器（LVM）各组件的实现流程图示

使用 gdisk 或 fdisk 命令查询一下，需要将分区指定为 LVM 时，其 system ID（文件系统标识符）应该指定为什么。

14.2.2　LVM 实践流程

如前一小节所述，系统管理员若想要实现 LVM 的功能，应该按照 partition → PV → VG → LV → filesystem 的思路来实现。参照下面的设置来创建一组 LVM：

- 使用 4 个分区（partition），每个分区的容量均为 300MB 左右，且 system ID 为 8e。
- 全部的分区整合成为一个卷组（VG），卷组名称设置为 myvg ，且物理区域（PE）的大小设置为 16MB。
- 创建一个名为 mylv 的逻辑卷（LV），容量大约设置为 500MB。
- 最后将这个逻辑卷（LV）格式化为 xfs 的文件系统，且挂载在 /srv/lvm 中。

先使用 gdisk 或 fdisk 命令划分出本范例所需的 4 个分区，假设分区完成的磁盘文件名为 /dev/sda{9,10,11,12} 等4个。接下来即可使用 LVM 提供的命令来处理后续工作。一般来说，LVM的三个阶段（PV/VG/LV）可分为“创建”“扫描”与“详细查询”等步骤，其相关命令汇整如表14.2所示。

表 14.2 LVM 提供的命令

任务	PV 阶段	VG 阶段	LV 阶段	文件系统（XFS / EXT4）	
扫描(scan)	pvscan	vgscan	lvscan	lsblk, blkid	
创建(create)	pvcreate	vgcreate	lvcreate	mkfs.xfs	mkfs.ext4
列出(display)	pvdisplay	vgdisplay	lvdisplay	df, mount	
增加(extend)		vgextend	lvextend (lvresize)	xfs_growfs	resize2fs
减少(reduce)		vgreduce	lvreduce (lvresize)	不支持	resize2fs
删除(remove)	pvremove	vgremove	lvremove	Umount，重新格式化	
改变容量(resize)			lvresize	xfs_growfs	resize2fs
改变属性(attribute)	pvchange	vgchange	lvchange	/etc/fstab, remount	

PV 阶段

所有的分区或磁盘均需要做成 LVM 最底层的物理卷（PV），直接使用 pvcreate /device/name 命令即可。完成后，记得使用 pvscan 命令扫描一下是否成功了。

```
[root@localhost ~]# pvcreate /dev/sda{9,10,11,12}
[root@localhost ~]# pvscan
  PV /dev/sda3    VG centos        lvm2 [20.00 GiB / 5.00 GiB free]
  PV /dev/sda12                    lvm2 [300.00 MiB]
  PV /dev/sda11                    lvm2 [300.00 MiB]
  PV /dev/sda10                    lvm2 [300.00 MiB]
  PV /dev/sda9                     vm2 [300.00 MiB]
  Total: 5 [21.17 GiB] / in use: 1 [20.00 GiB] / in no VG: 4 [1.17 GiB]
```

VG 阶段

卷组（VG）需要注意的有三项：

- 卷组(VG)内的物理区域(PE)数值需要是 2 的倍数，如果没有设置，默认会是 4MB。
- 卷组（VG）需要命名。
- 需要指定哪几个物理卷（PV）加入这个卷组（VG）中。

使用 vgcreate --help 命令可以找到该命令相对应的选项与参数，使用如下命令来创建和查看卷组（VG）：

```
[root@localhost ~]# vgcreate -s 16M myvg /dev/sda{9,10,11,12}
[root@localhost ~]# vgdisplay myvg
  --- Volume group ---
  VG Name               myvg
  System ID
  Format                lvm2
  Metadata Areas        4
  Metadata Sequence No  1
  VG Access             read/write
  VG Status             resizable
  MAX LV                0
  Cur LV                0
  Open LV               0
  Max PV                0
  Cur PV                4
  Act PV                4
  VG Size               1.12 GiB
  PE Size               16.00 MiB
  Total PE              72
  Alloc PE / Size       0 / 0
  Free  PE / Size       72 / 1.12 GiB
  VG UUID               SYirFy-Tnin-zd58-CDMK-HWWm-0hVS-dMKFkB
```

LV 阶段

逻辑卷（LV）为实际用于文件系统的设备，创建时需要考虑的事项如下：

- 使用哪一个卷组（VG）来进行逻辑卷（LV）的创建。
- 使用多大的容量或多少个物理区域（PE）来创建。
- 需要给逻辑卷（LV）命名。

同样使用 lvcreate --help 命令来查阅用法，之后使用如下命令来创建逻辑卷，再查看创建好的逻辑卷的各项参数：

```
[root@localhost ~]# lvcreate -n mylv -L 500M myvg
  Rounding up size to full physical extent 512.00 MiB
```

```
  Logical volume "mylv" created.

[root@localhost ~]# lvdisplay /dev/myvg/mylv
  --- Logical volume ---
  LV Path                /dev/myvg/mylv
  LV Name                mylv
  VG Name                myvg
  LV UUID                swQ33g-yEMi-frFh-iFyF-tRFS-jqbZ-VSLAw8
  LV Write Access        read/write
  LV Creation host, time www.centos, 2016-06-02 11:57:54 +0800
  LV Statusv             available
  # open                 0
  LV Size                512.00 MiB
  Current LE             32
  Segments               2
  Allocation             inherit
  Read ahead sectors     auto
  - currently set to     8192
  Block device           253:3
```

由于实际创建的逻辑卷（LV）大小是由物理区域（PE）的数量来决定的，而在本范例中物理区域采用了 16MB 的容量，因此不会刚好等于 500MB，故而命令自动选择接近 500MB 的数值来创建逻辑卷，于是我们在上面看到的结果是采用了 512MB 的容量。

另外，最后实际可用的逻辑卷设备名称为 /dev/myvg/mylv，而因为逻辑卷管理器（LVM）又是由设备映射器（device mapper）的服务所管理，所以最终的名称也会指向 /dev/mapper/myvg-mylv。无论如何，我们只需要记忆 /dev/myvg/mylv 这种格式的设备文件名即可。

1. 将上述的 /dev/myvg/mylv 实际格式化为 xfs 文件系统，且此文件系统可以在开机启动后自动挂载到 /srv/lvm 目录下。
2. 创建一个名为 /dev/myvg/mylvm2 的逻辑卷设备，容量约为 300MB，格式化为 ext4 文件系统，开机启动后自动挂载到 /srv/lvm2 目录下。

14.2.3　弹性化处理 LVM 文件系统

LVM 最重要的任务就是进行设备的容量放大与缩小，不过，前提是在该设备下的文件系统能够支持容量的缩放。目前在 CentOS 7 上主要的两款文件系统中，ext4 可以放大与缩小，但是 xfs 文件系统则仅能放大。因此使用上需要特别注意。

将 myvg 所有剩余的容量分配给 /dev/myvg/mylvm2

从上面的范例中，我们可以知道 myvg 这个卷组（VG）总容量 1.1GB中，有 500MB 分给了 /dev/myvg/mylv、300MB 分给 /dev/myvg/mylvm2，因此剩下大约 300MB，我们可以使用“vgdisplay myvg”来查询剩余的容量。若需要将文件系统放大，则需要进行以下操作：

- 先将 mylvm2 放大。
- 再将上面的文件系统放大。

上面两个步骤的顺序不可弄错。将 mylvm2 放大的方式如下：

```
[root@localhost ~]# vgdisplay myvg
  --- Volume group ---
  VG Name               myvg
  System ID
  Format                lvm2
  Metadata Areas        4
  Metadata Sequence No  3
  VG Access             read/write
  VG Status             resizable
  MAX LV                0
  Cur LV                2
  Open LV               2
  Max PV                0
  Cur PV                4
  Act PV                4
  VG Size               1.12 GiB
  PE Size               16.00 MiB
  Total PE              72
  Alloc PE / Size       51 / 816.00 MiB
  Free  PE / Size       21 / 336.00 MiB
  VG UUID               SYirFy-Tnin-zd58-CDMK-HWWm-0hVS-dMKFkB

[root@localhost ~]# lvscan
  ACTIVE            '/dev/myvg/mylv' [512.00 MiB] inherit
  ACTIVE            '/dev/myvg/mylvm2' [304.00 MiB] inherit
  ACTIVE            '/dev/centos/root' [10.00 GiB] inherit
  ACTIVE            '/dev/centos/home' [3.00 GiB] inherit
  ACTIVE            '/dev/centos/swap' [2.00 GiB] inherit
```

如上所示，我们可以发现剩余 21 个物理区域（PE），而当前 mylvm2 拥有 304MB 的容量。因此，我们可以：

- 不考虑原来的容量，额外加 21 个 PE 到 mylvm2 上；

或者

◆ 将原有的 304MB 加上 336MB，最终给予 640MB 的容量。

这两种方式都可以，都是通过 lvresize 这个命令来完成的。要额外增加容量时，使用"lvresize -l +21 ..."的命令形式。若要给予固定的容量，则使用"lvresize -L 640M ..."的命令形式，下面为额外增加容量的范例：

```
[root@localhost ~]# lvresize -l +21 /dev/myvg/mylvm2
  Size of logical volume myvg/mylvm2 changed from 304.00 MiB (19 extents)
      to 640.00 MiB (40 extents).
  Logical volume mylvm2 successfully resized.

[root@localhost ~]# lvscan
  ACTIVE            '/dev/myvg/mylv' [512.00 MiB] inherit
  ACTIVE            '/dev/myvg/mylvm2' [640.00 MiB] inherit
  ACTIVE            '/dev/centos/root' [10.00 GiB] inherit
  ACTIVE            '/dev/centos/home' [3.00 GiB] inherit
  ACTIVE            '/dev/centos/swap' [2.00 GiB] inherit
```

完成了逻辑卷（LV）容量的增加，再来将文件系统放大。EXT 系列的文件系统通过 resize2fs 这个命令来完成文件系统的放大与缩小。

```
[root@localhost ~]# df /srv/lvm2
文件系统                    1K-区段   已用    可用     已用%    挂载点
/dev/mapper/myvg-mylvm2   293267    2062    271545    1%     /srv/lvm2

[root@localhost ~]# resize2fs /dev/myvg/mylvm2
esize2fs 1.42.9 (28-Dec-2013)
Filesystem at /dev/myvg/mylvm2 is mounted on /srv/lvm2; on-line resizing required
old_desc_blocks = 3, new_desc_blocks = 5
The filesystem on /dev/myvg/mylvm2 is now 655360 blocks long.

[root@localhost ~]# df /srv/lvm2
文件系统                    1K-区段   已用    可用       已用%    挂载点
/dev/mapper/myvg-mylvm2   626473    2300   590753        1%    /srv/lvm2
```

卷组的容量不足，通过额外添加磁盘的方式扩容

假设我们因为某些特殊需求，所以需要将 /dev/myvg/mylv 文件系统放大一倍，即再加 500MB 时，该如何做呢？此时 myvg 已经没有剩余容量了。此时可以通过额外给予磁盘的方式来增加容量，这也是最常见的情况，即在原有的文件系统中已无容量可用，所以系统管理员需要额外添加新购买的磁盘来扩容。假设系统管理员已经通过 gdisk /dev/sda 命令添加

了一个 /dev/sda13 的 500MB 分区，此时可以这样做：

```
[root@localhost ~]# lsblk
NAME                MAJ:MIN   RM   SIZE  RO  TYPE  MOUNTPOINT
vda                 252:0      0    40G   0  disk
├─vda9              252:9      0   300M   0  part
│ └─myvg-mylv       253:2      0   512M   0  lvm     /srv/lvm
├─vda10             252:1      0   300M   0  part
│ ├─myvg-mylv       253:2      0   512M   0  lvm    /srv/lvm
│ └─myvg-mylvm2     253:4      0   640M   0  lvm    /srv/lvm2
├─vda11             252:1      0   300M   0  part
│ └─myvg-mylvm2     253:4      0   640M   0  lvm    /srv/lvm2
├─vda12             252:12     0   300M   0  part
│ └─myvg-mylvm2     253:4      0   640M   0  lvm    /srv/lvm2
└─vda13             252:13     0   500M   0  part <==系统管理员刚添加的部分

[root@localhost ~]# pvcreate /dev/sda13
  Physical volume "/dev/sda13" successfully created

[root@localhost ~]# vgextend myvg /dev/sda13
  Volume group "myvg" successfully extended

[root@localhost ~]# vgdisplay myvg
  --- Volume group ---
  VG Name               myvg
  System ID
  Format                lvm2
  Metadata Areas        5
  Metadata Sequence No  5
  VG Access             read/write
  VG Status             resizable
  MAX LV                0
  Cur LV                2
  Open LV               2
  Max PV                0
  Cur PV                5
  Act PV                5
  VG Size               1.61 GiB
  PE Size               16.00 MiB
  Total PE              103
  Alloc PE / Size       72 / 1.12 GiB
  Free  PE / Size       31 / 496.00 MiB
  VG UUID               SYirFy-Tnin-zd58-CDMK-HWWm-0hVS-dMKFkB
```

此时系统就将添加的近 500MB 的容量分配给 myvg。

1. 将所有剩余的容量分配给 /dev/myvg/mylv。
2. 通过 xfs_growfs 来给 /dev/myvg/mylv 这个文件系统扩容（自行用 man xfs_growfs 命令来查询这个命令的用法）。
3. 在目前的系统中，根目录所在文件系统能否加入额外的 2GB 容量来扩容？若可以，请实现；若不行，请说明原因。

14.3　软件 RAID 与 LVM 综合管理

RAID 的主要的目的是提高性能与容错（容量只是附加的），而 LVM 的重点在于弹性管理文件系统（最好不要考虑 LVM 内建的容错机制）。若需要两者的优点，则可以在 RAID 上面构建 LVM。以目前系统管理员的测试机而言，建议先关闭原有的测试流程，再重新创建。

14.3.1　关闭与取消软件 RAID 与 LVM 的方式

在本书中，我们并没有提供 RAID 的配置文件，因此删除掉分区后，系统应该会自动舍弃软件 RAID（/dev/md0）。不过，如果没有将每个分区的文件头数据删除，那么在未来重新启动系统时，mdadm 还是会尝试读取 /dev/md0，这将可能造成一些困扰。因此，建议删除软件 RAID，方法如下：

1. 将/etc/fstab中关于/dev/md0的记录删除或注释掉。
2. 将/dev/md0完整地卸载。
3. 使用mdadm --stop /dev/md0 命令将 md0 停止使用。
4. 使用dd if=/dev/zero of=/dev/sda4 bs=1M count=10 命令强制删除每个分区前面的软件 RAID 标记。
5. 重复前一个步骤，将其他的/dev/sda{5,6,7,8}软件RAID标记全部删除。

LVM 的管理是很严格的，因此系统管理员不可在 LVM 处于活动中的情况下删除任何一个属于 LVM 的分区/磁盘。例如，目前 /dev/sda{9,10,11,12,13} 属于 myvg 这个卷组（VG），因此如果 myvg 没有停止，那么系统管理员不应该或者尽量避免更改到上述分区。若需要停止与回收这个卷组（VG）的分区，应该如下操作：

1. 将/etc/fstab中与myvg有关的项都删除或注释掉。

2. 将与 myvg有关的文件系统卸载（本范例中为/srv/lvm与/srv/lvm2）。
3. 使用vgchange -a n myvg命令将此卷组（VG）停用。
4. 使用lvscan命令确认一下myvg所属的所有逻辑卷（LV）是否已经停用（inactive）。
5. 使用vgremove myvg命令移除 myvg 这个卷组（VG）的所有内容。
6. 使用pvremove /dev/sda{9,10,11,12,13} 命令移除这些物理卷（PV）。
7. 最后使用 pvscan 命令检测是否顺利移除。

1. 采用上述方案，将 /dev/md0 以及 myvg 所属的物理卷（PV）删除。
2. 将所属的 /dev/sda{4...13} 使用 gdisk 命令删除。

14.3.2 在软件 RAID 上面构建 LVM

假设系统管理员所管理的服务器系统拥有 5 块磁盘组成的 RAID 5，且拥有一块备用磁盘（spare disk），容量为 300MB，构建完成之后，在这个 RAID 上面创建好卷组（名称为 raidvg），同时将所有容量全都分配一个逻辑卷（名称为 raidlv），并将它格式化为 xfs 且挂载到 /srv/raidlvm 目录下。假设系统管理员已经创建了 /dev/sda{4,5,6,7,8,9} 设备。

1. 通过“mdadm --create /dev/md0 --level=5 --chunk=256K --raid-devices=5 --spare-devices=1 /dev/sda{4,5,6,7,8,9}”命令创建 /dev/ md0。
2. 创建完毕后，务必使用 mdadm --detail /dev/md0 命令确认阵列活动为正常。
3. 建议将 RAID 设置写入 /etc/mdadm.conf 配置文件中。
4. 使用 pvcreate /dev/md0 命令创建物理卷（PV）。
5. 使用 vgcreate -s 16M raidvg /dev/md0 命令创建卷组（VG）。
6. 使用 lvcreate -l 74 -n raidlv raidvg 命令创建逻辑卷（LV）。
7. 最后使用 mkfs.xfs 以及修改 /etc/fstab 来处理文件系统。

以上述流程完成本节的测试。

14.4　简易磁盘配额

Filesystem Quota 可以“公平”地使用文件系统。虽然如今磁盘容量越来越大，但是在某些特别的场景中，为了监管用户乱用文件系统，还是有必要管理一下磁盘空间的使用量（采用配额 Quota 方式）。

14.4.1　磁盘配额的管理与限制

基本上，要使用磁盘配额（Quota）管制，需要有下面的支持：

- Linux 内核支持：除非自己编译内核，又不小心取消了这个支持，否则当前内核默认都有支持配额。
- 启用文件系统的支持：虽然 EXT 系列与 XFS 文件系统均支持 Quota，但是我们还是要在挂载时启用支持才行。

一般 Quota 针对的管理对象是：

- 用户（但不包含 root）。
- 群组。
- EXT 系列只可针对整个文件系统，XFS 可以针对某个目录进行配额管理。

可以限制的文件系统内容是：

- 可限制文件容量，其实就是对文件系统的数据块（block）进行限制。
- 可限制文件数量，其实就是对文件系统的索引节点（inode）进行限制（一个文件会占用一个 inode 的原因）。

至于限制的数值与数据，又可以分为下面这几个：

- soft 限制值：仅为软性限制，可以突破该限制值，但超过软性数值后，就会产生“宽限时间（grace time）”。
- hard 限制值：就是严格限制，一定不能超过此数值。
- grace time：宽限时间，通常为 7 天或 14 天，只有在用量超过软性数值后才会触发限制，若用户无任何操作，则宽限时间倒数完毕后，软性数值会成为硬性（hard）数值，因此文件系统就会被死锁。

所谓的“文件系统死锁”，指的是用户将无法添加/删除文件系统的任何数据，必须要由系统管理员来处理。

由于配额（Quota）需要文件系统的支持，因此系统管理员务必在 fstab 文件中增加下面的设置值：

- uquota/usrquota/quota：启动用户账号 quota 管理。
- gquota/grpquota：启动群组 quota 管理。
- pquota/prjquota：启用单个目录管理，但不可与 gquota 共享。

在 xfs 文件系统中，由于配额是“文件系统内部记录管理”的，不像 EXT 系列是通过外部管理文件来处理，因此设置好参数后，一定要卸载再挂载（umount → mount），不可以使用 remount 来处理。

1. 在测试的系统中，/home 为 xfs 文件系统，请在配置文件中加入 usrquota、grpquota 的挂载参数。
2. 能否直接卸载 /home 再挂载？为什么？如何进行卸载再挂载的操作？
3. 如何查看已经挂载的文件系统参数？

14.4.2 xfs 文件系统的 Quota 实践

一般来说，Quota 的实践大多就是查看、设置、报告等项，下面按序说明。

xfs 文件系统的 Quota 状态检查

xfs 文件系统的 Quota 实践都是通过 xfs_quota 命令完成的。这个命令在查看方面的语法如下：

```
[root@www ~]# xfs_quota -x -c "命令" [挂载点]
选项与参数:
-x  : 专家模式，后续才能够加入 -c 的命令参数
-c  : 后面加的就是命令，这里我们先来谈谈数据回报的命令
命令:
    print  : 单纯列出当前主机内的文件系统参数等信息
    df     : 与原来的 df 功能一样，可以加上 -b (block) -i (inode) -h (加上单位) 等
    report : 列出当前的 quota 项目，有 -ugr (user/group/project) 和 -bi 等信息
    state  : 报告当前支持 quota 的文件系统相关项是否启动了
```

例如，列出当前支持 Quota 的文件系统，可以使用如下命令：

```
[root@localhost ~]# xfs_quota -x -c "print"
Filesystem          Pathname
/                   /dev/mapper/centos-root
```

```
/boot                   /dev/sda2
/srv/raidlvm            /dev/mapper/raidvg-raidlv
/home                   /dev/mapper/centos-home (uquota, gquota)
```

如上所示，系统列出了支持 Quota 的挂载点，之后即可查看 Quota 的启动状态：

```
[root@localhost ~]# xfs_quota -x -c "state"
User quota state on /home (/dev/mapper/centos-home)
   Accounting: ON
   Enforcement: ON
   Inode: #168 (3 blocks, 3 extents)
Group quota state on /home (/dev/mapper/centos-home)
   Accounting: ON
   Enforcement: ON
   Inode: #50175 (3 blocks, 3 extents)
Project quota state on /home (/dev/mapper/centos-home)
   Accounting: OFF
   Enforcement: OFF
   Inode: #50175 (3 blocks, 3 extents)
Blocks grace time: [7 days 00:00:30]
Inodes grace time: [7 days 00:00:30]
Realtime Blocks grace time: [7 days 00:00:30]
```

xfs 文件系统的 Quota 账号/群组使用与设置值的报告

若需要详细列出在该挂载点下所有账号的 Quota 信息，可以使用 report 这个命令：

```
[root@localhost ~]# xfs_quota -x -c "report" /home
User quota on /home (/dev/mapper/centos-home)
                          Blocks
User ID        Used       Soft       Hard    Warn/Grace
---------- --------------------------------------------------
root             0          0          0      00 [--------]
student       4064          0          0      00 [--------]

Group quota on /home (/dev/mapper/centos-home)
                          Blocks
Group ID       Used       Soft       Hard    Warn/Grace
---------- --------------------------------------------------
root             0          0          0      00 [--------]
student       4064          0          0      00 [--------]

 [root@localhost ~]# xfs_quota -x -c "report -ubih" /home
User quota on /home (/dev/mapper/centos-home)
                    Blocks                              Inodes
```

```
User ID        Used    Soft    Hard Warn/Grace     Used     Soft    Hard Warn/Grace
---------- ----------------------------------------------------------------------
root             0       0       0   00 [------]      3        0       0  00 [------]
student       4.0M       0       0   00 [------]    133        0       0  00 [------]
```

只输入 report 时，系统会列出 user/group 的数据块（block）使用状态，即账号/群组的容量使用情况，但默认不会输出 inode 的使用状态。若额外需要 inode 的状态，在 report 后面加上 -i 之类的选项即可。

xfs 文件系统的 Quota 账号/群组的实际设置方式

主要针对用户与群组的 Quota 设置方式如下：

```
[root@study ~]# xfs_quota -x -c "limit [-ug] b[soft|hard]=N i[soft|hard]=N name"
[root@study ~]# xfs_quota -x -c "timer [-ug] [-bir] Ndays"
选项与参数：
limit ：实际限制的项目。可以针对 user/group 来限制，限制的项目有
      bsoft/bhard    : block 的 soft/hard 限制值，可以加单位
      isoft/ihard    : inode 的 soft/hard 限制值
      name           : 用户/群组的名称
timer ：用来设置宽限时间（grace time）的项，也可以针对 user/group 以及 block/inode 进行设置
```

假设系统管理员要对 student 这个账号进行设置：可使用的 /home 容量实际限制为 2GB，但超过 1.8GB 就予以警告。简易的设置方式如下：

```
[root@localhost ~]# xfs_quota -x -c "limit -u bsoft=1800M bhard=2G student" /home
[root@localhost ~]# xfs_quota -x -c "report -ub" /home
User quota on /home (/dev/mapper/centos-home)
                         Blocks
User ID         Used        Soft            Hard        Warn/Grace
---------- ----------------------------------------------------------
root               0           0               0         00 [--------]
student         4064     1843200         2097152         00 [--------]
```

若需要取消 student 的设置值，直接将数值设置为 0 即可。

```
[root@localhost ~]# xfs_quota -x -c "limit -u bsoft=0 bhard=0 student" /home
```

1. 创建一个名为 "quotaman" 的用户，该用户的密码设置为 "myPassWord"。
2. 查看 quotaman 刚创建好账号后的 quota 数值。
3. 让 quotaman 的实际容量限制为 200MB 而宽限容量限制为 150MB 左右，设置完毕请查看是否正确。
4. 前往 tty2 终端，并实际以 quotaman 的身份登录，同时执行“dd if=/dev/zero of=test.img bs=1M count=160”命令，检查 quotaman 根目录是否有大型文件，且该命令执行是否会出错。
5. 回归 root 的身份，再次查看 quotaman 的 quota 报告，是否出现了宽限时间（grace time）的数据。为什么？
6. 再次来到 quotaman 的 tty2 终端，再次使用“dd if=/dev/zero of=test.img bs=1M count=260”命令，检查 quotaman 根目录是否有大型文件，且该命令执行是否会出错。
7. 使用 vim /etc/hosts 等命令后，退出 vim 会出现什么错误信息？为什么？
8. quotaman 需要如何处理数据才能够正常地继续使用系统？

14.5　课后操作练习

请使用 root 的身份登录系统，完成如下实践任务。直接在系统上操作，操作成功即可。注意，下面的题目是有相关性的，因此请按序完成下面的各题。

1. 请回答下列问题，并将答案写在 /root/ans14.txt 文件内：

    a. 在RAID0、RAID1、RAID6、RAID1+0 中，哪一个等级性能最佳？哪些等级才会有容错功能？
    b. 接上一题，以 8 块磁盘为例，且都在没有备用磁盘（spare disk）的环境下，上述等级各有几块磁盘的容量实际可用？
    c. 接上一题，以具有容错的磁盘阵列而言，当有一块磁盘损坏或失效而需更换重建时，哪些磁盘阵列的重建性能最佳（数据可直接复制，无须通过重新计算）？
    d. 软件磁盘阵列的操作命令是什么？磁盘阵列文件名是什么？配置文件是什么？
    e. 在LVM 的管理中，主要的组成有 PV、VG、LV 等，请问在 LVM 中，数据存储、搬移的最小单位是什么（写下英文缩写与全名）？

f. 进行分区（partition）时，Linux LVM 与 Linux software RAID 的 system ID 各为多少?
g. 进行磁盘配额时，挂载参数要加上哪两个文件系统参数（以 xfs 文件系统为例）才能够支持 Quota?
h. 接上一题，磁盘配额限制“磁盘使用容量”与“可用文件数量”时，分别限制什么项目?

2. 弹性化管理文件系统。

a. 将 /home 的容量扩容为 5GB。
b. 在当前的系统中，找到一个名为 hehe 的逻辑卷（LV），将此逻辑卷的容量设置改成 2GB，且在这个逻辑卷上的文件系统必须同步容量。
c. 在当前的系统中，找到一个名为 haha 的逻辑卷，将此逻辑卷的容量设置改成 500MB，且在这个逻辑卷上的文件系统必须同步容量。

3. 综合管理文件系统。

a. 创建 5 个 1GB 的分区，且 system ID 设置为 RAID 的样式。
b. 将上列磁盘分区用来创建以 /dev/md0 为名的磁盘阵列，等级为 RAID 6，无须备用盘（spare disk），大数据块尺寸（chunk size）请指定为 1MB，为避免 /dev/md0 被修改，请将文件名对应写入配置文件内。
c. 以 /dev/md0 为磁盘来源，并根据下面的说明重新创建一个 LVM 的文件系统。
   - 把卷组(VG)命名为 myvg，容量请自定义，但是物理区域(PE)需要具有 8MB 的大小（参考下面的说明来指定）。
   - 把逻辑卷（LV）命名为 mylv，容量需要有 200 个物理区域（PE）。
   - 把这个文件系统格式化为 ext4 文件系统，且挂载到 /data/userhome/ 目录中，之后每次开机启动都会自动挂载。

4. 创建一个名为 /root/myaccount.sh的大量创建账号的脚本，这个脚本执行后，可以完成下面的实践任务。（注意，要构建这个脚本前，最好已经完成 Quota 文件系统的处置，否则会出问题。另外，处理前，最好先注销图形用户界面，在 tty2 使用 root 直接登录，否则 /home 可能无法卸载。）

a. 创建一个名为 mygroup 的群组。
b. 参照默认环境创建 30 个账号，账号名称为 myuser01 ~ myuser30 共 30 个，且这些账号会支持 mygroup 为次要群组。

c. 每个人的密码会使用“ openssl rand -base64 6”随机获取一个 8 个字符的密码，并且这个密码会被记录到 /root/account.password 文件中，每一行一个，且每一行的格式都有点像“myuser01:AABBCCDD”。

d. 每个账号默认都会有 200MB/250MB 的 soft/hard 磁盘配额限制。

5. 接上一个标题，在 /data/userhome 下，创建一个名为 mygroupdir 的目录：

a. 这个目录可以让 mygroup 群组的用户完整使用，但其他群组或其他人都无法使用。

b. mygroup 群组内的所有用户都在这个目录下，仅具有 500MB/700MB 的 soft/hard 磁盘配额限制。

c. 若无法实际设置成功，请修改 /etc/selinux/config 来设置 SELINUX= permissive，随后重新启动再测试一次。

d. 注意：当前的CentOS 7默认使用xfs文件系统，但仍有相当多的发行版使用传统的ext系列文件系统，因此，这一题要让大家自己学习ext文件系统的处理方式。相关参考资料，请前往http://linux.vbird.org/linux_basic/0420quota/0420quota-centos5.php查阅。（其过程大同小异，就是命令不同而已。）

第 15 章

Linux 系统的准备

从第1章开始学到本章，如果每章后面的习题都认真完成的话，那么读者大致已经掌握 Linux 操作系统的基本用法。在本章，我们将介绍如何使用最少软件的功能，来达到我们所需要的服务器环境（注意是“服务器”环境，而非单用户使用的个人计算机环境）。其中的重点在于安装时的分区功能、软件最小安装、安装完毕的初始设置、系统的整理与简易调整，最后则是运用服务器的各项用途了。我们还没有实际操作过服务器的各项设置，不过在本章学习之后，我们也就能够架设系统默认的服务器了。

15.1 确认 Linux 服务器的用途

我们需要 Linux 做什么呢？以笔者的用途来说，Linux 大部分都用来作为网络服务器、办公室防火墙系统、科学计算的基本操作系统、虚拟化的基本系统等。不同的用途所需要的硬件资源并不相同，同时，所需要提供的服务当然差异也很大。所以，在安装 Linux 之前，先要确认 Linux 服务器的用途。

15.1.1　硬件的选购与 Linux 服务器的用途

虽然说目前 PC 性能强大且便宜，PC 作为 Linux 服务器的硬件资源在能力上应该是毋庸置疑的，但是在某些特别的情况下，PC 的资源要么不够力，要么太过头。

举例来说，现在的物联网（Internet Of Things）需要很多的传感器（sensor），但这些传感器可能需要一台小型服务器来汇整数据与传输数据，这台服务器恐怕是需要放在户外比较恶劣的环境下工作。此时，买一台配备完整的 PC 看起来是性能过好了，但是维护却不易，光是电源怎么牵到户外就够伤脑筋了。这时，如果一台小小的树莓派可以处理，那么使用树莓派作为服务器会比较好，既省电又便宜，并且便于更换和维护。

所以，在设计和规划服务器主机硬件时，应该要考虑实际的需求，这样才会有较佳的配置适合实际的应用。下面就常见的使用环境给予建议，请读者自行设计出适合自己的服务器主机资源。

需要高性能“运算”的主机系统

某些计算或者是服务需要较高等级的主机系统，此时可能需要购买多内核 Xeon 等级以上的 CPU，搭配高性能网卡（最好内置 10GB/s 网卡）。以笔者的一个应用为例，用来运算空气质量模型的系统，就用了 3 台双 CPU 的主机，最高端的那台系统为两颗 10 内核 20 线程的 CPU，因此一台主机就会有 20 个内核 40 个线程，搭配 128GB 的内存，以及独立的磁盘阵列卡，这样运行空气质量模型就基本上可靠了。

如果要用于数据库环境，也应该使用比较好的主机资源，因为数据库的运算通常会消耗大量的 CPU 资源。同时，内存最好也要大一些，可能的话，将某些数据库的数据读入内存中，会加速数据库的运行。因此，繁重的数据库运算也需要较高性能的主机系统。

一般来说，下面的系统需要较高运算性能与较大的内存容量：

- 科学计算的集群（cluster）环境。
- 读、写、查询相当频繁的数据库环境。
- 提供云计算虚拟化基础系统的主机环境。

需要高“磁盘容错与性能”的主机系统

某些高容量需要的服务包括文件服务器（如 Samba、FTP、HTTP 等）以及科学计算的输出（例如空气质量模型、大气模型等），还有云计算虚拟机的虚拟磁盘等，都会用到很多磁盘容量。这时，考虑到高速和高容量，都需要有磁盘容错的机制，否则就算主机损坏不是大事，但是数据丢失了才是真正的烦恼。

实际上线运行的系统，最好还是使用较高规格的独立磁盘阵列卡来协助，除了支持热拔插的功能，磁盘阵列卡上的高速缓存也对读写性能的提升有帮助。另外，如果只是数据存放（如 Samba、FTP、科学计算的输出），建议使用 RAID 6 等级的磁盘阵列，以前笔者都用

RAID 5，由于同时出现两块磁盘失效的概率还是存在的，因此现在都倾向于使用 RAID 6。

如果是云计算虚拟机所需要的磁盘，由于这些磁盘系统可能会用于虚拟机的作业运行，而不是纯粹的数据存放，因此如果能有 SSD（固态硬盘）作为进一步缓存就最好了，如果没有，建议使用交错式的 RAID 1+0 效果最好。例如，有8块磁盘时，两两成对做成4个 RAID 1的系统，再将 4 个 RAID 1 整合成一组 RAID 0。根据实际使用的经验，这样的读写效率会比RAID 5好一些，尤其是在随机存取的环境中。

普通性能即可的主机系统

一般的服务包括 WWW 服务以及非频繁读写的数据库环境（包含在 WWW 系统内），或者是一般小型办公室的文件服务器，大多使用具有 4 核 8 线程 CPU 的 PC 等级的计算机即可。也就是说，绝大部分的中小企业需要的就是一台 PC 服务器。

便宜且可抽换的主机系统

以物联网为例，一台树莓派就可以做很多事情，根本无须使用到 x86 架构的 PC。此外，若单纯作为客户端的接收设备，树莓派或其他 Xapple pi 都可以符合这样的需求。若学校的经费不足，在计算机教室内似乎也能够通过这种环境，搭配共享的云计算虚拟系统来组建一整间计算机教室，不但维护较为容易，经费支出应该也会比较节省。

15.1.2 磁盘分区与文件系统的选择

不要怀疑，无论我们使用什么系统，都有办法将磁盘分区格式设置成 GPT，就以 GPT 为主吧，不要再用 MSDOS 的 MBR 模式！再者，需要做什么样的分区，要划分成哪些目录进行挂载，这就与我们服务器的用途有关了。

如果是作为众多账号使用的文件服务器（一般中小型企业较多用到的环境），建议一定要将/home独自分割出来。此外，如果可能，就将这个 /home 做成 LVM（但是备份方面请自行考虑），这样文件系统的缩放才有弹性。考虑到未来可能会缩放文件系统的容量，所以最好选用 EXT4 文件系统，另外目前的 XFS 并不支持缩小文件系统的容量。

若有特殊需求，需要将文件系统放在非常规的目录下，例如 /data 目录，那么请自行制作分区与文件系统。

对于比较大容量的磁盘或分区，建议使用 XFS 文件系统，这样格式化会比较快。另外，XFS 在错误救援方面也颇为成熟，对大文件来说，性能也不错，这也是考虑使用它来作为文件系统的原因之一。

若考虑都使用 CentOS 7 原本提供的服务与默认的目录设置，则 /var 最好独自分割出来，因为很多服务的数据输出都放置于 /var/lib 中（包括数据库系统），邮件数据也是放置于 /var/spool/mail 中。

虽然磁盘分区还是根据服务器的用途来定，但是通常必须要有的分区大致有这些：

- /
- /boot
- /var
- /home
- 其他非常规的目录（例如 /srv、/opt 或 /data 等）

多重操作系统的分区与文件系统的考虑

以学校的教学环境而言，若在无还原卡的环境下要实现最大化资源的应用，通常会在一个磁盘内进行多个磁盘分区，然后安装不同的操作系统，最后以开机启动菜单选项来进入各个不同的操作系统，这就是多重引导（启动）环境的设计依据。

在 CentOS 6 以前的 Linux 系统，默认使用 EXT3/EXT4 这种 EXT 系列的文件系统，因此在执行 chainloader 的时候是不会出事的，因为 CentOS 6 以前的系统使用的 EXT 文件系统系列都会预留出可以安装系统开机启动管理软件的引导扇区（boot sector）。不过，新的 XFS 文件系统并没有预留，XFS 文件系统的 superblock（超级块）预留区块并没有包含引导扇区，因此无法安装系统开机启动管理程序。

对于学校的一机多用途环境而言，若需要安装 Linux 操作系统与 Windows 操作系统共存的环境，建议 CentOS 的默认文件系统最好修改为 EXT4。而且较为有趣的是，CentOS 7 以后的系统，因为使用了 XFS 文件系统，因此开机启动过程中已经取消了自动安装引导加载程序（boot loader）到引导扇区（boot sector）的区块，只会将引导加载程序安装到 MBR 区块。所以在安装完 CentOS 7 之后，可能需要手动安装 grub2 到 EXT4 的引导扇区。

另外，我们知道安装操作系统的“顺序”是有关系的，因为最后安装的操作系统的开机启动管理程序会更新 MBR，所以最终的 MBR 是最后安装的那个操作系统所管理的。而在教学环境中，Linux 操作系统的开机启动管理程序可能会被胡乱修改，因此可能造成无法顺利进入其他操作系统的窘境。根据经验，最好的处理方式如下：

1. /dev/sda1，整个磁盘的最前面 3GB 左右的区块，安装一套最小的 Linux，作为菜单管理的用途（这个系统不可删除）。
2. /dev/sda2，安装 Windows 操作系统。
3. /dev/sda3，安装 Linux 操作系统，且务必选择 EXT4 文件系统。
4. /dev/sdaX，其他共享区块或其他操作系统（若为 Linux，还是务必使用 EXT4 文件系统）。

其中，/dev/sda1 那个小 Linux 系统的目的是要维护整个单机系统的开机启动菜单，因此该系统一经安装就不要再更改。根据上述流程的安排，最后开机启动菜单会被第三个（也就是最后一个，/dev/sda3）操作系统所管理。请按照正常流程开机，然后在纯文本界面（例如 tty2）用 root 登录系统，之后使用下面的方法将引导加载程序（boot loader）安装到引导扇区（boot sector）中。

- grub2-install /dev/sda3（前提条件，我们必须是在/dev/sda3 系统中执行这个命令才行！）

若出现错误，可加入“--force --recheck --skip-fs-probe”等参数来试试看。务必记得不要使用 XFS 文件系统。处理完这部分之后，请拿出 CentOS 的原版光盘，进入本书之前章节介绍过的救援模式，然后 chroot 到第一个 /dev/sda1 的操作系统环境，接下来进行救援：

1. 修改 /etc/grub.d/40_custom 的设置，将两个 chainloader 分别添加到 /dev/sda2 与 /dev/sda3 这两个系统。
2. 使用 grub2-install /dev/sda 命令覆盖 MBR 的引导加载程序（boot loader）。

这样就可以完成整个多重操作系统的环境设置了。

服务器初始环境的考虑

在本章讲述的内容，无论是硬件还是初始环境的设置（包括分区、文件系统的选择、挂载资源的设计等），全部都与服务器的用途有关。无论硬件资源与初始环境的设置，几乎都是一经确认就无法修改，因此，读者们在学习 Linux 之后，若有架设 Linux 服务器的需求，应该根据服务器的用途来考虑，将经费花在刀刃上。

此外，如同 CentOS 每个版本的支持时段都长达 5~7 年，服务器硬件的使用年限最好也能够是 5 年以上。因此，我们在设计这些硬件资源与初始环境配置时，需要默认考虑 5 年内的使用情况，预留升级的空间（包括 LVM 文件系统、硬件的内存插槽是否有剩余、磁盘是否能够后续加挂、额外的插槽是否足够未来的设备使用等），这样才是较为完整的规划。

15.2 系统安装与初始环境的设置

建议强制系统用 GPT 分区格式，然后使用最小安装模式，安装完毕之后，再以文本模式的方式创建好网络，持续使用纯文本模式进行各项设置工作，初始环境的设置完成后，就能够开始服务器架设了。

15.2.1 服务器的架设前提设置

假设这是一台通过“网络邻居”提供的文件服务器，同时提供个性化网页设置的网页服务器，两者分别使用 Samba 与 httpd 服务。另外，该服务器预计提供这些功能：

- 提供大约 20～50 人的账号。
- 每个用户的使用容量是有限制的。

- 公司内部还提供一个共享的主网页功能的菜单选项。
- 公司内部也提供一个共享的文件目录在 /srv 下。

分析上面的信息后，我们大概知道磁盘分区时最好能够分区的目录应该有哪些，例如：

- /
- /boot（一般开机启动都要有的）
- /home（用于各个登录账号）
- /var（用于 /var/www/html 主网页）
- /srv（用于 Samba 的共享目录）

目前可以使用的虚拟机硬件资源中，CPU 有两颗、内存只有 2GB，磁盘也只有 40GB 的容量而已，根据这样的系统，我们大致拟定了下面的分区：

- /boot，物理分区，1GB
- /，LVM，5GB
- /home，LVM，所有剩余卷组（VG）的值
- /var，LVM，5GB
- /srv，LVM，5GB

之所以使用 LVM 是考虑到未来的容量扩充。至于文件系统，则全部使用 XFS（因为不是多重操作系统）。

15.2.2 安装程序与注意事项

根据本章节的规划需求，在整体安装流程中，读者需要注意的安装流程有以下几项：

- 进入安装程序之前，强制系统使用 GPT 分区的功能。
- 磁盘分区一定要选择自定义分区，并根据上述规划进行分区。
- 软件安装请勿必选择最小安装。

强迫使用 GPT 分区方式

将原版光盘放入光盘驱动器（或使用USB移动盘）之后，重新启动系统，并选择从光盘启动系统，如此就会进入安装模式。在此安装模式下，选择“Install CentOS Linux 7”的菜单选项，按【Tab】键后，显示出更改内核参数的界面，在最下方加入 inst.gpt 的参数再按【Enter】键继续，如图15.1所示。

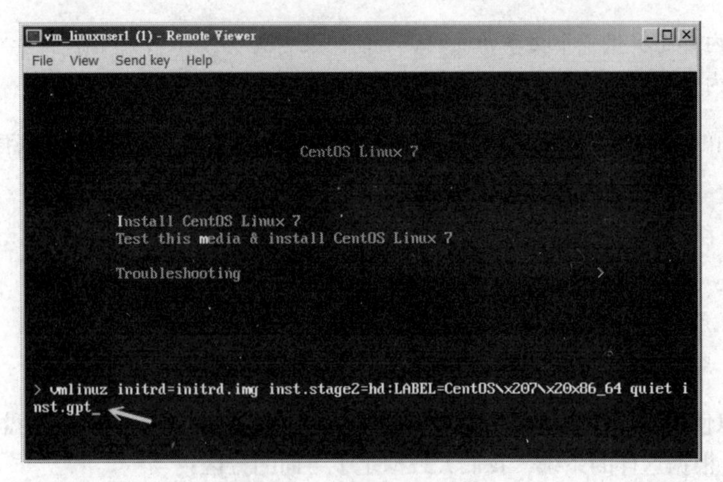

图 15.1　强制使用 GPT 分区

其他注意事项

语言选择“中文”→“简体中文（中国）”，日期时间选择“亚洲”→“北京”，键盘布局选择“中文”。先进入“键盘布局”选项，单击“选项”，勾选“Ctrl+Shift”复选框，这样将来切换中文输入法时就比较方便了，如图15.2所示。

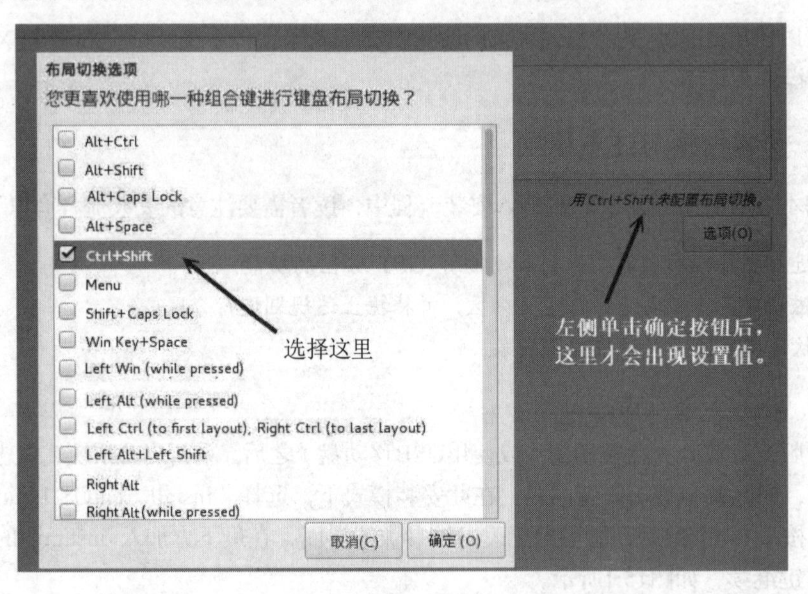

图 15.2　切换输入法的组合键

由于我们不是内核的开发者，因此建议将内核出错时的错误检测信息功能关闭。请关闭掉 KDUMP 服务，关闭方式如图15.3所示。

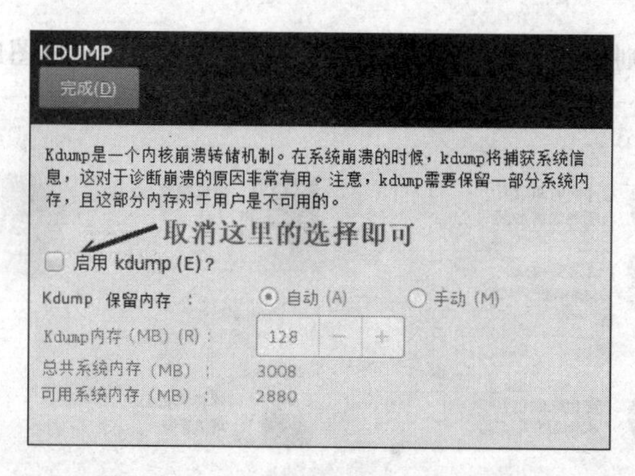

图 15.3 关闭内核出错时的调试功能

磁盘分区注意事项

单击“安装目标位置”选项，我们会发现有一个 30~40GB 的磁盘在虚拟机上，请勾选该磁盘，之后左下方会出现“自动配置分区”与“我要配置分区”的选项，请选择“我要配置分区”选项，最后单击左上角的“完成”按钮（如图15.4所示），即可进入磁盘分区的界面。

按序选择“标准分区”与“LVM”来创建起第 15.2.1 小节所讨论的磁盘分区格式。磁盘分区完毕后，结果应该如图15.5所示。

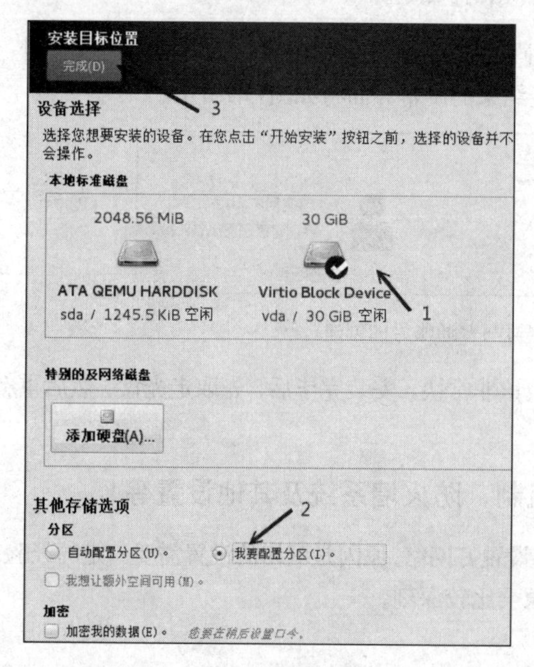

图 15.4 用户自行配置磁盘分区

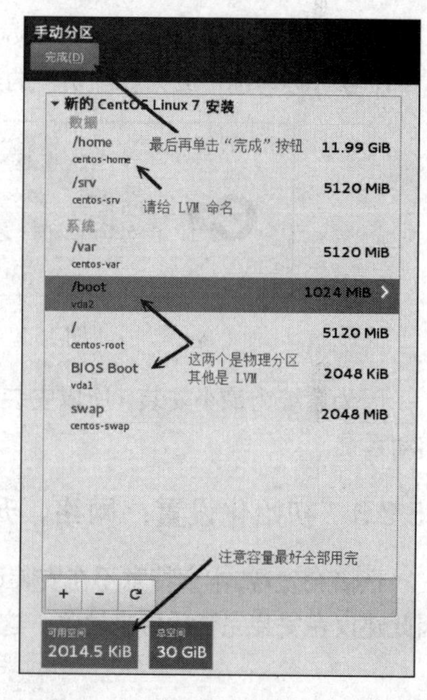

图 15.5 本章节所要求的分区格式

若一切都顺利，则单击“开始安装”按钮。最终挑选的项目如图15.6所示。

本地化设置
日期时间(T)
亚洲/北京 时区
键盘配置(K)
中文
语言支持(L)
简体中文（中国）
软件
安装来源(I)
本地介质
软件选择(S)
最小安装
系统
安装目标位置(D)
已选择自己给硬盘分区
KDUMP
已停用 Kdump
网络和主机名(N)
未连接
SECURITY POLICY
No profile selected
确认无误就单击这里
退出(Q)
开始安装(B)

图 15.6　最终的选择项目

要记得在安装过程中设置好 root 的密码，并且为自己创建一个日常操作的普通账号，这个账号务必勾选“成为管理员”的选项，结果的屏幕界面将如图15.7所示。

图 15.7　系统账号与普通账号的创建

因为系统为最小安装，所以安装过程应该非常快。安装完毕后，先取走光盘，然后重新启动系统。

15.2.3　初始化设置：网络、升级机制、防火墙系统及其他设置等

读者会发现，本章特意不在安装过程中设置好网络，原因是网络的设置需要一定的经验，因此建议在安装完毕后再来设置，这样印象会比较深刻。

网络环境的设置

假设这台服务器所在环境的网络设置要求如下：

- IP/Netmask: 172.16.60.200/16
- Gateway: 172.16.200.254
- DNS: 172.16.200.254
- Hostname: station.book.vbird

在我们使用普通账号登录这个新安装的系统并且用 sudo su – 命令获得 root 权限之后，依旧可以使用 nmcli 命令来完成各项设置。只是最小安装默认并没有安装 bash-completion，无法通过按【Tab】键来补齐各项参数，因此我们需要自行手动输入参数。网络的设置与查看如图15.8所示。

```
[root@localhost ~]# nmcli connection show
NAME  UUID                                  TYPE            DEVICE
eth0  11b3ac01-7029-47df-b6fe-cdb8668b12ca  802-3-ethernet  --
[root@localhost ~]# nmcli connection modify eth0 ipv4.method manual \
> ipv4.addresses 172.16.60.200/16 \
> ipv4.gateway 172.16.200.254 \
> ipv4.dns 172.16.200.254
[root@localhost ~]# nmcli connection modify eth0 connection.autoconnect yes
[root@localhost ~]# nmcli connection up eth0
Connection successfully activated (D-Bus active path: /org/freedesktop/NetworkManager/Ac
[root@localhost ~]# ip addr show
1: lo: <LOOPBACK,UP,LOWER_UP> mtu 65536 qdisc noqueue state UNKNOWN qlen 1
    link/loopback 00:00:00:00:00:00 brd 00:00:00:00:00:00
    inet 127.0.0.1/8 scope host lo
       valid_lft forever preferred_lft forever
    inet6 ::1/128 scope host
       valid_lft forever preferred_lft forever
2: eth0: <BROADCAST,MULTICAST,UP,LOWER_UP> mtu 1500 qdisc pfifo_fast state UP qlen 1000
    link/ether 52:54:00:21:bc:9e brd ff:ff:ff:ff:ff:ff
    inet 172.16.60.200/16 brd 172.16.255.255 scope global eth0
       valid_lft forever preferred_lft forever
    inet6 fe80::9e2e:17cf:f7ab:91bd/64 scope link
       valid_lft forever preferred_lft forever
[root@localhost ~]# hostnamectl set-hostname station.book.vbird
[root@localhost ~]# hostname
station.book.vbird
[root@localhost ~]# _
```

图 15.8　网络的设置与查看

在设置好了网络参数并且验证过没有问题之后，建议用户关闭 NetworkManager 这个服务。此服务大多用于桌面计算机，对于 IP 不会随意变动的服务器，可以说是非必要的服务。因此建议将此服务关闭。此服务关闭后，虚拟机的网络环境还是正常无误的，并不会被干扰。

```
[root@station ~]# systemctl stop NetworkManager
[root@station ~]# systemctl disable NetworkManager
```

升级机制

安装好系统后的第一个操作就是升级系统！要升级系统最好参照第 12 章的建议，选择离我们系统最近的 yum 服务器，这样软件安装速度才会比较快。请参照下列步骤操作（因为最小安装并没有安装 vim，因此我们只能使用 vi 来修改）：

- 修改 /etc/yum.repos.d/CentOS-Base.repo 的设置值。
- 执行 yum clean all 命令。
- 使用 yum -y update 命令全系统升级。
- 使用 vi /etc/crontab 添加每日自动升级的任务。
- 第一次升级完毕，一定要重新启动系统（因为内核 kernel 更新过）。

操作习惯的环境重建

本书大多使用 vim 及其选项来自动补齐或恢复工作环境，主要是通过 vim-enhanced 和 bash-completion 软件来完成，因此读者可以自行安装这两个软件来恢复自己常用的工作环境。

```
[root@station ~]# yum install vim-enhanced bash-completion
```

此时 vim 可以立即使用了，但是想在不从系统注销的情况下立即让 bash-completion 生效，还得执行 source /etc/profile.d/bash_completion.sh 命令来加载环境。不过，建议先从系统注销再登录系统来刷新操作环境。另外，网络信息统计工具（如 netstat 等）是由 net-tools 所提供的，所以也要安装。

```
[root@station ~]# yum install net-tools
```

关闭服务与设置防火墙

网络服务或者是非必要的服务，对于服务器来说，当然是越少越好。本章使用最小安装，并且安装了 net-tools 之后使用 netstat -tlunp 命令来检查网络服务，可以发现网络服务只剩下 port 22、25、323，即 sshd、postfix、chronyd 这三个服务会启动的网络端口。由于 chronyd 实时更新系统时间，可以通过 ntpdate 命令去定期校正系统时间，而不必一直启动 chronyd 服务，因此对于时间校正的设置，可以修改如下：

```
[root@station ~]# systemctl stop chronyd
[root@station ~]# systemctl disable chronyd
[root@station ~]# yum -y install ntpdate
[root@station ~]# vim /etc/crontab
5 2 * * * root ntpdate ntp.ksu.edu.tw &> /dev/null
```

```
[root@station ~]# netstat -tlunp
Active Internet connections (only servers)
Proto Recv-Q Send-Q Local Address    Foreign Address   State    PID/Program
name
tcp      0       0   0.0.0.0:22       0.0.0.0:*        LISTEN   694/sshd
tcp      0       0   127.0.0.1:25     0.0.0.0:*        LISTEN   822/master
tcp6     0       0   :::22            :::*             LISTEN   694/sshd
tcp6     0       0   ::1:25           :::*             LISTEN   822/master
```

上面的 sshd 与 master项是不可或缺的服务，其中端口25（port 25）默认只对内部网络放行（127.0.0.1），所以可以不理它。但是，sshd 默认对整个因特网（Internet）放行，最好能够加以限制。因此，参考本书第 11 章的介绍，让 ssh 的服务不在放行服务中，但是要将 sshd 放行于内部网络，即对 172.16.0.0/16 网段放行 ssh 服务。

同时不要忘记，在这台服务器的服务中，http 会对全世界放行，samba 只对内部网络放行，ssh 也对内部网络放行，所以最后我们默认的防火墙设置内容如下：

```
[root@station ~]# firewall-cmd --list-all --permanent
public
   target: default
   icmp-block-inversion: no
   interfaces:
   sources:
   services: http https
   ports:
   protocols:
   masquerade: no
   forward-ports:
   sourceports:
   icmp-blocks:
   rich rules:
        rule family="ipv4" source address="172.16.0.0/16" service name="ssh"
accept
        rule family="ipv4" source address="172.16.0.0/16" service name="samba"
accept
```

注意，在 firewall-cmd 的使用上，主要分为立即性与永久的设置值（--permanent），我们必须将所有的设置写入设置值才行。

确认分区与文件系统的状态

最后确认一下分区的状态是否吻合当初设计的情况：

```
[root@station ~]# df -Th | grep -v tmpfs
文件系统                    类型    容量    已用    可用    已用%   挂载点
/dev/mapper/centos-root xfs      5.0G   1.1G    4.0G    22%     /
/dev/sda2               xfs     1014M   148M    867M    15%     /boot
/dev/mapper/centos-home xfs       12G    33M     12G    1%      /home
/dev/mapper/centos-srv  xfs      5.0G    33M    5.0G    1%      /srv
/dev/mapper/centos-var  xfs      5.0G   270M    4.8G    6%      /var
```

这应该是没问题的情况。不过，由于未来用户的文件容量是有限制的，因此在 /home 的文件系统挂载参数中应该加入 usrquota。最后使用 mount 命令去查看 /home 的数据，应该会出现如下情况：

```
[root@station ~]# mount | grep home
/dev/mapper/centos-home on /home type xfs
        (rw,relatime,seclabel,attr2,inode64,usrquota,grpquota)
[root@station ~]#
```

15.3 简易服务器的设置与相关环境的构建

如前所述，这里假设我们的服务器为一般企业内部的文件服务器及个性化首页的网页服务器，且为多人共享的服务器系统。同时，为了确保文件系统的适当分配，因而会加上磁盘配额的限制。这样的话，就要注意一些创建账号相关的事项。

15.3.1 服务器软件的安装与设置

假设本服务器要提供 http 的网络服务，同时提供网段内网络邻居的服务。不过，由于网络邻居（Samba：Server Messages Block，即信息服务块）的设置较为复杂，因此本章主要以 http 网页服务器作为简易的说明。

Web service: httpd

Web 服务使用的是 httpd 这个程序，先安装再启动即可顺利提供此服务。

```
[root@station ~]# yum -y install httpd
[root@station ~]# systemctl start httpd
[root@station ~]# systemctl enable httpd
```

由于本服务器并没有安装任何图形用户界面，因此无法使用图形用户界面的浏览器。不过，CentOS 上提供了多种文本用户界面的浏览器，例如 elinks 就是其中颇为知名的文本用户界面浏览器之一，其界面如图15.9所示。

```
[root@station ~]# yum -y install elinks
[root@station ~]# links http://localhost
```

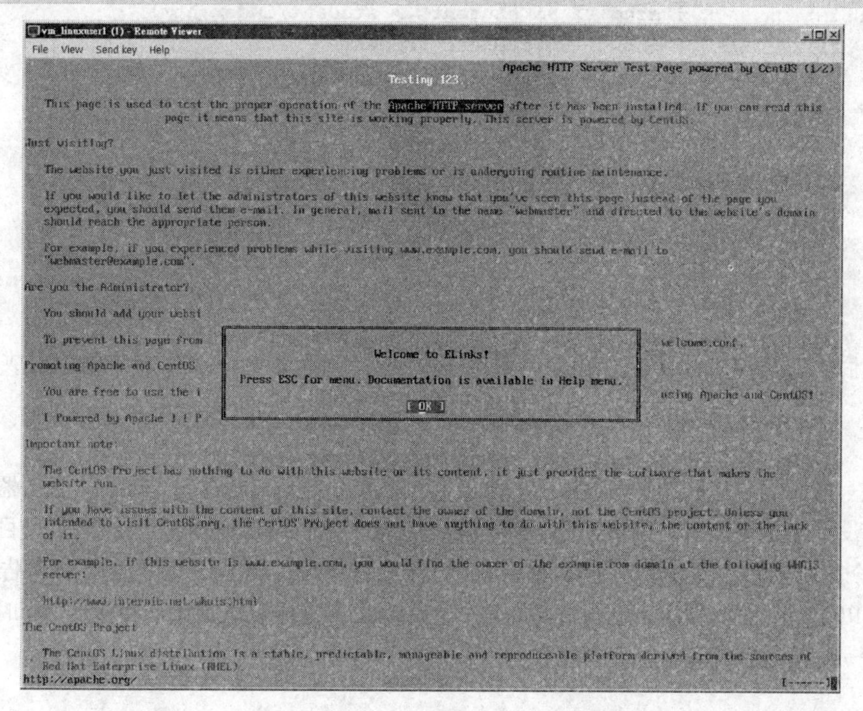

图 15.9 文本用户界面的浏览器 elinks

在 elinks 的界面中，按【q】键即可退出，按【↑】和【↓】方向键用于在超链接项中移动，按【←】和【→】方向键用于移到前一页和后一页，按【esc】键可调用 links 菜单。

关于 httpd，我们还需要知道：

- 网页首页的目录位于 /var/www/html/ 下。
- 首页的文件为 index.html。
- 所有的网页应该放置于 /var/www/html/ 目录中。

假设 student 这个账号需要管理 http://localhost/student/，最简单的方法就是使用如下方式来设置这个账号：

1. 创建 /var/www/html/student 目录。
2. 修改权限，让 student 可以读写（可使用 chown 命令）。
3. 尝试帮 student 创建 index.html，内容只要写上“I am student”即可。
4. 使用 links http://localhost/student 确认是否可以读取到该页面。

```
[root@station ~]# cd /var/www/html
[root@station html]# mkdir student
[root@station html]# echo "I am student" > student/index.html
[root@station html]# chown -Rv student student
changed ownership of 'student/index.html' from root to student
changed ownership of 'student' from root to student

[root@station html]# ll -d student student/*
drwxr-xr-x. 2 student root 24  6月 29 16:25 student
-rw-r--r--. 1 student root 13  6月 29 16:25 student/index.html

[root@station html]# links http://localhost/studnet
```

最后，如果我们可以在 elinks 的界面中看到“I am student”的字样，就代表成功了。

15.3.2 账号的设置

账号的设置相当简单，本书第 10 章已有相当多的范例可以参考。现在本服务器除了要创建和设置账号之外，该账号还必须要能拥有 http://localhost/username/ 的网页子目录。同时，每个账号在根目录最多只能有 200MB 的容量，且超过 180MB 就需要提供警告。此时，我们可以使用下面的脚本来创建好每个账号，且为用户提供默认的账号和密码，同时强制用户在第一次使用系统时必须变更密码。

```
[root@station ~]# vim account.sh
#!/bin/bash
for i in $(seq 1 20)
do
        username="user${i}"
        password="${username}"
        useradd ${username}
        echo ${password} | passwd --stdin ${username}
        chage -d 0 ${username}

        xfs_quota -x -c "limit -u bsoft=180M bhard=200M ${username}" /home

        mkdir /var/www/html/${username}
        echo "I am ${username}" > /var/www/html/${username}/index.html
        chown ${username}:${username} -R /var/www/html/${username}
done

[root@station ~]# sh account.sh
```

在不考虑信息安全的场景下，将整个用户的quota信息贴示于/var/www/html/quota.html下，同时列出当前每个用户在网页目录的磁盘使用量，最简易的方法可以如下操作：

```
[root@station ~]# (echo "<pre>"; date; xfs_quota -x -c "report -ubh" /home; \
> du -sm /var/www/html/user*; echo "</pre>" ) > /var/www/html/quota.html
[root@station ~]# links http://localhost/quota.html
```

顺利的话，我们就能够看到系统上每个用户的磁盘使用量了。如果需要定时列出这些信息，将上面的脚本写入 /etc/crontab 即可让系统自行更新。最后，考虑备份机制，这台简易的服务器大致就可以投入运行了。

测验练习

期中考

重要注意事项：

以student登录系统，切换身份为root，以执行下面的所有操作。

若无法开机启动进入正常模式，则此次考试为0分。

开始考试：

1. 系统救援。

因为某些缘故，目前这个操作系统应该是无法顺利开机启动的。猜测可能与系统管理员曾经变更过 chsh 命令有关，同时，系统管理员似乎也变更过 fstab 这个配置文件。请根据这些之前的可能操作来恢复系统的可登录状态。（提示：千万不要忘记 .autorelabel 的操作！）

救援完毕之后，请先使用命令设置好你的学号与 IP，之后再开始做下面的题目。（这一题可能会无法实践，应该要等到 2.a 做完才能够回到这里来继续工作。）

2. 系统管理员操作环境的整理。

   a. 当你用 student 转成 root 权限之后，会发现很奇怪的现象，就是很多命令都不能执行了。这应该与上次登录系统管理员的用户错误操作了bash 环境配置文件有关。请查询 root 可能的配置文件后将这个问题解决。下面为此题的提示：

思考一下，与哪一个变量有关？

- 若要执行其他命令，可能需要使用绝对路径，例如你不能直接执行 usermod，可能需要执行 /usr/sbin/usermod 命令。
- “个人”的环境配置文件有很多个，请仔细检查。另外，请不要修改到统一的系统设置。
- 这道题做完后，请记得回去完成前一题的“使用命令设置好你的学号与 IP”。

b. 增加 history 的输出项数，让 root 自己最大可达 10000 项记录。（其他用户保留默认值。）

c. 创建一个命令的别名 myerr，这个命令别名会运行“echo "I am error message"”这个命令。

d. 当 root 执行“cd ${mywork}”时，工作目录会切换到 /usr/local/libexec/。

e. 注意，上述操作在每次登录之后都会自动生效。（所以需要写入个人配置文件。）

3. 文件系统的整理。

a. 系统内有一个名为 /dev/sda4 的分区，这个分区是做错了的，因此，请将这个分区卸载，然后删除，将磁盘容量释放出来。

b. 完成上面的题目之后，请根据下面的说明创建好所需的文件系统。（所有的新挂载最好使用 UUID 来完成。）

容量	文件系统	挂载点	挂载额外参数
1GB	XFS	/mydata/xfs	nosuid
2GB	VFAT	/mydata/vfat	uid 与 gid 均为 student
1GB	EXT4	/mydata/ext4	noatime
1GB	swap	-	-

i. 上述四个新增的文件系统都能够开机启动后自动挂载或启用。

ii. 有个光盘镜像文件 /mycdrom.iso，请将它挂载到 /mydata/cdrom 中，而且每次开机启动都能自动挂载上来。（自行查询光盘文件挂载时所需要的文件系统类型。）

iii. 创建一个名为 /mydata.img 的 1GB 大文件，这个文件格式化为 xfs，且开机启动后会主动地挂载于 /mydata/xfs2/ 目录中。

4. 基本的账号管理，请根据下面的说明创建或恢复多个账号。

a. 请删除系统中的 baduser 账号，同时将这个账号的根目录与邮件文件同步删除。

b. 有一个账号 gooduser 不小心被系统管理员删除了，但是这个账号的根目录与相关邮件都还存在。请参考这个账号可能的根目录所保留的 UID 与 GID，并尝试以该账号原有的 UID/GID 信息来重建该账号。而这个账号的密码请给予 MyPassWord 的样式。

c. 组名为 mygroup、nogroup。

d. 账号名称为 myuser1、myuser2、myuser3，全部加入 mygroup，且密码为 MyPassWord。

e. 账号名称为 nouser1、nouser2、nouser3，全部加入 nogroup，且密码为 MyPassWord。

f. 账号名称为 ftpuser1、ftpuser2、ftpuser3，无须加入次要群组，密码为 MyPassWord，且这三个账号主要用于 FTP 传输，因此需要启用不能交互的 shell。

5. 管理群组共享数据的权限设计。

a. 创建一个名为 /srv/myproject 的目录，这个目录可以让 mygroup 群组内的用户完整地使用，且“新建的文件拥有群组”为 mygroup。不过其他人没有任何权限。

b. 虽然 nogroup 群组内的用户对于 /srv/myproject没有任何权限，但当 nogroup 内的用户执行 /usr/local/bin/myls 命令时，可以产生与 ls 相同的信息，且暂时拥有 mygroup 群组的权限，因此可以查询到 /srv/myproject 目录内的文件名信息。也就是说，当你使用 nouser1 的身份执行“myls /srv/myproject”命令时，应该可以查看到该目录内的文件名信息。

c. 创建一个名为 /srv/change.txt 的空文件，这个文件的所有者为 myuser1，拥有群组为 nogroup，myuser1 可读可写，nouser1 可读，其他人无任何权限。所有人都不能执行这个文件。此外，这个文件的最后修改时间请调整为 2016 年 10 月 5 日的 13 点 0 分。

6. 文件的查找与管理。

a. 在 /usr/sbin 与 /usr/bin 目录中，只要是具有 SUID 或 SGID权限的文件，就将该文件连同权限全部复制到 /root/findperm 目录中。

b. 找出系统中文件所有者为 examuserya 的文件，并将这些找到的文件（含权限）复制到 /root/finduser/ 目录中。

c. 有一个名为 /srv/mylink.txt 的文件，这个文件似乎有许多实体链接文件。请将这个文件的所有实体链接文件的文件全部复制到 /root/findlink 目录下。

d. 想办法创建一个文件 /srv/mail，当用户进入（cd）这个文件所在的目录时，就会被导向到 /var/spool/mail 中。（是 symbolic link 还是 hard link 呢？）

e. 在 root 根目录下，创建一个名为 -hidden 的目录（开头为减号），并将 root 根目录下隐藏文件中以 .b 为开头的文件全部复制到 -hidden 目录中。

f. 在 root 根目录下创建一个名为 mydir 的目录，在该目录下创建 userid01, userid02... userid50 共 50 个空目录。

g. 在 root 根目录下创建一个名为 myfile 的目录，在该目录下创建“file_XXX_YYY_ZZZ.txt”文件。其中，XXX 代表 mar、apr、may 三个字符串，YYY 代表 first、second、third 三个字符串，ZZZ 代表 paper、photo、chart 三个字符串。

h. 在 root 根目录下有一个名为 ~myuser1 的目录，请删除该目录。

7. 文件内容的处理。

a. 通过date 的功能，将当前的时间以“YYYY-MM-DD HH:MM”的格式使用覆盖的方法记载到 /root/mytext.txt 文件中。

b. 将 /etc/services、/etc/fstab、/etc/passwd、/etc/group 这四个文件的最后 4 行提取出来后，“累加”转存到 /root/mytext.txt 文件中。

c. 使用 ll 的方式，将 /etc/sysconfig/network-scripts/ 目录中的所有文件列出，但是时间需要使用完整格式（类似“2017-03-05 23:17:46.363000000 +0800”的格式），并将输出结果“累加”转存到 /root/mytext.txt 文件中。

8. 问答题：请将下面问题的答案写入 /root/practice1.txt 文件中。

a. 当你登录系统时，系统会给予一个名为 mykernel 的变量，请将这个变量的内容写下来。

b. 格式化ext4文件系统后，主要有superblock、inode与block区块，请问这些区块主要放置哪些东西？

c. 使用任何你知道的进程查看命令，找到名为 sleep 的进程，找出它的 NI 值是多少。

d. 在 /srv/ 下有一个隐藏文件的目录存在，请列出该目录中的完整文件名。

e. 有一个文件为/mydir/myfile，若 student 用户想要修改myfile的内容，那么 student“至少”需要具有什么权限才能够修改该文件？

f. 有一个文件为 /usr/local/etc/myhosts，请问 student 对这个文件具有什么权限？

g. 在目前的系统上，哪两个重要的目录是内存内的信息、硬件信息，这两个目录不占硬盘空间吗？

测验练习

期末考

第1~7章都在打基础，第8~14章主要牵涉到系统管理员的工作，所以期末考大部分还是着重在系统管理员的角度。

重要注意事项：

- 以 student 登录系统后，切换身份为 root，以执行下面的所有操作。
- 若发生下面的问题，则此次练习为 0 分。
  - root 设置密码错误。
  - IP 设置错误。
  - 默认出现图形用户界面（如果开机不是纯文本界面，也是 0 分）。
- 某些题目是具有连续性的，因此请看懂题目后再开始操作或答题。

开始考试：

1. 系统救援。

- 目前这个系统上，由于某些缘故，initramfs 文件已经失效，所以应该是无法顺利开机启动成功。
- 请进入系统救援的模式，并根据系统现有的内核版本，将 initramfs 重建。
- 注意，重建时，应考虑 grub2 原有的配置文件，以找到正确的文件，方可顺利成功开机启动系统。

2. 系统初始化设置。

a. 这台 Linux 主机的 root 密码已经遗失，请重新设置 root 密码为“062727175”。
b. 需要每次开机启动都可以默认进入纯文本用户界面而非现有的图形用户界面。
c. 系统的时间好像有点奇怪，时区与时间好像都“错乱”了！请改回北京的标准时区与时间。
d. 需要把这台主机的网络参数设置为：

i. 使用的网卡为 eth0，且因为系统是复制而来的，所以请删除这个网络连接，再重建另一个新的 eth0。
ii. 需要开机启动后就自动启动这个网络连接。
iii. 网络参数的设置方式为手动方式，不要使用自动方式。
iv. IP 地址（IP address）为192.168.251.XXX/24（XXX为考试时老师给予的号码）。
v. 网关（Gateway）为192.168.251.250。
vi. DNS server IP要根据老师的说明来设置(若无规定,请以 168.95.1.1 和 8.8.8.8 这两个为准）。
vii. 主机名设置为 stdXXX.book.vbird（其中 XXX 为考试时老师给予的号码）。

e. 请使用网络校时（chronyd）的方式连接到 NTP 服务器，主动更新系统时间。（不少大学都有 NTP 服务器，例如北京大学的 NTP 服务器为 s1c.time.edu.cn，清华大学的 NTP 服务器为 s1b.time.edu.cn。）
f. 请在系统中使用命令设置好学号信息。

3. 文件系统方面的操作，包含分区（注意 primary、extended、logical 的限制）、格式化、挂载等。

a. 当前的系统有一个磁盘出了问题而快要损毁（degrade，降级）的软件磁盘阵列，找出并修复好该系统。

- 该磁盘似乎已经被抽离了一个分区（partition）。
- 找出系统中具有与 RAID 内的分区容量相同且没有被使用的分区，作为这个 RAID 缺乏的磁盘（假设已经被修理好了）。
- 请将该磁盘加入原来的系统中，以救援这个磁盘阵列(让它变成 clean 的状态，改变 degraded 的困扰）。

b. 创建一个名为 /dev/md1 的磁盘阵列，这个磁盘阵列的构建方式如下：

- 使用 5 块 500MB 的磁盘组成的 RAID 5。
- 每个 chunk 设置为 512KB。

- 需要有一块备用磁盘（spare disk，容量一样需要 500MB）。
- 分区不足请自行设法构建，软件磁盘阵列文件名务必为 /dev/md1（设置完毕后，最好重新开机启动以测试文件的正确性）。另外，不需要对此软件磁盘阵列进行格式化的操作。

c. 以上题创建的 /dev/md1 为磁盘来源，并参照下面的说明重新创建一个 LVM 的文件系统。

- 把 VG 命名为 myvg，容量可自定义，但是物理区间（PE）需要具有 8MB 的大小。
- 把逻辑卷（LV）命名为 mylv，容量要有 200 个 PE。
- 把这个文件系统格式化为 ext4 文件系统，且挂载到 /data/ 目录中，每次系统开机启动时都会自动挂载。

d. 在当前的系统中，把挂载在 /home 的LVM格式文件系统的容量变成 5GB左右，且这个目录内的数据并不会消失（无须重新格式化）。

e. 系统中有一个文件名为 /root/mybackup 的文件，这个文件原来是备份系统的数据，但文件扩展名不小心写错了，请将这个文件修改为正确的扩展名（例如 /root/mybackup.txt 之类的文件名），并且把该文件的内容解开到 /srv/testing/ 目录中。

f. 找出 /etc/services 文件中含有“开头是 http 的关键字”那几行，并将该数据转存成 /data/myhttpd.txt 文件。

4. 账号与权限控制和管理方面的问题，包括新建账号、账号相关权限设置等。

a. 让 student 可以通过 sudo 变身成为 root 的功能。

b. 有一个名为 alex 的账号，密码为 mygodhehe，这个账号有点怪异，因此身为系统管理员的你要将该账号暂时锁定。意思是说，这个账号的所有资源都不变，但是该账号无法顺利使用密码登录到系统中（账号锁定）。

c. 创建一个名为 mysys1 的系统账号，且这个系统账号不需要根目录，给予/sbin/nologin 的 shell，也不需要密码。

d. 创建新用户时，新用户的根目录应该都会出现一个名为 newhtml 的子目录。

e. 让 /home 这个目录支持 Quota 的文件系统功能。

f. 增加一个名为 examgroup 的群组。

g. 编写一个名为 /root/scripts/addusers.sh 的脚本，用于账号的创建。我们应该使用 for…do…done 循环的方式来创建这个脚本，而 for 循环内的程序代码请按照使用如下方式来编写。

i. 创建账号时的相关参数设计：

- 账号名称为 examuser11 ~ examuser70，共 60 个账号。

- 创建账号时，每个账号都要加入一个名为 examgroup 的次要群组。
- 每个账号的全名描述就是该账号的名称。

ii. 每个账号的密码均为 myPassWord。

iii. 每个账号首次登录系统时都会被强制要求更改密码 （chage ??）。

iv. 每个账号的 Quota 为 soft → 120MB, hard → 150MB。

v. 修改每个账号根目录（例如 examuser11 根目录在 /home/examuser11/）的权限为 drwx--x--x。

vi. 脚本编写完毕后，请务必执行一次，以确定账号可以顺利被创建！

h. 请创建一个名为 /data/myexam 的目录，这个目录的权限设置如下：

i. 关于 examgroup 群组内的用户权限：

- 该目录可以让 examgroup 的用户具有完整的权限。
- 其他人不具备任何权限。
- 在该目录下新建的数据（无论文件还是目录），新数据的拥有群组都会是 examgroup。

ii. 关于 examuser70 与 student 这两个账号的特定要求：

- 因为 examuser70 账号被盗，因此 examuser70 被设置为对 /data/myexam 不具备任何权限。
- 因为 student 是系统管理员的普通账号，该账号也需要查询 /data/myexam 目录下的信息。因此也让 student 可以读、进入该目录，但不可以写入该目录。而且，未来在此目录下新建的任何数据，默认 student 都具有读与进入目录的权限，但没有写入的权限。

5. 系统基本操作，包括系统备份、自动化脚本、时间自动更新等机制。

a. 找出在/usr/bin，/usr/sbin目录下具有s或t等特殊权限的文件（SUID/SGID/SBIT），将这些文件输出到/data/findperm.txt文件中。

b. 由于系统上有非常多的重要数据必须进行备份，因此我们想要使用一个脚本来执行备份的操作，且将该脚本定时执行：

i. 请编写一个名为 /root/backup_system.sh 的脚本来进行备份的工作。

ii. 需要备份的目录有/etc、/home、/var/spool/mail/、/var/spool/cron/、/var/spool/at/、/var/lib/，脚本的内容为：

- 第一行一定要声明 shell。
- 自动判断 /backups 目录是否存在，若不存在则 mkdir 创建之，若存在则不执行任何操作。
- 设计一个名为 source 的变量，变量内容以空格隔开所需要备份的目录。
- 设计一个名为 target 的变量，该变量为 tar 所创建的文件，文件名的命名规则为 /backups/mysystem_20xx_xx_xx.tar.gz，其中 20xx_xx_xx 为年、月、日的数字，该数字根据我们备份当天的日期从 date 命令自行获取。
- 开始使用 tar 来备份。

iii. 注意，编写完毕之后，一定要立刻执行一次该脚本！确认实际创建了 /backups 以及相关的备份数据。

c. 排定上述的备份命令在每个星期六的凌晨 2 点执行这个备份的操作，且这个脚本在执行的时候：

- 备份命令执行的过程使用数据流重定向将过程完整地存储在/backups/backup.log 文件中（包括正确与错误的信息）。
- 使用 NI 值 10 来执行此命令。

d. 关于 CentOS 7 的软件仓储功能，网络安装/自动更新机制：

i. 以贵校或贵单位的FTP或HTTP为主，设置好CentOS server的YUM配置文件。
ii. 至少升级内核（kernel）到最新版本，升级完毕后，需要重新启动系统。
iii. 设置每天凌晨 3 点自动在后台进行全系统升级。
iv. 这台主机将来需要用于软件开发，因此需要安装一个开发用的软件群组。

e. 关于系统开机启动菜单的调整。

i. timeout时间设置为 15 秒。
ii. 默认所有的内核参数都会加入 noapic 和 noacpi 两个参数。
iii. 系统开机启动菜单多了一个回到MBR的设置，选项名称中也需要包含“MBR”字样。
iv. 系统开机启动菜单在最后多一项可以进入图形用户界面的模式，这个图形用户界面请使用原有的内核版本（不是刚刚升级的内核版本），且菜单标题必须含有“mygraphical”的字样。使用新内核来完成这项工作。

f. /usr/sbin/setquota 文件不小心被删除了，该如何救回来？（使用 rpm 去追踪是哪个软件提供的文件，之后卸载再安装该软件即可。）

g. 服务的管理部分：

i. 让你的Linux变成 WWW 服务器，且首页的内容会是你的姓名与学号（可以使用英文），同时，整个因特网（Internet）都可以连接到你的 WWW 服务器。（注意使用章节中介绍的服务构建的五个步骤。）
ii. 关闭cups.*、rpcbind.*和bluetooth.* 服务

6. 脚本创建与系统管理。

a. 系统将在 7 月 20 号 08:00 进行关机的年度维护工作，请以“单次”作业调度来设计关机的操作（poweroff）。
b. 系统开机启动之后，会自动发出一封电子邮件（email）给 root，说明系统开机启动了，命令可以是“echo "reboot new" | mail -s 'reboot message' root”。注意，这个操作必须是系统“自动于系统开机启动完成后就执行”，而不需要用户或系统管理员登录（提示： rc.local。）
c. 为了方便大家使用 ps 外带的参数来查看系统的进程，因此系统管理员创建一个名为 /usr/local/bin/myprocess 的脚本让大家使用，脚本的内容主要为：

i. 第一行一定要声明 shell 为 bash。
ii. 只执行“/bin/ps -Ao pid,user,cpu,tty,args”。
iii. 这个脚本必须要让所有人都可以执行。

d. 编写一个名为 /usr/local/bin/myans.sh 的脚本，这个脚本的执行结果如下：

i. 脚本中的第一行一定要声明 shell 为 bash。
ii. 当执行 myans.sh true 命令时，屏幕会输出“Answer is true”，且信息为默认的标准输出（standard output）。
iii. 当执行 myans.sh false 命令时，屏幕会输出“Answer is false”，且信息输出到标准错误输出（standard error output）。
iv. 当外带参数不是 true 也不是 false 时，屏幕会输出“Usage: myans.sh true|false”。